Mathematik 6

Autoren:

Johannes Dlugosch
Franz-Josef Götz
Bernd Liebau
Josef Widl

Beratung:

Johanna Heidysch
Marianne Kohout

westermann

So arbeiten wir am Stationszirkel „Team 6 auf Mathe-Tour“

Der Zirkel besteht aus mehreren Stationen.

Die Stationen findest du an den Tischen im Klassenzimmer.

Gleiche Stationen können auch öfters aufliegen, müssen aber nur einmal bearbeitet werden.

Du arbeitest allein, mit deinem Partner, deiner Partnerin oder mit deiner Gruppe.

Die Reihenfolge der Stationen könnt ihr selbst festlegen.
Gebt nicht auf, wenn ihr mit der gestellten Aufgabe nicht zurechtkommen solltet.
Vielleicht bringt euch ein Nachschlag an geeigneter Stelle im Buch weiter.

Notiert auf dem Laufzettel, den ihr von eurer Lehrerin oder eurem Lehrer bekommt, die Ergebnisse.

Druck A[7] / Jahr 2008
Alle Drucke der Serie A sind im Unterricht parallel verwendbar.

Redaktion: Jürgen Diem, Ingeborg Kassner
Typografie und Lay-out: Andrea Heissenberg
Herstellung: Reinhard Hörner
Umschlaggestaltung: Andrea Heissenberg
Satz: O & S Satz GmbH, Hildesheim
Druck und Bindung: westermann druck GmbH, Braunschweig

ISBN 978-3-14-**12 1656**-1

Zeichenerklärung:

Aufgaben zum Tüfteln (Detektiv Knödlmeier)

Definitionen, Merksätze, Regeln

Aufgaben mit PC-Einsatzmöglichkeit

Beispiele, Hinweise, Lösungsverfahren

6 Aufgaben mit Prüfzahlen zur Selbstkontrolle

Suche in geeigneten Medien (z. B. Lexikon, Atlas, Internet, ...)

8 Offene Aufgaben

● Themenseiten

● Üben an Stationen

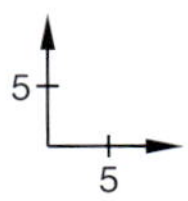

Dieses Zeichen gibt an, wie groß du das Gitternetz zeichnen musst (hier 5 Längeneinheiten [LE] nach rechts, 5 Längeneinheiten [LE] nach oben). In der Regel gilt: 1 LE entspricht 1 cm

Mengen

$\mathbb{N}$	Menge der natürlichen Zahlen	$\mathbb{N}_0$	Menge der natürlichen Zahlen einschließlich der Null
$\mathbb{Q}_0^+$	Menge der positiven rationalen Zahlen	{a; b; c}	aufzählende Form der Mengendarstellung „Menge mit den Elementen a, b und c"
$\mathbb{Z}$	Menge der ganzen Zahlen	T_a	Menge der Teiler von a
$\mathbb{D}$	Definitionsmenge	V_a	Menge der Vielfachen von a
$\mathbb{G}$	Grundmenge		
$\mathbb{L}$	Lösungsmenge		
$\emptyset$	Leere Menge		

$\in$	„… Element von …"	$\notin$	„… nicht Element von …"
$\subseteq$	„… Teilmenge von …"	$\nsubseteq$	„… nicht Teilmenge von …"
$\cap$	„… geschnitten mit …"	$\cup$	„… vereinigt mit …"

Beziehungen zwischen Zahlen

$=$	„… gleich …"	$\neq$	„… nicht gleich …"
$>$	„… größer als …"	$<$	„… kleiner als …"
$\geqq$	„… größer oder gleich …"	$\leqq$	„… kleiner oder gleich …"
$\approx$	„… ungefähr gleich …"	$\sim$	„… proportional"

$a \mid b$	„a ist Teiler von b"	$a \nmid b$	„a ist nicht Teiler von b"
$\triangleq$	„… entspricht …"	a^n	Potenzschreibweise für $\underbrace{a \cdot a \cdot a \ldots \cdot a}_{\text{n Faktoren}}$
$\lvert a \rvert$	Betrag der Zahl a		

Verknüpfungen von Zahlen

$a + b$	Summe (*lies:* a plus b)	$a \cdot b$	Produkt (*lies:* a mal b)
$a - b$	Differenz (*lies:* a minus b)	$a : b$	Quotient (*lies:* a geteilt durch b)

Rechengesetze

Kommutativgesetz (Vertauschungsgesetz)

$a + b = b + a$ $\qquad$ $a \cdot b = b \cdot a$

Assoziativgesetz (Verbindungsgesetz)

$a + (b + c) = (a + b) + c$ $\qquad$ $a \cdot (b \cdot c) = (a \cdot b) \cdot c$

Distributivgesetz (Verteilungsgesetz)

$a \cdot (b + c) = a \cdot b + a \cdot c$ $\qquad$ $a \cdot (b - c) = a \cdot b - a \cdot c$

Geometrie

A; B; C …	Punkte	P (3|4)	Punkt im Gitternetz mit dem x-Wert 3 (Rechtswert) und dem y-Wert 4 (Hochwert)
[AB]	Strecke mit den Endpunkten A und B	[AB	Halbgerade durch B mit dem Anfangspunkt A
$\overline{AB}$	Länge der Strecke [AB]	AB	Gerade durch die Punkte A und B
k (M; r)	Kreis mit dem Mittelpunkt M und dem Radius r	g, h …	Geraden
$g \perp h$	g ist senkrecht zu h	$g \parallel h$	g ist parallel zu h
α, β, γ	Winkel und Winkelmaß	⊾	zwei Geraden schneiden sich unter einem rechten Winkel
$\sphericalangle$ ASB, $\sphericalangle$ (a, b)	Winkel		

$A \xrightarrow{s} A'$ Der Punkt A wird durch Spiegelung an der Achse s auf den Punkt A' abgebildet

Ungefähr $\frac{2}{3}$ der Erdoberfläche ist von Wasser bedeckt.

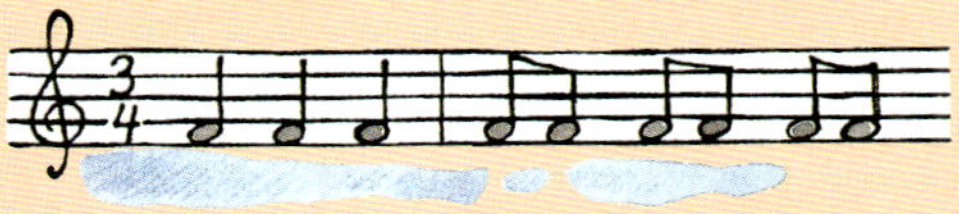

Musik im Drei-Viertel-Takt

Beim Eishockey werden drei Spieldrittel von jeweils 20 Minuten gespielt.

1 Die Menge $\mathbb{Q}_0^+$ der positiven rationalen Zahlen

Brüche

1 Der Schulhof soll umgestaltet werden. Die Schülerinnen und Schüler möchten eine Hälfte des Schulhofes als Spielplatz, ein Viertel als Ruhezone und den Rest zu gleichen Teilen als Teichanlage und als Fahrradstand einrichten.
a) Wie könnte die Aufteilung aussehen? Fertige eine Zeichnung in deinem Heft an.
b) Welche Aufteilung könntest du dir vorstellen?

2

a) Falte ein DIN-A 4-Blatt, so dass zwei gleich große Teile entstehen. Falte noch einmal, so dass du wieder zwei gleich große Teile erhältst.
Wie viele Teilflächen sind entstanden?
Wie könntest du sie bezeichnen?
b) Wiederhole diesen Vorgang möglichst oft.

3

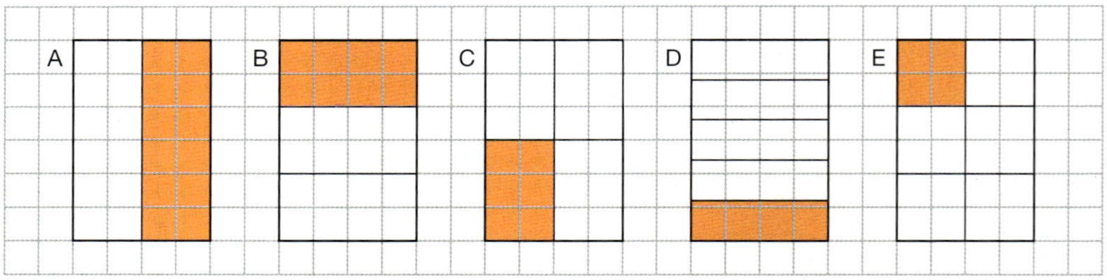

Vervollständige in deinem Heft die folgenden Sätze:
a) Das Rechteck A ist in ___ gleich große Teile geteilt, ein halbes $\left(\frac{1}{2}\right)$ Rechteck ist orange.
b) Das Rechteck B ist in ___ gleich große Teile geteilt, ein drittel (___) Rechteck ist orange.
c) Das Rechteck C ist in ___ gleich große Teile geteilt, ein ___ (___) Rechteck ist orange.
d) Das Rechteck D ist in ___ gleich große Teile geteilt, ein ___ (___) Rechteck ist orange.
e) Das Rechteck E ist in ...

Bruchteile

Ein Halb $\left(\frac{1}{2}\right)$, ein Drittel $\left(\frac{1}{3}\right)$, ein Viertel $\left(\frac{1}{4}\right)$, ein Fünftel $\left(\frac{1}{5}\right)$, ... sind Bezeichnungen für **Bruchteile**.

Übungen

4 Die abgebildeten Figuren sind in gleich große Teile geteilt. Gib an, welcher Bruchteil des Ganzen hier abgeteilt wurde.

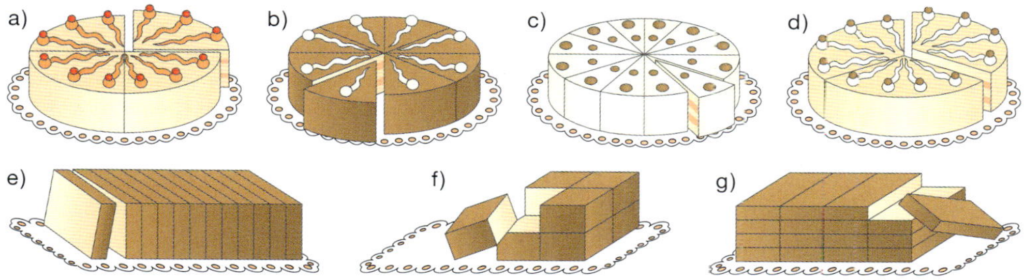

5 In wie viele gleich große Teile sind die Figuren eingeteilt? Welcher Bruchteil ist sandfarben (weiß) gefärbt?

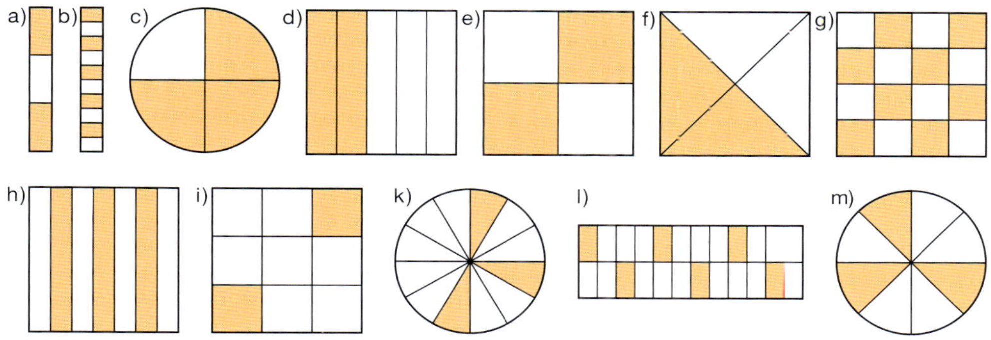

6 Welcher Bruchteil ist nicht gefärbt?

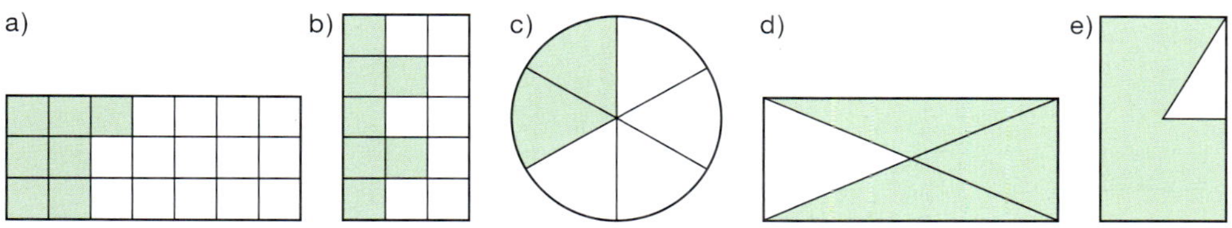

7 Welcher Bruchteil der Flächen ist grün (gelb, orange, rot)?

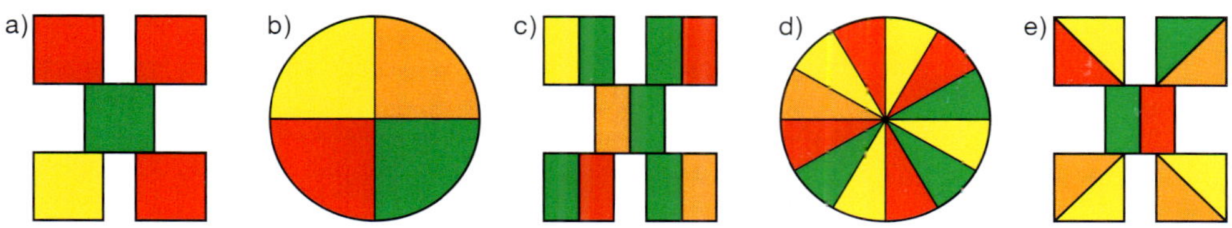

8 Zeichne zu jeder Aufgabe ein Rechteck (4 cm lang, 3 cm breit) und färbe den angegebenen Bruchteil.

a) $\frac{1}{2}$ b) $\frac{1}{4}$ c) $\frac{1}{8}$ d) $\frac{1}{3}$ e) $\frac{1}{6}$ f) $\frac{1}{12}$ g) $\frac{1}{24}$ h) $\frac{1}{16}$

9 Zeichne zu jeder Aufgabe ein Rechteck (4 cm lang, 3 cm breit) und färbe den angegebenen Bruchteil.

a) $\frac{3}{4}$ b) $\frac{5}{8}$ c) $\frac{2}{3}$ d) $\frac{5}{6}$ e) $\frac{7}{12}$ f) $\frac{11}{24}$ g) $\frac{3}{8}$ h) $\frac{9}{16}$

Bruch
Nenner
Zähler

Der **Nenner** eines **Bruches** gibt an, in wie viele gleich große Teile das Ganze eingeteilt wurde. Der **Zähler** gibt an, wie viele Teile genommen werden.

Zähler, Bruchstrich, Nenner: $\dfrac{a}{b}$ } Bruch $a \in \mathbb{N}_0$, $b \in \mathbb{N}$

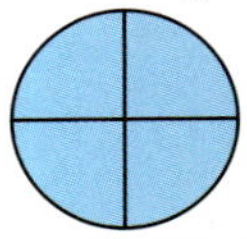

$1 = \dfrac{4}{4}$

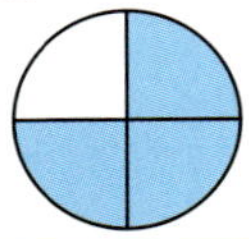

$\dfrac{3}{4}$

10 Übertrage das Muster ins Heft und färbe ein Viertel der Fläche rot und die Hälfte gelb.

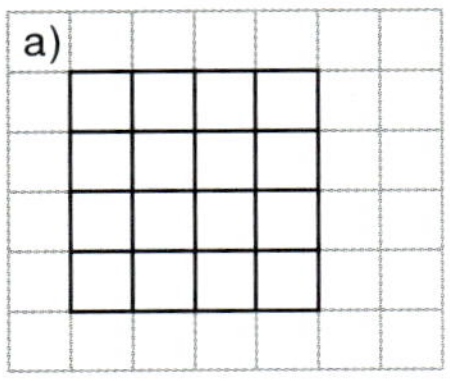

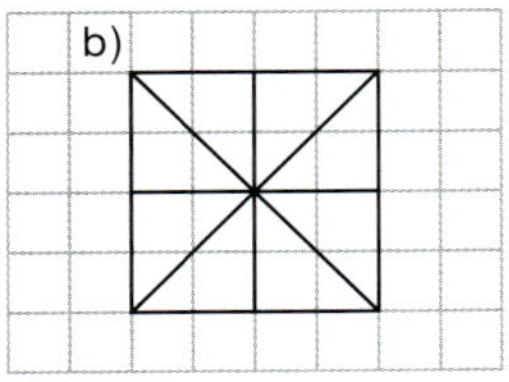

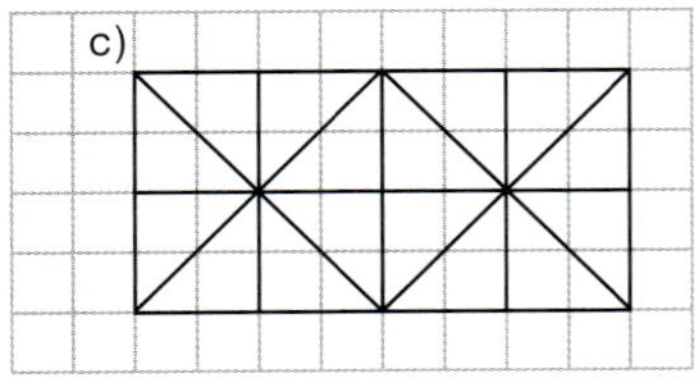

11 Übertrage die Muster. Färbe in A zwei Drittel, in B drei Fünftel und in C drei Viertel.

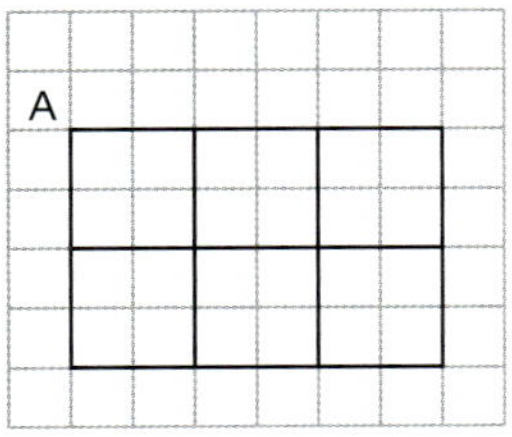

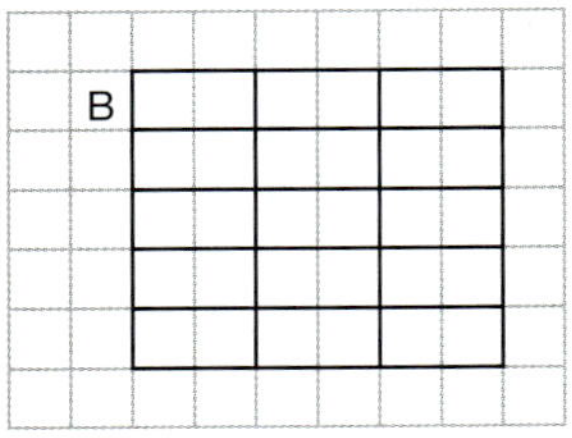

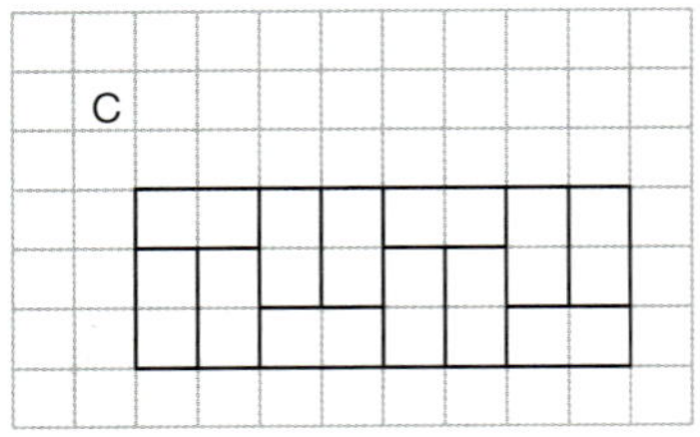

12 Du siehst jeweils einen Bruchteil eines Ganzen. Übertrage die Figur in dein Heft und ergänze zum Ganzen.

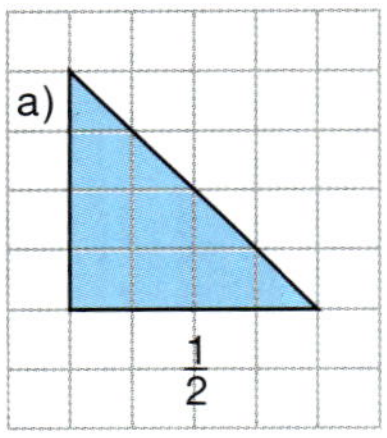

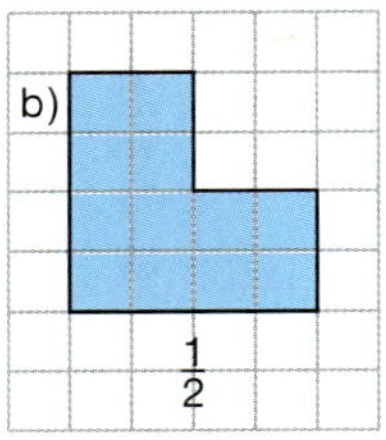

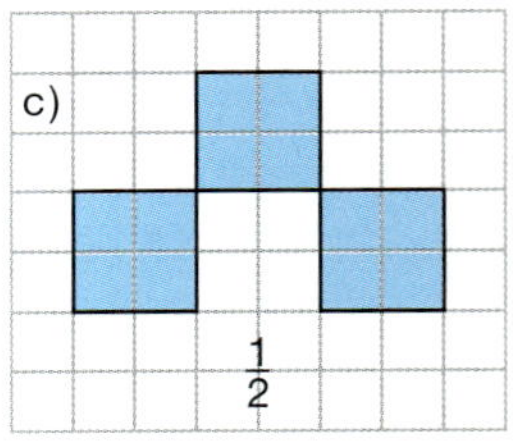

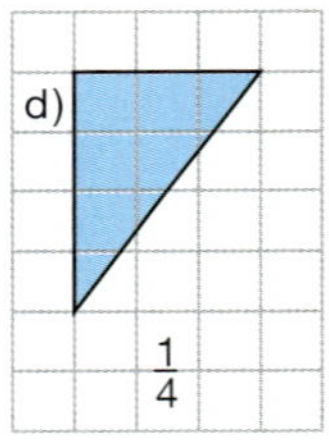

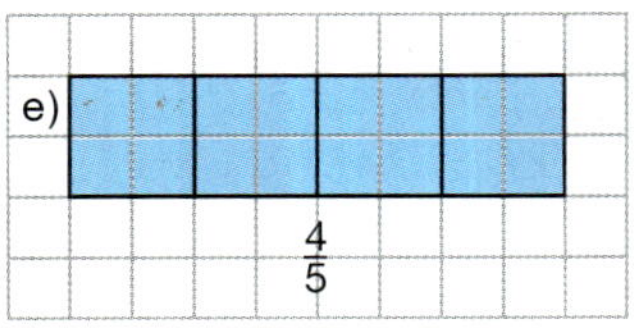

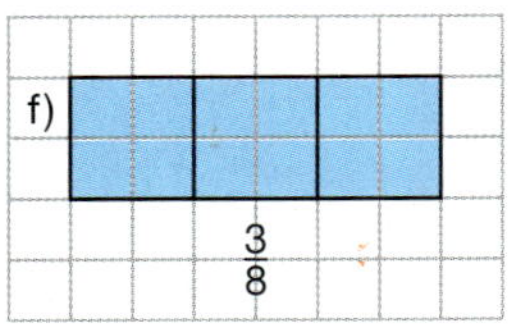

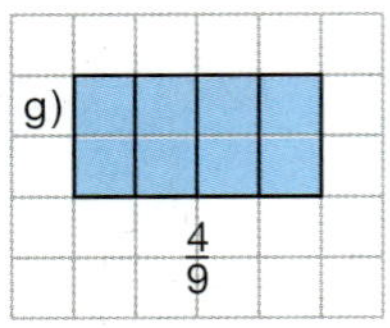

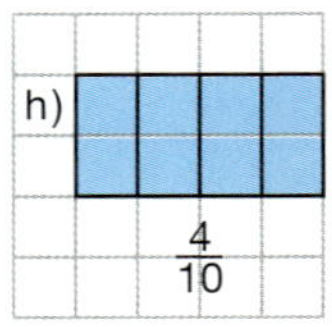

13 Gib für jedes Teilstück den Bruchteil an.

a)
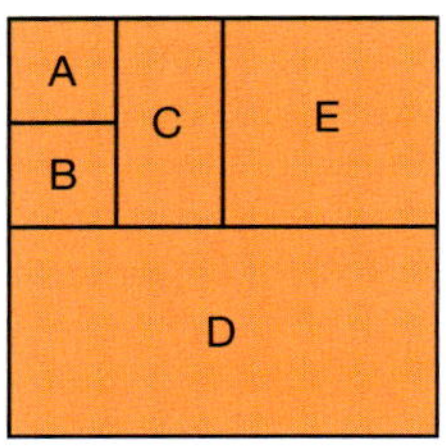

b)
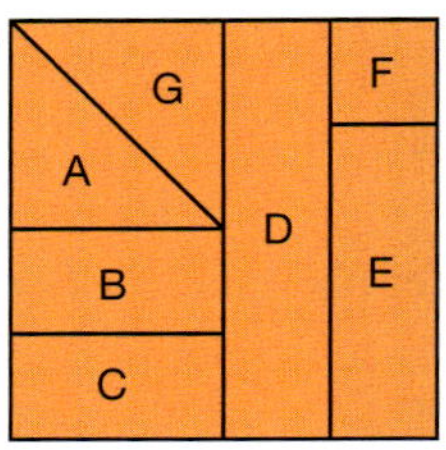

c)
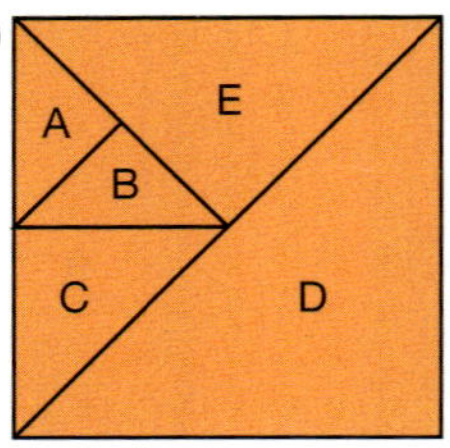

1 a) Familie Rückert bestellt drei Pizzen für vier Personen.
Zeichne auf, wie die Pizzen aufgeschnitten werden müssen, damit jeder gleich viel bekommt. Es gibt mehrere Lösungen.
b) Zeichne auf, wie zwei Pizzen auf drei Personen verteilt werden.
c) Wie werden fünf Pizzen auf sechs Personen verteilt?

Bruch als Quotient

> Ein Quotient kann auch als Bruch geschrieben werden.
>
> $5 : 6 = \frac{5}{6}$ $\qquad$ $a : b = \frac{a}{b}$ $\qquad a \in \mathbb{N}_0,\ b \in \mathbb{N}$
>
> Der Bruchstrich bedeutet dasselbe wie das Divisionszeichen.
>
> Geht die Division auf, so ergibt sich eine natürliche Zahl.
>
> $12 : 3 = \frac{12}{3} = 4$

Übungen

2 Welcher Bruch ist das?
a) 2 : 3 b) 3 : 4 c) 4 : 5 d) 5 : 7 e) 9 : 10 f) 75 : 100

3 Schreibe jeweils als Divisionsaufgaben.
a) $\frac{3}{4}$ b) $\frac{7}{8}$ c) $\frac{7}{9}$ d) $\frac{5}{7}$ e) $\frac{25}{26}$ f) $\frac{11}{100}$

4 Stelle die Domino-Kette zusammen. Die Lösungsbuchstaben ergeben hintereinander gelegt ein Wort.

- 3 : 7 **R** $\frac{4}{11}$
- 4 : 11 **U** $\frac{3}{8}$
- 11 : 12 **F** $\frac{7}{10}$
- 7 : 9 **H** $\frac{5}{11}$
- 5 : 8 **O** $\frac{11}{12}$
- 3 : 11 **B** $\frac{3}{7}$
- 9 : 10 **R** $\frac{5}{8}$
- 3 : 8 **C** $\frac{7}{9}$
- 5 : 11 **P** $\frac{9}{10}$
- 7 : 10 **I** $\frac{3}{11}$

1

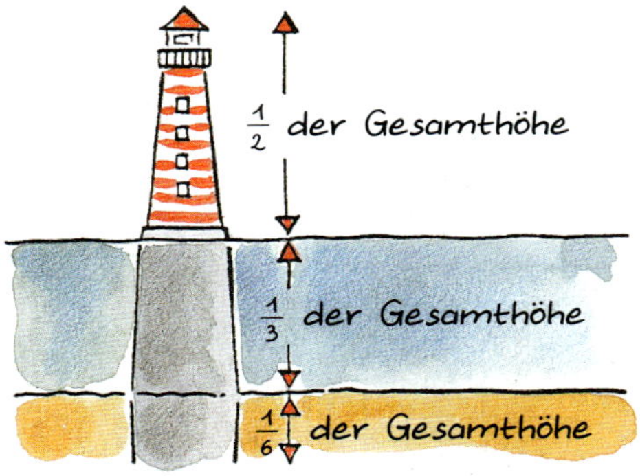

Der Leuchtturm hat mit Fundament eine Gesamthöhe von 60 m.

a) Wie hoch ragt er aus dem Wasser?
b) Wie tief steckt er im Meeresboden?
c) Wie tief ist das Wasser an seinem Standort?

2 So kannst du $\frac{2}{3}$ von 60 cm bestimmen:

1. Berechne **ein Drittel** des Ganzen. Teile dazu 60 cm durch 3.

   60 cm : 3 = 20 cm

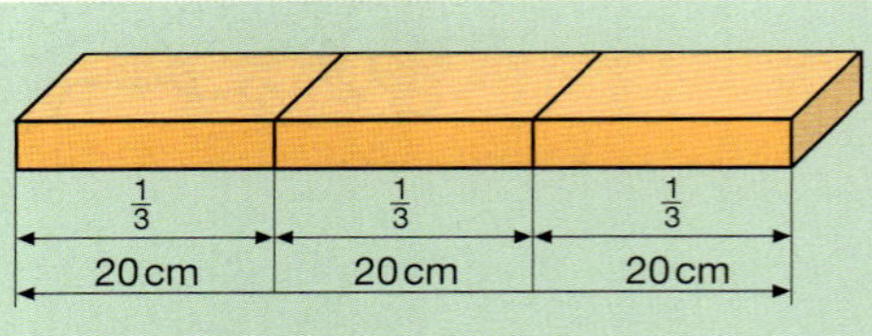

2. Bestimme **zwei Drittel** des Ganzen. Multipliziere dazu 20 cm mit 2.

   20 cm · 2 = 40 cm

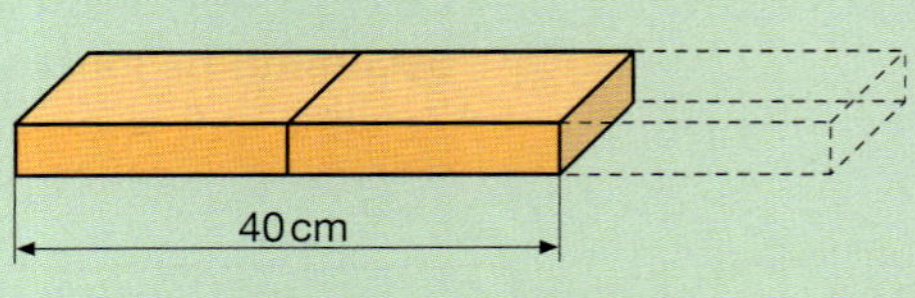

3. Schreibe die Aufgabe mit dem Ergebnis auf: $\mathbf{\frac{2}{3}}$ **von 60 cm sind 40 cm.**

Übungen

Berechne:

a) $\frac{1}{4}$ von 80 cm	b) $\frac{7}{10}$ von 200 EUR	c) $\frac{3}{4}$ von 60 m	d) $\frac{6}{7}$ von 1400 t
$\frac{2}{4}$ von 80 cm	$\frac{3}{4}$ von 40 kg	$\frac{5}{12}$ von 72 *l*	$\frac{2}{3}$ von 240 m
$\frac{3}{4}$ von 80 cm	$\frac{5}{6}$ von 60 km	$\frac{2}{3}$ von 45 min	$\frac{5}{11}$ von 990 g

3 Berechne: $\frac{11}{15}$ von 165 m sind ▢; 165 m $\xrightarrow{:15}$ 11 m $\xrightarrow{\cdot 11}$ 121 m

a) $\frac{2}{3}$ von 18 m	b) $\frac{3}{4}$ von 32 m	c) $\frac{2}{7}$ von 35 m	d) $\frac{4}{5}$ von 45 m
$\frac{4}{5}$ von 55 g	$\frac{5}{6}$ von 120 kg	$\frac{3}{8}$ von 24 *l*	$\frac{5}{12}$ von 60 min
$\frac{11}{15}$ von 75 ml	$\frac{15}{20}$ von 200 ha	$\frac{12}{25}$ von 100 EUR	$\frac{3}{125}$ von 1000 h

4 Berechne:

a) $\frac{4}{5}$ von 125 m	b) $\frac{7}{9}$ von 189 km	c) $\frac{11}{12}$ von 84 m	d) $\frac{5}{17}$ von 51 mm
$\frac{4}{9}$ von 333 g	$\frac{6}{7}$ von 434 g	$\frac{3}{8}$ von 712 g	$\frac{5}{8}$ von 3200 t
$\frac{8}{11}$ von 187 hl	$\frac{9}{13}$ von 156 m^2	$\frac{4}{15}$ von 510 ha	$\frac{14}{25}$ von 7500 *l*

5 Vom Gletscher ist eine 140 m hohe Platte abgebrochen und treibt nun als Eisberg im Meer. Nur etwa $\frac{1}{7}$ davon ragt aus dem Wasser.

6 Wale können 100 Jahre alt werden. Im Vergleich dazu schafft der Igel $\frac{14}{100}$, der Goldhamster $\frac{4}{100}$, der Uhu $\frac{7}{10}$, der Schwan $\frac{3}{10}$, die Klapperschlange $\frac{1}{5}$, der Goldfisch $\frac{2}{5}$, der Guppy $\frac{1}{20}$, die Vogelspinne $\frac{3}{20}$, der Regenwurm $\frac{1}{10}$. Berechne das Höchstalter der Tiere.

7 Eine Schwalbe fliegt in der Sekunde etwa 54 m weit, eine Brieftaube schafft etwa $\frac{1}{3}$ dieser Strecke, ein Pferd im Galopp $\frac{5}{27}$, ein Finnwal $\frac{5}{54}$ und der Mensch im schnellen Lauf $\frac{1}{6}$ der Strecke.

8 Etwa $\frac{3}{4}$ des Gewichts eines Apfels ist Wasser und $\frac{1}{4}$ des Gewichts ist Fruchtzucker. Wie viel Gramm Wasser und wie viel Gramm Zucker enthält ein Apfel von 120 g (180 g, 240 g)?

9 Pro Kopf verbraucht ein Bundesbürger täglich etwa 140 l Trinkwasser. Davon entfallen auf Körperpflege $\frac{1}{14}$, Trinken und Kochen $\frac{1}{28}$, Toilettenspülung $\frac{2}{7}$, Wohnungsreinigung $\frac{1}{28}$, Baden und Duschen $\frac{3}{14}$, Geschirrreinigen $\frac{1}{14}$, Wäsche waschen $\frac{3}{14}$, Garten und Auto $\frac{1}{14}$. Wie viele Liter sind das jedes Mal?

1 l = 1000 ml

10

Im Alltag findest du oft Größen, deren Zahlenwert ein Bruch ist.

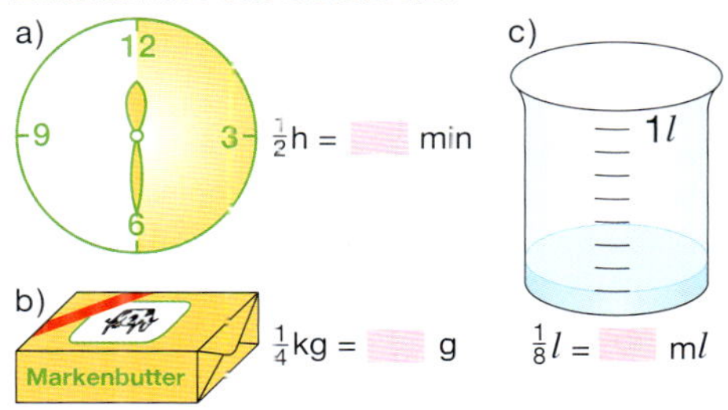

Ersetze den Platzhalter.

11 Bestimme den Platzhalter.

a) $\frac{1}{2}$ kg = ▢ g	b) $\frac{1}{3}$ h = ▢ min	c) $\frac{3}{8}$ t = ▢ kg	d) $\frac{1}{2}$ t = ▢ kg
$\frac{1}{4}$ m = ▢ cm	$\frac{1}{4}$ min = ▢ s	$\frac{2}{5}$ kg = ▢ g	$\frac{1}{4}$ h = ▢ min
$\frac{1}{5}$ t = ▢ kg	$\frac{1}{10}$ g = ▢ mg	$\frac{3}{4}$ h = ▢ min	$\frac{3}{5}$ m = ▢ cm

1

Maren und Nils machen eine Fahrradtour. Wie lang ist die gesamte Fahrstrecke? Wie viele Kilometer müssen sie noch bis zu ihrem Zielort fahren?

2 Löse die Aufgabe wie im Beispiel.

$\frac{7}{10}$ von ■ sind 21 m
■ $\xrightarrow{:10}$ ■ $\xrightarrow{\cdot 7}$ 21 m
■ $\xleftarrow{\cdot 10}$ 3 $\xleftarrow{:7}$ 21 m
30 $\xrightarrow{:10}$ 3 $\xrightarrow{\cdot 7}$ 21 m
$\frac{7}{10}$ von 30 m sind 21 m

a) $\frac{2}{3}$ von ■ sind 6 km
■ $\xrightarrow{:3}$ ■ $\xrightarrow{\cdot 2}$ 6 km

b) $\frac{4}{5}$ von ■ sind 80 g
■ $\xrightarrow{:5}$ ■ $\xrightarrow{\cdot 4}$ 80 g

c) $\frac{3}{4}$ von ■ sind 27 EUR
■ $\xrightarrow{:4}$ ■ $\xrightarrow{■}$ 27 EUR

d) $\frac{5}{9}$ von ■ sind 55 *l*
■ $\xrightarrow{■}$ ■ $\xrightarrow{■}$ 55 *l*

Übungen

3 Berechne das Ganze.

a) $\frac{3}{4}$ der Strecke sind 60 km
$\frac{2}{3}$ der Strecke sind 200 km
$\frac{4}{9}$ der Strecke sind 80 km

b) $\frac{7}{10}$ des Geldes sind 140 EUR
$\frac{8}{15}$ des Geldes sind 160 EUR
$\frac{5}{7}$ des Geldes sind 250 EUR

c) $\frac{6}{11}$ der Menge sind 18 *l*
$\frac{3}{5}$ der Menge sind 99 *l*
$\frac{7}{12}$ der Menge sind 84 *l*

4

Der Körper eines Neugeborenen besteht etwa zu $\frac{2}{3}$ aus Wasser.
a) Wie viel Gramm wog das Kind unmittelbar nach seiner Geburt?
b) Erkundige dich nach deinem Geburtsgewicht.

5 Ungefähr $\frac{3}{10}$ der Erdoberfläche sind Land. Das sind 153 Millionen Quadratkilometer. Wie groß ist die gesamte Oberfläche der Erde? Wie viel Quadratkilometer der Erde werden von Wasserflächen bedeckt?

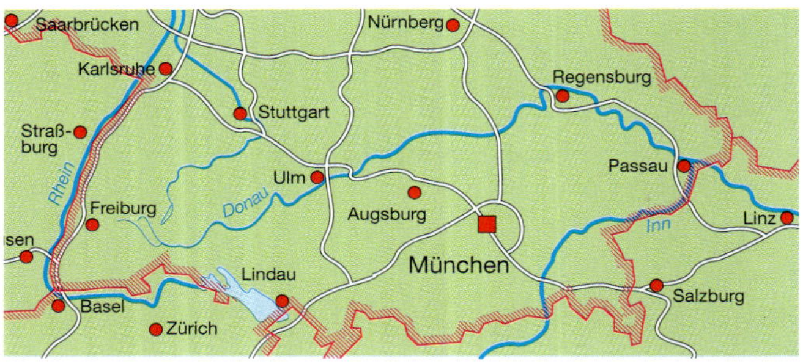

6 a) Die Donau ist auf $\frac{9}{10}$ ihrer Länge schiffbar, das sind 2565 km. Bestimme ihre Länge.
b) Berechne die Gesamtlänge folgender Flüsse:
Rhein (schiffbar auf $\frac{3}{4}$ der Länge, das sind 990 km),
Elbe (schiffbar auf $\frac{4}{5}$ der Länge, das sind 932 km).

c) Suche den vollständigen Verlauf der Flüsse.

1

Für Ninas Geburtstagsfeier hat ihre Mutter fünf Schokoladentorten gebacken. Nach der Feier stellen Nina und Benjamin die restlichen Kuchenstücke auf großen Tellern zusammen.

a) In wie viele gleich große Stücke hat ihre Mutter die einzelnen Torten geschnitten?

b) Warum benötigt Nina für die Schokoladentorten einen dritten Teller?

c) Bestimme anhand des Bildes den Platzhalter.

$$2\frac{3}{12} = \frac{\blacksquare}{12}$$

Gemischte Zahl

$$2\frac{1}{5} = \frac{11}{5}$$

natürliche Zahl — Bruchzahl — gemischte Zahl

Eine **gemischte Zahl** besteht aus einer **natürlichen Zahl** und **einer Bruchzahl.** Sie ist eine andere Schreibweise für eine Bruchzahl, bei der der Zähler größer ist als der Nenner.

Übungen

2 Welche gemischten Zahlen sind hier dargestellt? Gib als gemischte Zahl und als Bruch an.

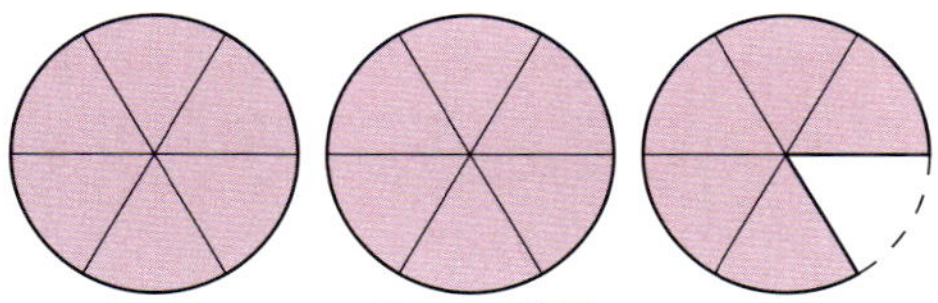

$$2\frac{5}{6} = \frac{17}{6}$$

a)

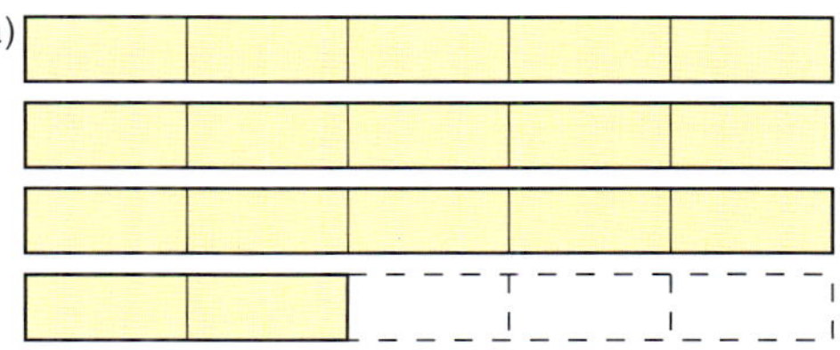

b)

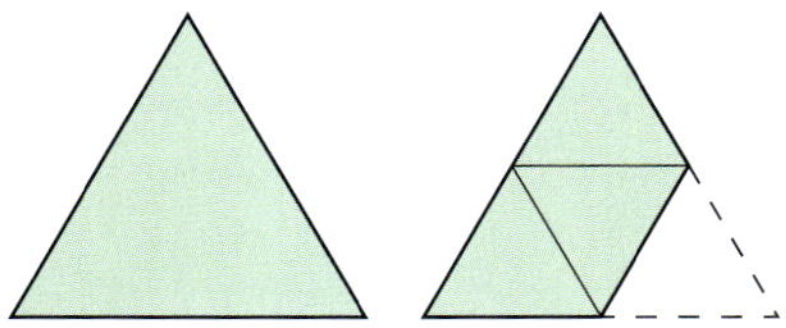

c)

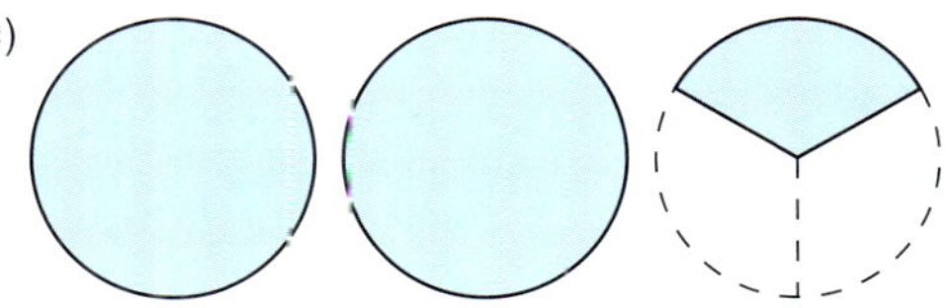

3 Schreibe als gemischte Zahl oder als natürliche Zahl:

a)	b)	c)	d)	e)	f)	g)	h)	i)	k)	l)
$\frac{5}{2}$	$\frac{9}{4}$	$\frac{44}{11}$	$\frac{13}{10}$	$\frac{29}{12}$	$\frac{4}{3}$	$\frac{25}{8}$	$\frac{30}{11}$	$\frac{65}{8}$	$\frac{14}{3}$	$\frac{43}{20}$
$\frac{6}{3}$	$\frac{15}{5}$	$\frac{35}{8}$	$\frac{14}{3}$	$\frac{25}{11}$	$\frac{14}{5}$	$\frac{75}{25}$	$\frac{50}{7}$	$\frac{88}{4}$	$\frac{72}{9}$	$\frac{64}{15}$

4 Schreibe als Bruch.

a)	b)	c)	d)	e)	f)	g)	h)	i)	k)	l)
$1\frac{3}{4}$	$2\frac{2}{3}$	$3\frac{1}{5}$	$4\frac{2}{5}$	$5\frac{1}{6}$	$10\frac{3}{5}$	$8\frac{1}{6}$	$10\frac{1}{9}$	$6\frac{3}{4}$	$12\frac{2}{5}$	$20\frac{1}{2}$
$1\frac{2}{3}$	$2\frac{3}{4}$	$4\frac{1}{2}$	$5\frac{1}{3}$	$6\frac{5}{6}$	$11\frac{3}{5}$	$10\frac{1}{2}$	$10\frac{1}{4}$	$8\frac{4}{5}$	$15\frac{3}{10}$	$20\frac{1}{3}$
$1\frac{4}{5}$	$3\frac{4}{5}$	$4\frac{2}{3}$	$6\frac{2}{5}$	$8\frac{1}{10}$	$8\frac{3}{10}$	$10\frac{1}{3}$	$20\frac{1}{4}$	$10\frac{3}{5}$	$15\frac{7}{10}$	$30\frac{2}{5}$

1 Vergleiche in den Figuren die gefärbten Bruchteile. Was stellst du fest?

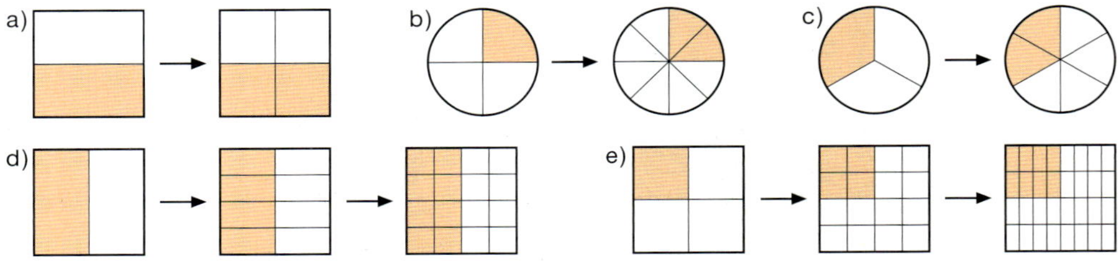

gleiche Bruchteile

wertgleiche Brüche

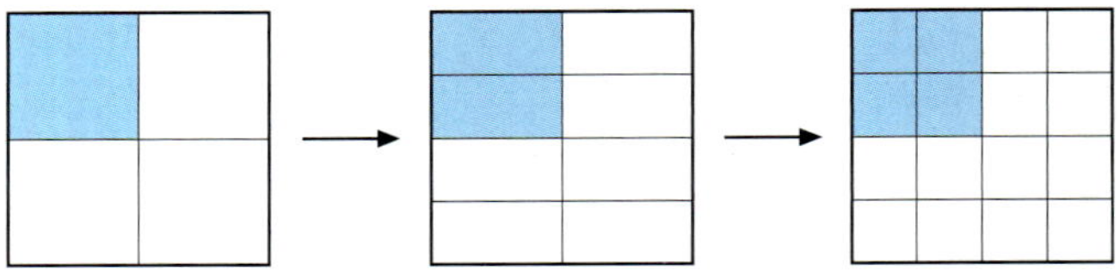

$\frac{1}{4}$ des Rechtecks

$= \frac{2}{8}$ des Rechtecks

$= \frac{4}{16}$ des Rechtecks

Die Brüche $\frac{1}{4}$, $\frac{2}{8}$ und $\frac{4}{16}$ haben den gleichen Wert.

2 Zeichne die Figuren in dein Heft und unterteile sie so, dass in Figur A Viertel, in B Sechstel, in C Achtzehntel und in D Sechzehntel entstehen. Ergänze die Platzhalter.

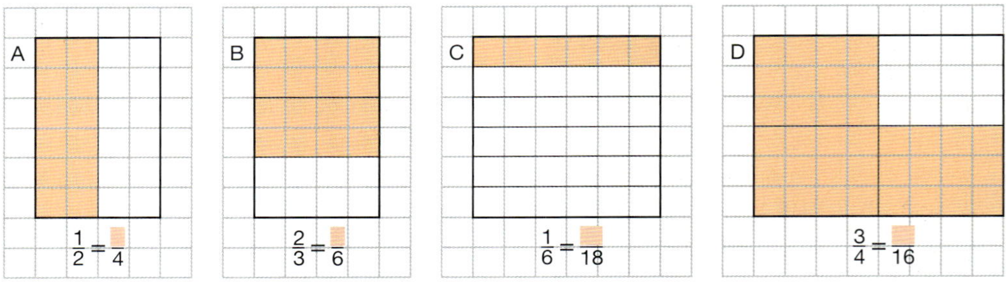

3 Übertrage die Figuren. Zeichne die Linien nach, die du für die folgende Einteilung brauchst: Es sollen in Figur A Viertel, in B Drittel, in C Halbe und in D Achtel entstehen. Ersetze die Platzhalter.

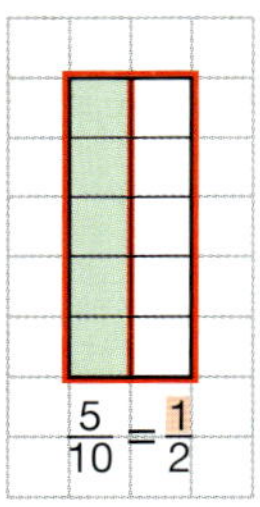

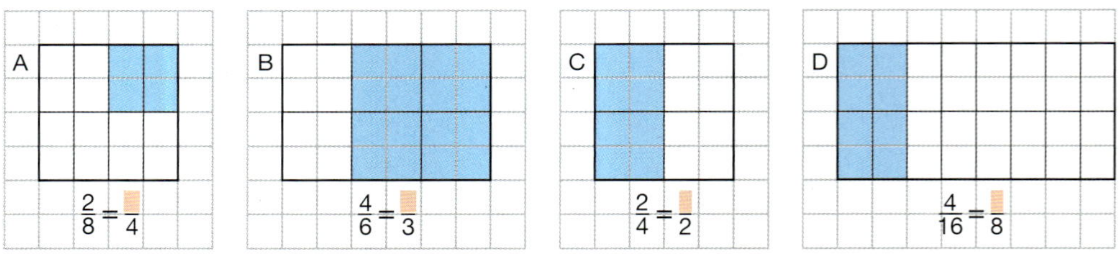

4 Welcher Bruchteil ist gefärbt, welcher ungefärbt? Mehrere Antworten sind richtig.

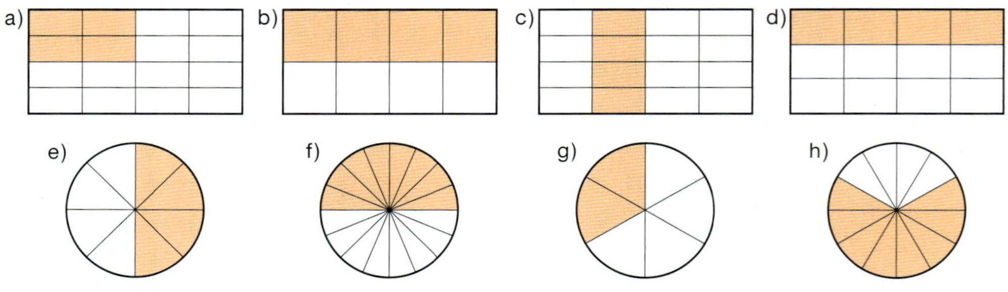

Erweitern

Kürzen

Erweitern

$$\frac{2 \cdot 6}{3 \cdot 6} = \frac{12}{18}$$

Zähler **und** Nenner werden **mit der gleichen** Zahl (Erweiterungszahl) multipliziert.

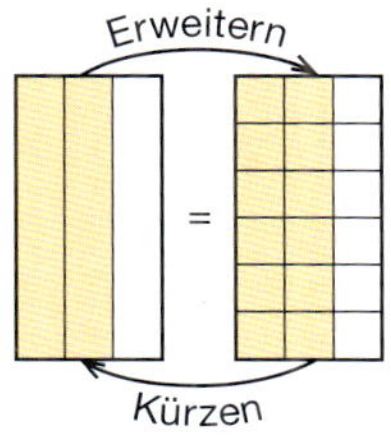

Kürzen

$$\frac{12 : 6}{18 : 6} = \frac{2}{3}$$

Zähler **und** Nenner werden **durch die gleiche** Zahl (Kürzungszahl) dividiert.

Durch Erweitern und Kürzen erhält man wertgleiche Brüche.

Übungen

5 Erweitere. $\frac{2 \cdot 5}{7 \cdot 5} = \frac{10}{35}$

										a)	b)	c)	d)
$\frac{2}{5}$	$\frac{1}{4}$	$\frac{3}{7}$	$\frac{4}{9}$	$\frac{4}{10}$	$\frac{5}{11}$	$\frac{6}{13}$	$\frac{7}{15}$	$\frac{8}{17}$	mit	5	7	9	11

6 Mit welcher Zahl wurde erweitert?

a) $\frac{1}{7} = \frac{5}{35}$ b) $\frac{1}{8} = \frac{6}{48}$ c) $\frac{2}{5} = \frac{14}{35}$ d) $\frac{3}{8} = \frac{18}{48}$ e) $\frac{2}{11} = \frac{14}{77}$ f) $\frac{4}{7} = \frac{32}{56}$ g) $\frac{4}{9} = \frac{48}{108}$

7 Suche die Erweiterungszahl und berechne den Platzhalter.

a) $\frac{5}{6} = \frac{\square}{30}$ b) $\frac{11}{16} = \frac{55}{\square}$ c) $\frac{35}{80} = \frac{70}{\square}$ d) $\frac{6}{7} = \frac{\square}{21}$ e) $\frac{3}{4} = \frac{27}{\square}$ f) $\frac{5}{13} = \frac{\square}{65}$

g) $\frac{20}{47} = \frac{80}{\square}$ h) $\frac{21}{30} = \frac{\square}{150}$ i) $\frac{16}{20} = \frac{48}{\square}$ k) $\frac{4}{15} = \frac{16}{\square}$ l) $\frac{12}{18} = \frac{\square}{108}$ m) $\frac{7}{17} = \frac{42}{\square}$

8 Erweitere schrittweise.

a) $\frac{2}{3} = \frac{\square}{6} = \frac{\square}{12} = \frac{\square}{24} = \frac{\square}{48}$ b) $\frac{4}{5} = \frac{\square}{15} = \frac{\square}{75} = \frac{\square}{150} = \frac{\square}{600}$ c) $\frac{1}{4} = \frac{\square}{12} = \frac{\square}{36} = \frac{\square}{72} = \frac{\square}{360}$

d) $\frac{5}{6} = \frac{\square}{18} = \frac{\square}{36} = \frac{\square}{108} = \frac{\square}{432}$ e) $\frac{3}{7} = \frac{\square}{21} = \frac{\square}{42} = \frac{\square}{168} = \frac{\square}{840}$ f) $\frac{8}{9} = \frac{\square}{18} = \frac{\square}{54} = \frac{\square}{108} = \frac{\square}{324}$

9 Kürze. $\frac{10 : 2}{36 : 2} = \frac{5}{18}$

											a)	b)	c)
$\frac{6}{12}$	$\frac{6}{18}$	$\frac{12}{30}$	$\frac{18}{24}$	$\frac{30}{42}$	$\frac{36}{48}$	$\frac{48}{54}$	$\frac{42}{72}$	$\frac{60}{96}$	$\frac{54}{120}$	durch	2	3	6

10 Mit welcher Zahl wurde gekürzt?

a) $\frac{54}{81} = \frac{6}{9}$ b) $\frac{20}{140} = \frac{2}{14}$ c) $\frac{60}{72} = \frac{5}{6}$ d) $\frac{64}{80} = \frac{8}{10}$ e) $\frac{49}{84} = \frac{7}{12}$ f) $\frac{30}{57} = \frac{10}{19}$ g) $\frac{75}{195} = \frac{5}{13}$

11 Suche die Kürzungszahl und berechne den Platzhalter.

a) $\frac{15}{35} = \frac{\square}{7}$ b) $\frac{16}{20} = \frac{8}{\square}$ c) $\frac{21}{36} = \frac{7}{\square}$ d) $\frac{32}{48} = \frac{\square}{24}$ e) $\frac{26}{39} = \frac{\square}{3}$ f) $\frac{64}{96} = \frac{16}{\square}$

g) $\frac{44}{55} = \frac{\square}{5}$ h) $\frac{34}{51} = \frac{2}{\square}$ i) $\frac{14}{49} = \frac{\square}{7}$ k) $\frac{45}{60} = \frac{3}{\square}$ l) $\frac{36}{48} = \frac{\square}{4}$ m) $\frac{38}{114} = \frac{19}{\square}$

12 Entscheide, bei welcher Gruppe von Brüchen der Wert gleich ist.

A $\frac{4}{5}; \frac{6}{7}; \frac{8}{9}; \frac{10}{11}$ **B** $\frac{3}{8}; \frac{9}{24}; \frac{15}{40}; \frac{24}{64}$ **C** $\frac{3}{5}; \frac{6}{15}; \frac{18}{30}; \frac{30}{50}$

13 Bestimme die Kürzungszahlen.

$\frac{80}{120} = \frac{8}{12} = \frac{2}{3}$ $\frac{80}{120} = \frac{2}{3}$ $\frac{80}{120} = \frac{4}{6} = \frac{2}{3}$

$\frac{340}{510} = \frac{34}{51} = \frac{2}{3}$

14 Kürze so weit wie möglich:

a) $\frac{12}{18}$ $\frac{6}{9}$ $\frac{12}{16}$ $\frac{20}{25}$ $\frac{18}{30}$ $\frac{6}{16}$ b) $\frac{30}{50}$ $\frac{24}{36}$ $\frac{24}{28}$ $\frac{16}{18}$ $\frac{40}{45}$ $\frac{21}{28}$ c) $\frac{36}{40}$ $\frac{35}{40}$ $\frac{50}{60}$ $\frac{20}{48}$ $\frac{24}{54}$ $\frac{63}{72}$

d) $\frac{28}{35}$ $\frac{12}{27}$ $\frac{14}{49}$ $\frac{15}{55}$ $\frac{30}{36}$ $\frac{16}{20}$ e) $\frac{45}{54}$ $\frac{12}{90}$ $\frac{56}{84}$ $\frac{90}{165}$ $\frac{100}{275}$ $\frac{150}{360}$ f) $\frac{60}{156}$ $\frac{60}{72}$ $\frac{30}{250}$ $\frac{84}{108}$ $\frac{75}{250}$ $\frac{120}{270}$

15 Erweitere auf den angegebenen Nenner.

a) $\frac{1}{2}$, $\frac{2}{3}$, $\frac{5}{8}$, $\frac{7}{12}$, $\frac{3}{4}$ auf $\frac{\square}{72}$ b) $\frac{2}{5}$, $\frac{5}{6}$, $\frac{9}{10}$, $\frac{7}{12}$, $\frac{3}{20}$, $\frac{9}{30}$ auf $\frac{\square}{60}$

c) $\frac{5}{7}$, $\frac{3}{4}$, $\frac{7}{8}$, $\frac{11}{14}$, $\frac{27}{28}$ auf $\frac{\square}{56}$ d) $\frac{3}{4}$, $\frac{5}{6}$, $\frac{7}{8}$, $\frac{5}{16}$, $\frac{9}{32}$, $\frac{5}{24}$ auf $\frac{\square}{96}$

16 Bestimme den Platzhalter.

a) $\frac{24}{\square} = \frac{72}{96}$ b) $\frac{\square}{16} = \frac{90}{96}$ c) $\frac{13}{17} = \frac{65}{\square}$ d) $\frac{60}{84} = \frac{\square}{7}$ e) $\frac{96}{\square} = \frac{8}{9}$ f) $\frac{52}{88} = \frac{13}{\square}$

$\frac{5}{12} = \frac{\square}{60}$ $\frac{4}{9} = \frac{\square}{90}$ $\frac{2}{\square} = \frac{16}{64}$ $\frac{56}{60} = \frac{14}{\square}$ $\frac{\square}{108} = \frac{11}{12}$ $\frac{75}{\square} = \frac{5}{6}$

17 Kürze so weit wie möglich.

a) $\frac{180}{360}$ b) $\frac{440}{880}$ c) $\frac{150}{450}$ d) $\frac{360}{540}$ e) $\frac{100}{350}$ f) $\frac{168}{216}$ g) $\frac{176}{208}$ h) $\frac{324}{405}$

$\frac{90}{225}$ $\frac{36}{108}$ $\frac{35}{180}$ $\frac{72}{120}$ $\frac{130}{260}$ $\frac{125}{1000}$ $\frac{375}{1000}$ $\frac{56}{800}$

18 Gib drei verschiedene Brüche mit dem Nenner 36 an,
a) die sich nicht mehr kürzen lassen,
b) die sich nur durch 3 kürzen lassen.

19 Welche Brüche wurden richtig erweitert oder gekürzt? Die Buchstaben ergeben hintereinander gelesen ein Lösungswort.

$\frac{3}{8} = \frac{18}{49}$ R	$\frac{3}{7} = \frac{15}{28}$ F	$\frac{2}{11} = \frac{14}{77}$ S	$\frac{2}{3} = \frac{18}{27}$ P	$\frac{16}{20} = \frac{4}{6}$ Ö	$\frac{20}{47} = \frac{60}{141}$ I
$\frac{32}{48} = \frac{4}{7}$ T	$\frac{30}{57} = \frac{10}{19}$ E	$\frac{6}{11} = \frac{72}{122}$ L	$\frac{20}{140} = \frac{2}{14}$ L	$\frac{54}{81} = \frac{6}{9}$ E	$\frac{51}{60} = \frac{15}{20}$ S

Wie viele Dreiecke erkennst du?

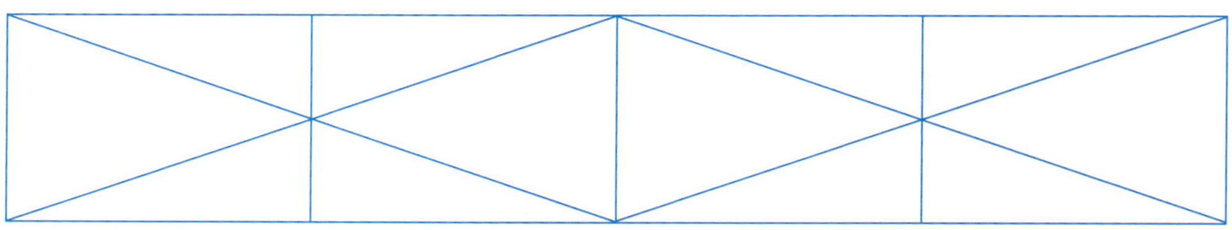

1 Julia und Markus versuchen, Karten mit Brüchen richtig anzuordnen. Wohin gehören die restlichen Karten?

2 Gib jeweils einen Bruch an, der zu dem markierten Punkt gehört.

a) 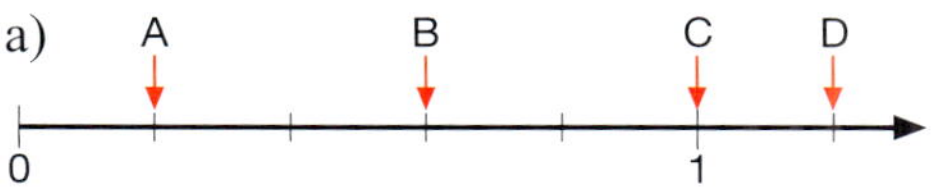

b) 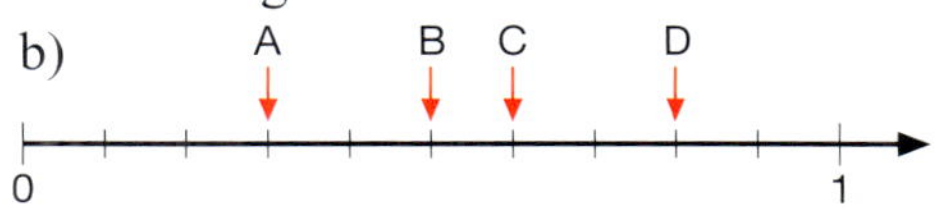

3 Zeichne eine Zahlenhalbgerade (1 LE ≙ 8 cm) und trage folgende Brüche ein:

$\frac{1}{4}$, $\frac{12}{8}$, $1\frac{1}{2}$, $\frac{12}{16}$, $\frac{3}{8}$, $\frac{8}{8}$, $\frac{2}{16}$, $\frac{5}{8}$, $1\frac{1}{8}$, $\frac{8}{4}$, $1\frac{5}{16}$, $1\frac{5}{8}$, $1\frac{3}{4}$, $\frac{1}{8}$

Welche Brüche liegen auf der Zahlenhalbgeraden an derselben Stelle?

4 Ordne die angegebenen Brüche und die gemischten Zahlen den markierten Punkten zu.

$\frac{7}{4}$, $2\frac{1}{2}$, $\frac{22}{4}$, $1\frac{3}{4}$, $\frac{13}{4}$, $\frac{1}{2}$, $3\frac{1}{4}$, $\frac{1}{4}$, $5\frac{2}{4}$, $4\frac{1}{4}$, $\frac{25}{4}$, $6\frac{1}{4}$, $\frac{11}{4}$, $1\frac{1}{4}$, $\frac{3}{4}$

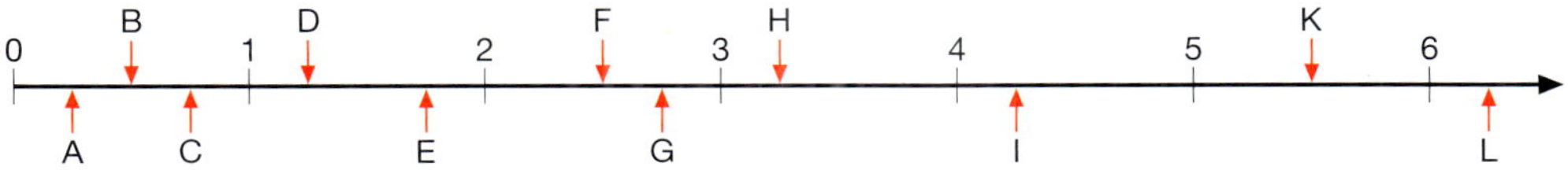

Menge der positiven rationalen Zahlen

Alle Brüche, die durch Kürzen oder Erweitern ineinander umgeformt werden können, haben den gleichen Wert. Sie stellen eine **positive rationale Zahl** dar.

Die Zahlen $\frac{2}{6}$, $\frac{4}{12}$, … stellen dieselbe rationale Zahl $\frac{1}{3}$ dar, der man einen Bildpunkt auf der Zahlenhalbgeraden zuordnen kann.

Die Menge der positiven rationalen Zahlen bezeichnet man mit $\mathbb{Q}_0^+$.

Alle aus der Menge $\mathbb{N}_0$ bekannten Rechengesetze gelten weiterhin.

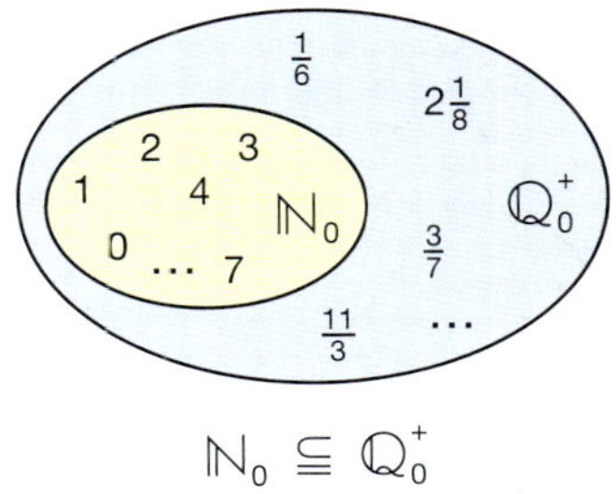

$\mathbb{N}_0 \subseteq \mathbb{Q}_0^+$

1 Katja, Nina und Daniel spielen in einer Freistunde das Bruchwürfelspiel. Jeder würfelt mit zwei Würfeln. Aus den Augenzahlen wird ein Bruch gebildet, wobei die größere Zahl der Nenner sein muss. Einen Gewinnpunkt erhält, wer den größten Bruch gewürfelt hat.

a) Wer bekommt den Gewinnpunkt? Begründe.

b) Probiert dieses Spiel selbst einmal aus.

Hauptnenner

Brüche mit dem gleichen Nenner heißen **gleichnamige Brüche.**
Gleichnamige Brüche werden verglichen, indem man **die Zähler** miteinander **vergleicht.**

$\frac{5}{11} < \frac{7}{11}$, denn $5 < 7$ $\frac{20}{21} > \frac{12}{21}$, denn $20 > 12$

Brüche mit verschiedenen Nennern nennt man **ungleichnamige Brüche.**
Ungleichnamige Brüche werden gleichnamig gemacht, indem man sie erweitert oder kürzt.
Das kleinste gemeinsame Vielfache **(kgV)** aller Nenner ist der **Hauptnenner.**

$\frac{2}{3} \blacksquare \frac{5}{6}$	$\frac{5}{12} \blacksquare \frac{8}{21}$	kgV (12; 21) = $\blacksquare$
		$12 = 2^2 \cdot 3$
$\frac{4}{6} < \frac{5}{6}$	$\frac{35}{84} > \frac{32}{84}$	$21 = 3 \cdot 7$
		kgV (12; 21) $= 2^2 \cdot 3 \cdot 7 = 84$
$\frac{2}{3} < \frac{5}{6}$	$\frac{5}{12} > \frac{8}{21}$	

Übungen

2 Vergleiche.

a) $\frac{5}{7} \blacksquare \frac{4}{7}$ b) $\frac{1}{3} \blacksquare \frac{3}{6}$ c) $\frac{5}{6} \blacksquare \frac{2}{3}$ d) $\frac{3}{10} \blacksquare \frac{2}{5}$ e) $\frac{2}{3} \blacksquare \frac{1}{4}$ f) $\frac{2}{5} \blacksquare \frac{3}{7}$ g) $\frac{1}{6} \blacksquare \frac{7}{42}$

$\frac{13}{15} \blacksquare \frac{14}{15}$ $\frac{2}{5} \blacksquare \frac{4}{10}$ $\frac{3}{4} \blacksquare \frac{5}{8}$ $\frac{5}{6} \blacksquare \frac{11}{12}$ $\frac{1}{2} \blacksquare \frac{3}{5}$ $\frac{4}{9} \blacksquare \frac{5}{8}$ $\frac{16}{36} \blacksquare \frac{3}{9}$

3 Kleiner, größer oder gleich (<, >, =)?

a) $\frac{3}{5} \blacksquare \frac{4}{7}$ b) $\frac{2}{7} \blacksquare \frac{3}{8}$ c) $\frac{6}{14} \blacksquare \frac{8}{28}$ d) $\frac{11}{12} \blacksquare \frac{7}{8}$ e) $\frac{36}{81} \blacksquare \frac{4}{9}$ f) $\frac{20}{55} \blacksquare \frac{5}{11}$ g) $\frac{36}{48} \blacksquare \frac{12}{16}$

$\frac{14}{21} \blacksquare \frac{2}{3}$ $\frac{7}{12} \blacksquare \frac{5}{6}$ $\frac{15}{27} \blacksquare \frac{6}{9}$ $\frac{4}{11} \blacksquare \frac{9}{33}$ $\frac{7}{15} \blacksquare \frac{3}{8}$ $\frac{5}{12} \blacksquare \frac{4}{9}$ $\frac{3}{4} \blacksquare \frac{10}{13}$

$\frac{3}{4} \blacksquare \frac{3}{12}$

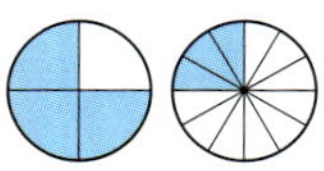

$\frac{3}{4} > \frac{3}{12}$

4 Welcher Bruchteil ist größer? Bestimme den Platzhalter und formuliere eine Regel.

a)

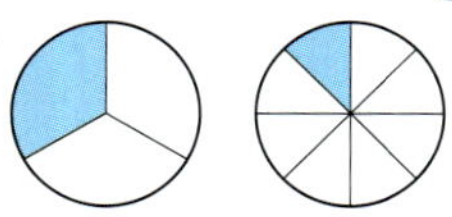

$\frac{1}{3} \blacksquare \frac{1}{8}$

b)

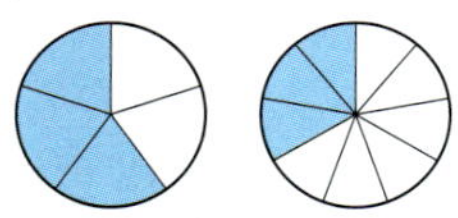

$\frac{3}{5} \blacksquare \frac{3}{9}$

c)

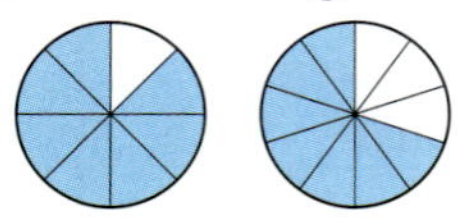

$\frac{7}{8} \blacksquare \frac{7}{10}$

5 Ordne die Brüche der Größe nach:

a) $\frac{9}{100}, \frac{9}{43}, \frac{9}{750}, \frac{9}{2}, \frac{9}{15}, \frac{9}{42}$ b) $\frac{4}{17}, \frac{4}{200}, \frac{4}{3}, \frac{4}{150}, \frac{4}{1}, \frac{4}{1000}$

1 Bei einem Handballturnier verwandelt Sebastian 7 von 10 Siebenmetern; Christian war bei 8 Versuchen 6-mal erfolgreich.

Das Beispiel zeigt dir, wie jeweils der Anteil der erfolgreichen Würfe als Bruch bestimmt wird. Wer von beiden war der bessere Werfer?

Sebastian	**Christian**
7 von 10 $\triangleq \frac{7}{10}$	**6 von 8** $\triangleq \frac{6}{8} = \frac{3}{4}$

Übungen

2

Schlagball 80 g

	Trainingsweite	Wettkampfweite
Anja	20 m	24 m
Elisa	24 m	30 m
Marion	18 m	20 m

Anja, Elisa und Marion haben jeweils ihr bestes Trainingsergebnis und die erreichte Wettkampfweite notiert.
Wer hat seine persönliche Leistung am stärksten gesteigert?

3 Auf einem Volksfest werben die Losverkäufer mit großartigen Gewinnchancen.
Wo würdest du dein Glück versuchen? Begründe.

4 a) Rabea erhält monatlich 12 EUR Taschengeld. Davon spart sie 4 EUR. Dirk bekommt 15 EUR und spart 6 EUR. Wer spart den größeren Bruchteil seines Taschengeldes?

b)

Um wie viel EUR müsste das Taschengeld erhöht werden?

5 a) Gib den Anteil der Länge einer Quadratseite am Umfang des Quadrates an.
b) Gib für ein gleichseitiges Dreieck den Anteil der Länge einer Dreiecksseite am Umfang des Dreiecks an.

1 Welcher Bruchteil ist orange gefärbt?

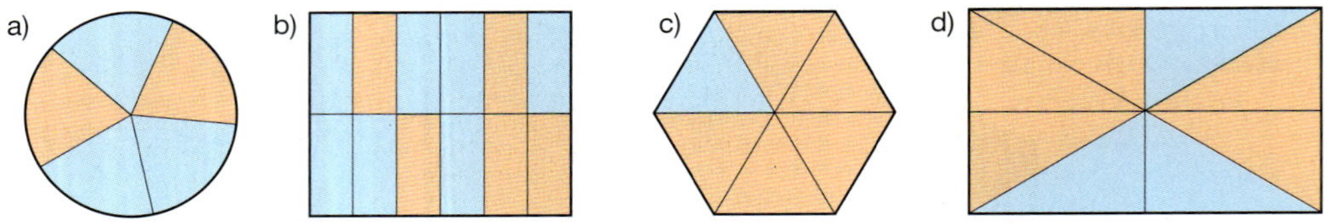

Welcher Teil der Gesamtfläche ist blau gefärbt?

2 Welcher Bruchteil fehlt hier am Ganzen?

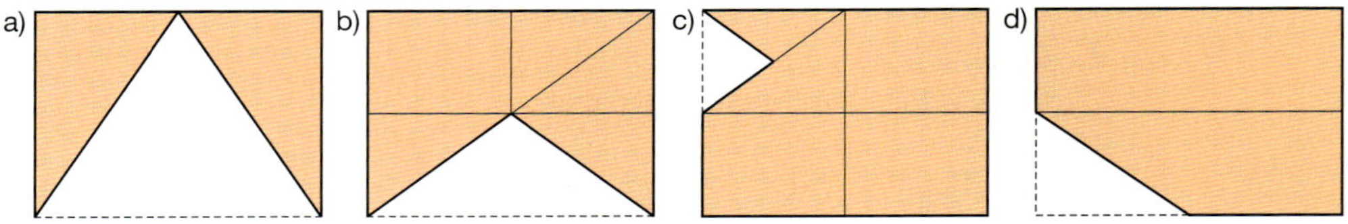

3 Erweitere und bestimme die fehlende Zahl. Die richtigen Zahlen bringen dich auf das Lösungswort.

a) $\frac{3}{5} = \frac{\square}{20}$ b) $\frac{2}{9} = \frac{10}{\square}$ c) $\frac{35}{80} = \frac{70}{\square}$ d) $\frac{5}{6} = \frac{50}{\square}$ e) $\frac{12}{13} = \frac{36}{\square}$ f) $\frac{7}{12} = \frac{84}{\square}$

$\frac{9}{11} = \frac{99}{\square}$ $\frac{16}{20} = \frac{\square}{120}$ $\frac{7}{9} = \frac{63}{\square}$ $\frac{17}{24} = \frac{68}{\square}$ $\frac{12}{17} = \frac{\square}{85}$ $\frac{7}{10} = \frac{\square}{90}$

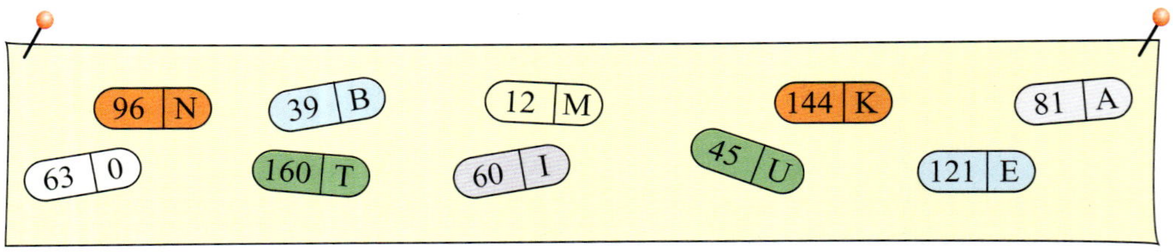

4 Bestimme x. $x \in \mathbb{N}$

$\frac{x}{14} = \frac{2}{7}$

$\frac{x}{14} = \frac{2 \cdot 2}{7 \cdot 2}$

$x = 4$

$\frac{25}{x} = \frac{5}{3}$

$\frac{25}{x} = \frac{5 \cdot 5}{3 \cdot 5}$

$x = 15$

a) $\frac{x}{6} = \frac{1}{3}$ b) $\frac{x}{24} = \frac{3}{8}$ c) $\frac{x}{121} = \frac{5}{11}$

d) $\frac{x}{4} = \frac{16}{64}$ e) $\frac{5}{x} = \frac{15}{24}$ f) $\frac{27}{51} = \frac{9}{x}$

5 Kürze soweit wie möglich. Bei richtiger Zuordnung erhältst du ein Lösungswort.

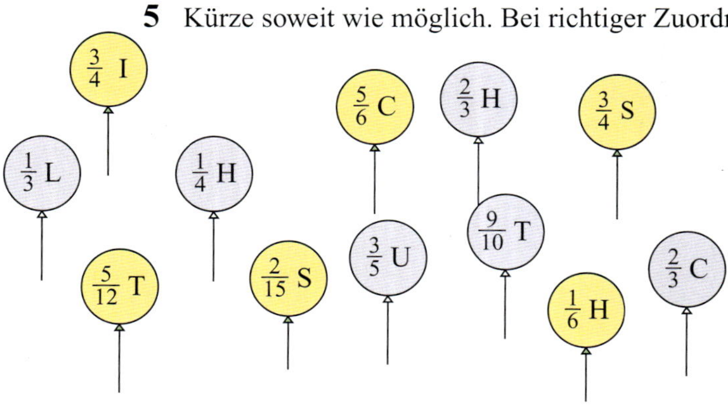

a) $\frac{12}{16}$ b) $\frac{9}{27}$ c) $\frac{20}{48}$ d) $\frac{90}{135}$

$\frac{30}{36}$ $\frac{45}{60}$ $\frac{12}{90}$ $\frac{72}{120}$

$\frac{14}{56}$ $\frac{36}{40}$ $\frac{56}{84}$ $\frac{24}{144}$

6 Ordne die folgenden Brüche nach der Größe. Beginne mit dem kleinsten Bruch.

a) $\frac{1}{2}, \frac{7}{8}, \frac{3}{4}$ b) $\frac{3}{4}, \frac{2}{3}, \frac{5}{6}$ c) $\frac{3}{4}, \frac{5}{8}, \frac{9}{16}, \frac{15}{32}$ d) $\frac{1}{5}, \frac{7}{10}, \frac{57}{100}$ e) $\frac{5}{9}, \frac{2}{3}, \frac{21}{36}, \frac{7}{18}$

7 Gib jeweils einen Bruch an, der zu den markierten Punkten gehört.

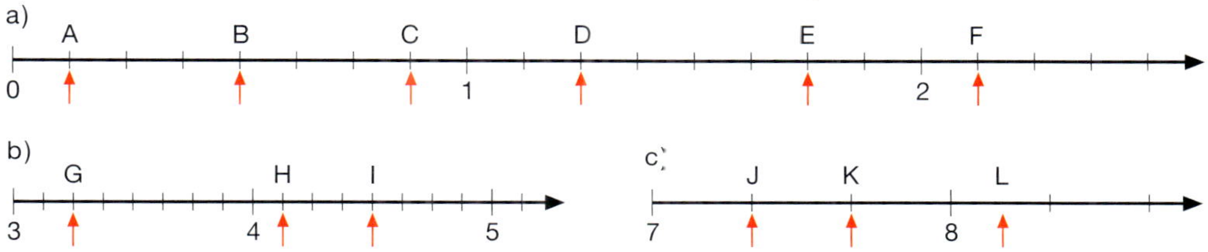

8 a) Zeichne eine Zahlenhalbgerade von 0 bis 1 (1 LE $\triangleq$ 16 cm) und markiere folgende Punkte:

$\frac{3}{4}, \frac{2}{8}, \frac{5}{8}, \frac{6}{8}, \frac{1}{2}, \frac{8}{16}, \frac{12}{16}, \frac{1}{4}$

b) Bei welchen Brüchen liegen die markierten Punkte an derselben Stelle?

9 Gib zu den folgenden Ungleichungen die Lösungsmenge an. Erweitere oder kürze dazu falls erforderlich die Brüche. $\mathbb{G} = \{3; 6; 9; \ldots\}$

a) $\frac{x}{7} < \frac{5}{7}$ b) $\frac{x}{21} \leqq \frac{5}{7}$ c) $\frac{x}{3} > \frac{2}{5}$ d) $\frac{x}{7} < \frac{7}{11}$

e) $\frac{16}{x} > \frac{48}{12}$ f) $\frac{49}{42} < \frac{7}{x}$ g) $\frac{2}{9} < \frac{5}{x}$ h) $\frac{4}{7} > \frac{3}{x}$

10 Vergleiche. Setze > oder < im Heft passend ein.

a) $\frac{2}{3} \square \frac{3}{4}$ b) $\frac{7}{8} \square \frac{5}{6}$ c) $\frac{3}{9} \square \frac{3}{5}$ d) $\frac{5}{14} \square \frac{2}{7}$ e) $\frac{5}{6} \square \frac{17}{18}$ f) $\frac{24}{36} \square \frac{7}{12}$

$\frac{3}{4} \square \frac{5}{6}$ $\frac{2}{3} \square \frac{3}{8}$ $\frac{2}{3} \square \frac{7}{10}$ $\frac{4}{5} \square \frac{7}{10}$ $\frac{17}{20} \square \frac{4}{5}$ $\frac{11}{12} \square \frac{4}{5}$

11 Im 6. Jahrgang zweier Schulen sind Gruppen mit jeweils 80 Schülern gebildet worden. $\frac{3}{4}$ aus der ersten Gruppe und $\frac{3}{8}$ aus der zweiten Gruppe nehmen gemeinsam an einer Exkursion teil. Wie viele Schüler mehr aus der ersten Gruppe beteiligen sich an der Exkursion als aus der zweiten?

Achmed will in sechs Tagen die Wüste durchqueren. Neben seinem festem Gepäck kann er aber nur 16 kg Verpflegung für vier Tage mitnehmen. Alleine schafft er es also nicht. Wie viele Freunde mit gleichem Gepäck müssen mitgehen, so dass sie selbst an den Ausgangspunkt zurückkehren und Achmed die Wüste durchqueren kann?

2 Addieren und Subtrahieren

1 Zu Jürgens Geburtstag hat seine Mutter eine Torte gebacken und sie in 12 Stücke aufgeteilt. Jürgen und seine Freunde Kai, Volker, Klaus und Uwe haben die Torte restlos verzehrt.
Jürgen aß $\frac{2}{12}$ der Torte, Kai $\frac{2}{12}$, Klaus $\frac{3}{12}$ und Volker $\frac{2}{12}$.
Welchen Bruchteil der Torte aß Uwe?

2 Bestimme die Platzhalter.

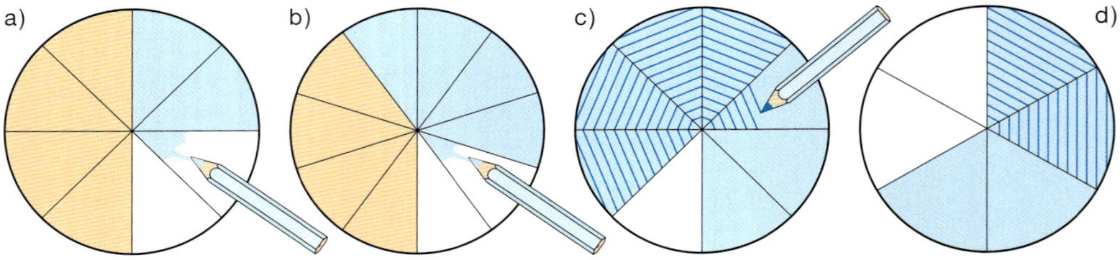

$\frac{4}{8} + \frac{3}{8} = \frac{\square}{8}$ $\frac{4}{10} + \frac{5}{10} = \frac{\square}{10}$ $\frac{7}{8} - \frac{5}{8} = \frac{\square}{8}$ $\frac{4}{6} - \frac{2}{6} = \frac{\square}{6}$

3 Wie heißen die zugehörigen Additionsaufgaben?

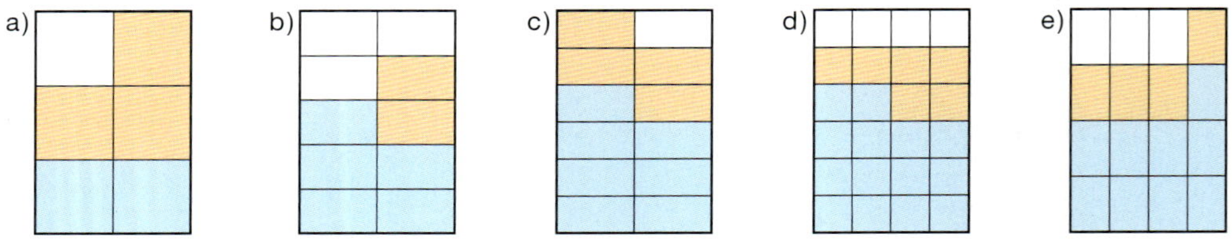

4 Welche Subtraktionsaufgaben sind dargestellt?

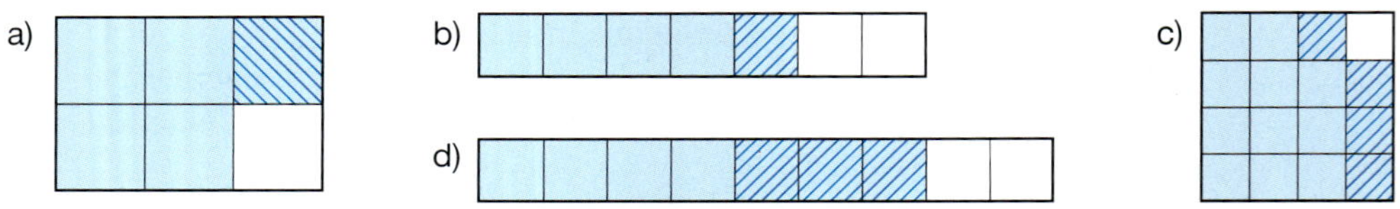

5 Stelle die Aufgabe durch Rechtecksflächen dar.

a) $\frac{1}{4} + \frac{2}{4}$ b) $\frac{3}{8} + \frac{1}{8}$ c) $\frac{1}{5} + \frac{2}{5}$ d) $\frac{7}{8} - \frac{1}{8}$ e) $\frac{5}{8} - \frac{5}{8}$ f) $\frac{6}{9} - \frac{1}{9}$

Addition
Subtraktion

Addition gleichnamiger Brüche
Die Zähler werden addiert.
Der Nenner ändert sich nicht.

$$\frac{5}{12} + \frac{6}{12} = \frac{5+6}{12} = \frac{11}{12}$$

$$\frac{a}{c} + \frac{b}{c} = \frac{a+b}{c}$$

$(a, b \in \mathbb{N}_0;\quad c \in \mathbb{N})$

Subtraktion gleichnamiger Brüche
Die Zähler werden subtrahiert.
Der Nenner ändert sich nicht.

$$\frac{7}{9} - \frac{5}{9} = \frac{7-5}{9} = \frac{2}{9}$$

$$\frac{a}{c} - \frac{b}{c} = \frac{a-b}{c}$$

$(a, b \in \mathbb{N}_0;\quad a \geqq b;\quad c \in \mathbb{N})$

Übungen

6 a) $\frac{2}{5}+\frac{1}{5}$ b) $\frac{5}{10}+\frac{4}{10}$ c) $\frac{4}{11}+\frac{5}{11}$ d) $\frac{7}{8}-\frac{2}{8}$ e) $\frac{11}{12}-\frac{4}{12}$ f) $\frac{8}{9}-\frac{4}{9}$

$\frac{3}{8}+\frac{4}{8}$ $\frac{4}{12}+\frac{7}{12}$ $\frac{3}{20}+\frac{14}{20}$ $\frac{5}{6}-\frac{4}{6}$ $\frac{9}{10}-\frac{6}{10}$ $\frac{11}{13}-\frac{9}{13}$

7 Bestimme die Platzhalter. Gibt es auch mehrere Lösungen?

a) $\frac{5}{37}+\frac{5}{37}=\frac{\blacksquare}{37}$ b) $\frac{3}{29}+\frac{14}{\blacksquare}=\frac{\bullet}{29}$ c) $\frac{4}{17}+\frac{4}{\blacksquare}=\frac{8}{\bullet}$ d) $\frac{11}{41}+\frac{\blacksquare}{41}=\frac{19}{\bullet}$ e) $\frac{3}{\blacksquare}+\frac{7}{\blacksquare}=\frac{\bullet}{19}$

$\frac{\blacksquare}{23}+\frac{8}{\bullet}=\frac{17}{23}$ $\frac{\blacksquare}{13}+\frac{3}{13}=\frac{11}{\bullet}$ $\frac{\blacksquare}{3}+\frac{1}{3}=\frac{2}{\bullet}$ $\frac{\blacksquare}{7}+\frac{\blacksquare}{7}=\frac{2}{\bullet}$ $\frac{14}{31}+\frac{3}{\blacksquare}=\frac{\bullet}{31}$

8 Kürze das Ergebnis soweit wie möglich.

a) $\frac{1}{14}+\frac{5}{14}=\blacksquare$ b) $\frac{10}{21}+\frac{5}{21}=\blacksquare$ c) $\frac{5}{18}+\frac{5}{18}=\blacksquare$ d) $\frac{13}{27}+\frac{11}{27}=\blacksquare$ e) $\frac{13}{22}+\frac{7}{22}=\blacksquare$

$\frac{13}{14}-\frac{9}{14}=\blacksquare$ $\frac{17}{35}-\frac{12}{35}=\blacksquare$ $\frac{20}{90}+\frac{60}{90}=\blacksquare$ $\frac{55}{81}+\frac{17}{81}=\blacksquare$ $\frac{17}{44}-\frac{9}{44}=\blacksquare$

L $\frac{1}{7}, \frac{2}{7}, \frac{3}{7}, \frac{5}{7}, \frac{5}{9}, \frac{8}{9}, \frac{8}{9}, \frac{8}{9}, \frac{2}{11}, \frac{10}{11}$

9 Berechne und kürze, wenn möglich, das Ergebnis.

a) $\frac{7}{18}+\frac{5}{18}+\frac{3}{18}$ b) $\frac{3}{9}+\frac{4}{9}-\frac{7}{9}$ c) $\frac{9}{21}+\frac{4}{21}+\frac{1}{21}$ d) $\frac{8}{13}-\frac{5}{13}+\frac{10}{13}$

$\frac{2}{5}+\frac{1}{5}+\frac{2}{5}$ $\frac{4}{35}+\frac{11}{35}+\frac{7}{35}$ $\frac{27}{45}-\frac{19}{45}-\frac{4}{45}$ $\frac{7}{11}+\frac{3}{11}-\frac{8}{11}$

$8-\frac{3}{5}$
$=7\frac{5}{5}-\frac{3}{5}$
$=7\frac{2}{5}$

10 a) $1-\frac{1}{4}$ b) $1-\frac{5}{6}$ c) $1-\frac{2}{3}$ d) $1-\frac{7}{10}$ e) $1-\frac{31}{80}$ f) $1-\frac{47}{100}$

11 a) $5-\frac{5}{9}$ b) $10-\frac{1}{4}$ c) $9-\frac{5}{8}$ d) $5-\frac{7}{10}$ e) $6-\frac{3}{20}$ f) $3-\frac{5}{10}$

$7-\frac{2}{3}$ $8-\frac{3}{7}$ $13-\frac{7}{9}$ $11-\frac{18}{25}$ $4-\frac{6}{8}$ $9-\frac{3}{12}$

12 Bestimme die Platzhalter. Gibt es auch mehrere Lösungen?

a) $\blacksquare-\frac{3}{7}=\frac{\bullet}{7}$ b) $2-\blacksquare=\frac{5}{\bullet}$ c) $3\frac{7}{9}-\blacksquare=1\frac{8}{\bullet}$

13 Achim und Christian fahren in den Sommerferien mit dem Rad zu ihren Großeltern. Die Entfernung beträgt 96 km. $\frac{3}{4}$ der Strecke haben sie zurückgelegt.

a) Welchen Bruchteil der Gesamtstrecke müssen sie noch fahren?
b) Wie viel Kilometer sind das?

14 Eine Straßenbaufirma soll einen Radweg von $2\frac{3}{5}$ km Länge asphaltieren. $1\frac{2}{5}$ km der Strecke ist bereits fertig, nach zwei Tagen weitere $\frac{4}{5}$ km. Wie viel Kilometer muss die Firma noch asphaltieren?

1

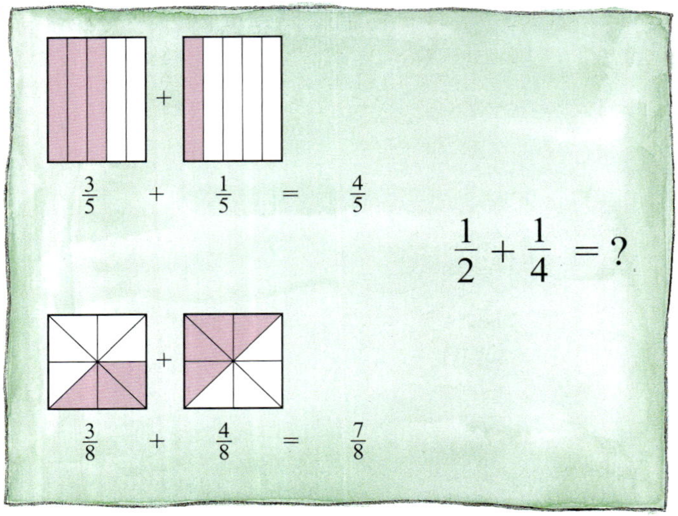

Kannst du Laura beim Lösen dieser Aufgabe helfen?

2 Bestimme die Platzhalter mithilfe der Zeichnungen.

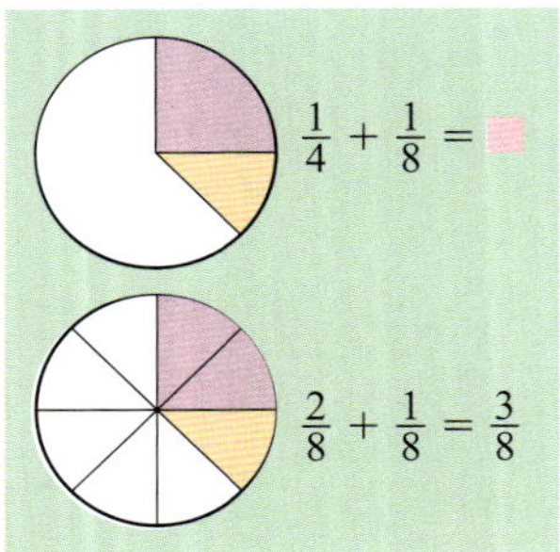

a)

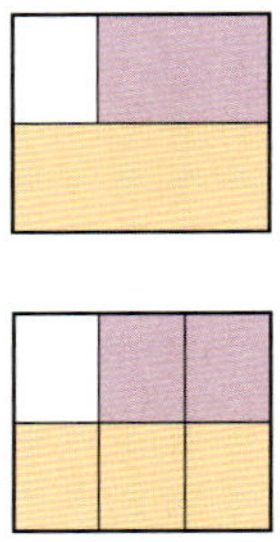

$\frac{1}{2} + \frac{1}{3} = \square$

b)

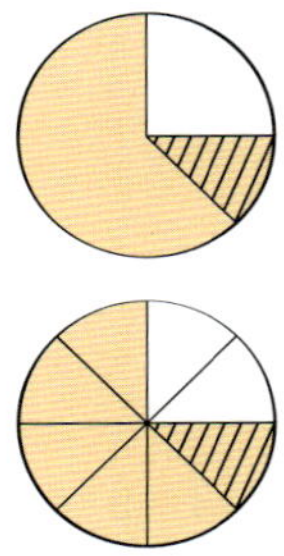

$\frac{3}{4} - \frac{1}{8} = \square$

3 Bestimme die Platzhalter.

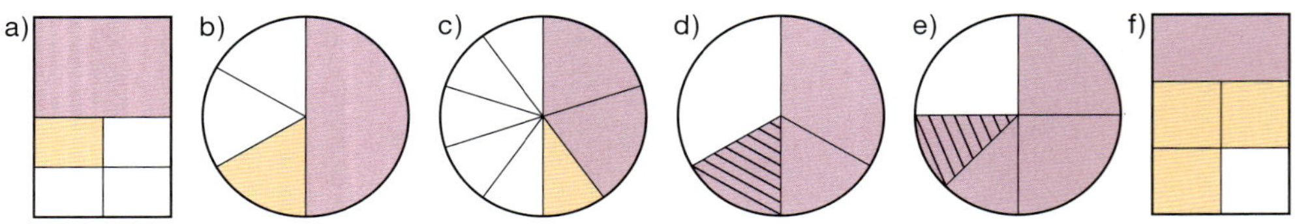

a) $\frac{1}{2} + \frac{1}{8} = \frac{\square}{8}$ b) $\frac{1}{2} + \frac{1}{6} = \frac{\square}{6}$ c) $\frac{2}{5} + \frac{1}{10} = \frac{\square}{10}$ d) $\frac{2}{3} - \frac{1}{6} = \frac{\square}{6}$ e) $\frac{3}{4} - \frac{1}{8} = \frac{\square}{8}$ f) $\frac{1}{3} + \frac{3}{6} = \frac{\square}{6}$

Addition
Subtraktion

Addition und Subtraktion ungleichnamiger Brüche

1. Bestimme den Hauptnenner.
2. Erweitere die Brüche auf den Hauptnenner.
3. Addiere oder subtrahiere die gleichnamigen Brüche.
4. Kürze das Ergebnis, falls möglich.

$$\frac{3}{4} + \frac{1}{8} = \frac{6}{8} + \frac{1}{8} = \frac{7}{8}$$

$$\frac{1}{5} + \frac{7}{15} = \frac{3}{15} + \frac{7}{15} = \frac{10}{15} = \frac{2}{3}$$

Übungen

4 Suche den Hauptnenner und berechne im Kopf.

a) $\frac{1}{5}+\frac{1}{10}$; $\frac{2}{5}+\frac{3}{10}$
b) $\frac{4}{15}+\frac{1}{5}$; $\frac{1}{9}+\frac{2}{3}$
c) $\frac{4}{5}+\frac{3}{20}$; $\frac{1}{8}+\frac{3}{4}$
d) $\frac{13}{30}+\frac{1}{5}$; $\frac{8}{40}+\frac{1}{8}$
e) $\frac{3}{7}+\frac{3}{14}$; $\frac{4}{9}+\frac{1}{36}$
f) $\frac{1}{3}+\frac{2}{15}$; $\frac{1}{6}+\frac{5}{12}$

g) $\frac{3}{4}-\frac{1}{8}$; $\frac{4}{5}-\frac{5}{10}$
h) $\frac{3}{4}-\frac{2}{12}$; $\frac{8}{12}-\frac{1}{4}$
i) $\frac{11}{12}-\frac{2}{6}$; $\frac{5}{6}-\frac{4}{18}$
k) $\frac{11}{14}-\frac{3}{7}$; $\frac{13}{20}-\frac{3}{10}$
l) $\frac{41}{34}-\frac{19}{17}$; $\frac{27}{36}-\frac{5}{18}$
m) $\frac{29}{30}-\frac{1}{5}$; $\frac{19}{40}-\frac{3}{10}$

5 Kürze das Ergebnis, wenn es möglich ist.

a) $\frac{1}{6}+\frac{3}{4}$; $\frac{3}{4}+\frac{1}{10}$
b) $\frac{5}{6}+\frac{1}{15}$; $\frac{1}{10}+\frac{5}{6}$
c) $\frac{1}{8}+\frac{1}{10}$; $\frac{1}{9}+\frac{3}{12}$
d) $\frac{9}{10}-\frac{4}{15}$; $\frac{5}{6}-\frac{5}{8}$
e) $\frac{11}{12}-\frac{11}{18}$; $\frac{27}{30}-\frac{17}{20}$
f) $\frac{1}{4}-\frac{1}{14}$; $\frac{2}{9}-\frac{1}{30}$

L $\frac{17}{20}$, $\frac{9}{10}$, $\frac{14}{15}$, $\frac{9}{40}$, $\frac{11}{12}$, $\frac{13}{36}$, $\frac{5}{24}$, $\frac{19}{30}$, $\frac{1}{20}$, $\frac{5}{28}$, $\frac{17}{90}$, $\frac{11}{36}$

6 Für eine Schulfeier malen die Schüler Bühnenbilder. Dazu mischen sie Farbe.

a) Wie viel Liter orange Farbe entsteht?
b) Die Schüler verbrauchen $\frac{5}{6}$ *l* der orangen Farbe. Welcher Bruchteil bleibt übrig?

7 In Deutschland leben etwa 80 Millionen Menschen. Davon sind ungefähr $\frac{1}{5}$ unter 15 Jahren und etwa $\frac{4}{25}$ über 65 Jahre alt. Welcher Bruchteil der Bevölkerung ist zwischen 15 und 65 Jahren alt?

8 Suche den Hauptnenner und berechne.

a) $\frac{1}{2}+\frac{1}{3}+\frac{1}{4}$; $\frac{8}{9}-\frac{3}{7}-\frac{5}{21}$; $\frac{1}{6}+\frac{1}{5}+\frac{1}{2}$
b) $\frac{1}{4}+\frac{2}{5}+\frac{3}{7}$; $\frac{11}{12}-\frac{4}{36}-\frac{1}{3}$; $\frac{12}{18}-\frac{15}{60}-\frac{7}{24}$
c) $\frac{1}{9}+\frac{2}{3}+\frac{4}{5}$; $\frac{7}{8}-\frac{7}{12}-\frac{7}{24}$; $\frac{4}{12}+\frac{15}{45}+\frac{7}{21}$
d) $\frac{3}{4}-\frac{3}{7}-\frac{3}{28}$; $\frac{5}{7}-\frac{7}{21}-\frac{21}{63}$; $\frac{15}{25}+\frac{7}{35}+\frac{2}{10}$

L $\frac{13}{15}$, 1, 0, $\frac{1}{21}$, $\frac{17}{36}$, $1\frac{11}{140}$, 1, $1\frac{1}{12}$, $\frac{2}{9}$, $1\frac{26}{45}$, $\frac{3}{14}$, $\frac{1}{8}$

9 Etwa $\frac{2}{3}$ des menschlichen Körpers besteht aus Wasser, ungefähr $\frac{1}{10}$ des Körpers ist Fett. Welcher Bruchteil des Menschen besteht aus anderen Stoffen?

10 a) Die Schüler der 6. Klassen wurden zu unterschiedlichen mathematischen Themen befragt. Sie konnten zwischen drei verschiedenen Antworten auswählen: großes Interesse (☺), weniger Interesse (😐), kein Interesse (☹). Bestimme die fehlenden Bruchteile in der Abbildung.

b) Führe in deiner Klasse die gleiche Befragung durch.

$\frac{7}{12} + \frac{11}{15}$

$= \frac{35}{60} + \frac{44}{60}$

$= \frac{79}{60} = 1\frac{19}{60}$

11 Berechne und schreibe das Ergebnis als gemischte Zahl.

a) $\frac{4}{5} + \frac{5}{6}$; $\frac{7}{8} + \frac{5}{12}$
b) $\frac{3}{10} + \frac{8}{9}$; $\frac{3}{4} + \frac{5}{6}$
c) $\frac{5}{12} + \frac{3}{5}$; $\frac{7}{10} + \frac{8}{15}$
d) $\frac{11}{4} - \frac{1}{5}$; $\frac{11}{6} - \frac{5}{8}$
e) $\frac{22}{3} - \frac{1}{2}$; $\frac{15}{11} - \frac{1}{4}$
f) $\frac{31}{10} - \frac{4}{3}$; $\frac{71}{25} - \frac{3}{10}$

L $1\frac{7}{24}$, $1\frac{1}{60}$, $1\frac{7}{12}$, $2\frac{11}{20}$, $1\frac{7}{30}$, $6\frac{5}{6}$, $1\frac{5}{44}$, $1\frac{19}{30}$, $1\frac{17}{90}$, $1\frac{5}{24}$, $2\frac{27}{50}$, $1\frac{23}{30}$

12 Überprüfe die Ergebnisse. Die Kennbuchstaben ergeben ein Lösungswort, wenn du sie richtig zusammensetzt.

a)	wahr	falsch
$\frac{1}{2} + \frac{2}{3} + \frac{3}{4} = 1\frac{11}{12}$	S	V
$\frac{5}{6} + \frac{2}{5} + \frac{1}{2} = 1\frac{11}{15}$	E	O
$\frac{3}{4} + \frac{5}{6} - \frac{11}{12} = \frac{3}{4}$	T	A
$\frac{2}{5} + \frac{3}{4} - \frac{9}{10} = \frac{1}{4}$	N	H

b)	wahr	falsch
$\frac{5}{12} - \frac{1}{4} + \frac{5}{6} = 1$	I	R
$\frac{2}{3} - \frac{8}{15} + \frac{1}{6} = \frac{4}{15}$	E	A
$\frac{7}{8} - \frac{1}{3} - \frac{1}{6} = \frac{3}{8}$	M	N
$\frac{8}{9} + \frac{2}{3} - \frac{1}{4} = 1\frac{13}{36}$	D	S

13 Hier fehlen Brüche. Ergänze sie so, dass beim Addieren in den Spalten, in den Zeilen und in den Diagonalen immer die Summe 1 erreicht wird.

a)

$\frac{4}{15}$		
		$\frac{4}{15}$
		$\frac{2}{5}$

b)

		$\frac{1}{3}$
	$\frac{1}{3}$	$\frac{5}{9}$

c)

$\frac{8}{15}$		
	$\frac{1}{3}$	
$\frac{2}{5}$		

Übungen

1 Berechne im Kopf. Kürze das Ergebnis, falls möglich.

a) $2 + \frac{3}{4}$	b) $2 - \frac{1}{4}$	c) $1\frac{3}{7} + \frac{3}{7}$	d) $5\frac{5}{6} - \frac{2}{6}$	e) $4\frac{4}{9} + \frac{2}{9}$
$8 + \frac{1}{8}$	$4 - \frac{3}{8}$	$2\frac{1}{5} + \frac{4}{5}$	$7\frac{6}{8} - \frac{2}{8}$	$9\frac{3}{6} + \frac{3}{6}$
$7 + \frac{5}{6}$	$7 - \frac{4}{15}$	$6\frac{1}{10} + \frac{8}{10}$	$2\frac{11}{12} - \frac{7}{12}$	$8\frac{3}{10} + \frac{2}{10}$

2 Alexa mischt sich ein Fruchtsaftgetränk aus $\frac{1}{3}$ *l* Himbeersirup und $\frac{5}{8}$ *l* Mineralwasser. Wie viel Liter Himbeersaft erhält Alexa?

3 Herr Schürmann streicht Türen und Fenster seines Hauses. Er verdünnt $1\frac{1}{2}$ *l* Hochglanzlack mit $\frac{3}{8}$ *l* Wasser. Wie viel Liter Farbe erhält er?

4 Erweitere die Brüche wie im Beispiel zuerst auf den Hauptnenner und addiere dann.

$3\frac{2}{7} + 4\frac{1}{5} = 3\frac{10}{35} + 4\frac{7}{35} = 7\frac{17}{35}$

a) $3\frac{1}{4} + 2\frac{3}{8}$	b) $3\frac{1}{6} + 6\frac{2}{3}$	c) $8\frac{1}{4} + 1\frac{5}{8}$	d) $4\frac{2}{5} + 8\frac{3}{7}$	e) $9\frac{1}{2} + 3\frac{4}{9}$
$2\frac{5}{9} + 4\frac{1}{3}$	$7\frac{8}{13} + 6\frac{3}{26}$	$3\frac{11}{20} + 1\frac{2}{5}$	$1\frac{4}{9} + 2\frac{1}{4}$	$2\frac{2}{3} + 2\frac{1}{10}$

5 Subtrahiere wie im Beispiel. Kürze das Ergebnis, falls möglich.

$8\frac{4}{5} - 3\frac{1}{6} = 8\frac{24}{30} - 3\frac{5}{30} = 5\frac{19}{30}$

a) $6\frac{1}{2} - 5\frac{1}{4}$	b) $9\frac{14}{15} - 7\frac{3}{5}$	c) $8\frac{23}{24} - 4\frac{5}{6}$	d) $11\frac{7}{8} - 9\frac{3}{4}$	e) $17\frac{14}{24} - 5\frac{1}{3}$
$7\frac{9}{10} - 4\frac{2}{5}$	$6\frac{11}{18} - 2\frac{4}{9}$	$10\frac{11}{15} - 7\frac{2}{3}$	$25\frac{8}{9} - 23\frac{2}{3}$	$39\frac{13}{16} - 6\frac{1}{4}$

L von Nr. 4 und 5: $6\frac{8}{9}$, $13\frac{19}{26}$, $4\frac{19}{20}$, $3\frac{25}{36}$, $4\frac{23}{30}$, $1\frac{1}{4}$, $2\frac{1}{3}$, $4\frac{1}{8}$, $2\frac{1}{8}$, $12\frac{1}{4}$, $5\frac{5}{8}$, $9\frac{5}{6}$, $9\frac{7}{8}$, $12\frac{29}{35}$, $12\frac{17}{18}$, $3\frac{1}{2}$, $4\frac{1}{6}$, $3\frac{1}{15}$, $2\frac{2}{9}$, $33\frac{9}{16}$

6 a) Addiere zu der Summe aus $1\frac{1}{4}$ und $2\frac{5}{12}$ den Bruch $\frac{1}{6}$.
b) Subtrahiere von der Summe aus $1\frac{4}{15}$ und $2\frac{1}{10}$ den Bruch $\frac{1}{6}$.
c) Addiere zur Differenz aus $7\frac{1}{2}$ und $3\frac{2}{5}$ die gemischte Zahl $4\frac{3}{10}$.
d) Der Summenwert von drei Zahlen ist $8\frac{3}{4}$. Die erste Zahl ist $1\frac{1}{5}$, die zweite ist doppelt so groß wie die erste. Wie groß ist die dritte Zahl?

7 Das Ergebnis jeder Aufgabe führt dich zur nächsten Aufgabe. Zum Schluss erhältst du als Ergebnis $3\frac{1}{12}$.

Start: $1\frac{5}{6} + 1\frac{3}{4}$ | $3\frac{7}{8} - 2\frac{1}{3}$ | $3\frac{11}{24} - \frac{3}{8}$ | $1\frac{5}{24} + 2\frac{2}{3}$

$3\frac{5}{8} - \frac{1}{6}$ | $1\frac{13}{24} + 2\frac{1}{12}$ | $3\frac{7}{12} - 1\frac{1}{4}$ | $2\frac{1}{3} - 1\frac{1}{8}$

1 Ordne die Zahlenkärtchen passend.

[1] [4] [7] [3] [6] [12]

$\frac{\square}{\square} + \frac{\square}{\square} = \frac{\square}{\square}$

2

Alexandra ist erstaunt, als Sarah behauptet, dass ihr Pullover zu $\frac{2}{5}$ aus Viskose, zur Hälfte aus Wolle und zu $\frac{1}{5}$ aus anderen Fasern besteht. Kann das stimmen?

3 Du kannst die Klammern geschickter setzen. Berechne dann. Du darfst die Brüche auch vertauschen.

$a + b = b + a$
$a + (b + c) = (a + b) + c$

a) $\left(\frac{1}{5} + \frac{3}{4}\right) + \frac{1}{4}$ b) $\left(\frac{5}{11} + \frac{2}{3}\right) + \frac{4}{3}$ c) $\frac{7}{20} + \left(\frac{4}{15} + \frac{33}{20}\right)$ d) $6\frac{3}{10} + \left(3\frac{3}{8} + 1\frac{7}{10}\right)$

$\left(\frac{3}{22} + \frac{1}{5}\right) + 4\frac{4}{5}$ $\frac{4}{13} + \left(\frac{9}{13} + \frac{4}{7}\right)$ $1\frac{4}{7} + \left(\frac{3}{5} + \frac{3}{7}\right)$ $7\frac{10}{25} + \left(4\frac{1}{9} + \frac{3}{5}\right)$

4 Wohin fährt das Schiff?

Setze das Lösungswort richtig zusammen.

$1\frac{8}{9} - \left[\left(\frac{1}{2} + \frac{5}{27}\right) - \frac{2}{3}\right]$

$3\frac{4}{5} + \left[\left(3\frac{5}{6} - 1\frac{7}{30}\right) + 1\frac{1}{2}\right]$

$\left(\frac{3}{4} + 3\frac{7}{10}\right) - \left(\frac{4}{5} - \frac{4}{15}\right)$

$7\frac{1}{2} - \left[4\frac{31}{60} + \left(10\frac{5}{12} - 8\frac{3}{4}\right)\right]$

$\left(5\frac{3}{4} + 4\frac{7}{10}\right) - \left(5\frac{4}{5} + \frac{4}{15}\right)$

$\left(3\frac{15}{56} - \frac{23}{28}\right) - \left(4\frac{2}{7} - 3\frac{1}{4}\right)$

5 Rainer erhält ein Fahrrad für 696 EUR. Sein Vater zahlt $\frac{3}{4}$ des Preises, sein Onkel $\frac{1}{8}$, den Rest zahlt Rainer von seinen eigenen Ersparnissen.

6 Die Polizei kontrollierte an einem Schulzentrum die Fahrräder. Bei der Realschule wurden von 40 Fahrrädern 15 Fahrräder beanstandet. Bei der Hauptschule hatten 14 Fahrräder von 35 überprüften Fahrrädern Mängel. Welche Schule schnitt besser ab?

Eine Gans wiegt 2 Kilogramm mehr als die Hälfte ihres Gewichtes. Wie schwer ist die Gans?

7 Welche Bruchzahlen erhältst du als Lösung?

a)

b)

8

Beispiel:
Der Bruch $\frac{6}{3}$ hat den Wert 2.

Findest du die zwei Brüche, deren Differenz $\frac{2}{3}$ ist?

Die Summe der zwei Brüche ist 1.

Ein Bruch wird gesucht! Wird sein Zähler um 5 vermindert und sein Nenner um 2, so hat der Bruch den Wert $\frac{1}{5}$.

Wird der Zähler um 5 vermehrt und sein Nenner um 6 vermindert, so hat der Bruch den Wert 2.

Suche den Bruch! Wird sein Zähler um 9 vermehrt, so hat der Bruch den Wert 2.

Subtrahierst du vom Zähler die Zahl 1, so hat der Bruch den Wert $\frac{3}{4}$.

Mögliche Lösungen:

$\frac{1}{4}$, $\frac{1}{6}$, $\frac{11}{12}$, $\frac{3}{4}$, $\frac{7}{8}$

$\frac{1}{3}$, $\frac{7}{12}$, $\frac{5}{6}$, $\frac{1}{2}$, $\frac{5}{8}$

9 Das Meinungsforschungsinstitut WwmaS (Wir wissen mehr als Sie) hat eine Umfrage unter 2500 Sechs- bis 17-jährigen durchgeführt. Gefragt wurde: „Wie viel Geld hast du im Monat zur Verfügung?" Die Ergebnisse sind in der Tabelle zusammengefasst.

Verfügbare Geldmenge	1–19 EUR	20–29 EUR	30–49 EUR	50–74 EUR	über 75 EUR	kein Geld
Anteil der Befragten	$\frac{12}{25}$	$\frac{1}{5}$		$\frac{1}{10}$		
Anzahl der Befragten			300		200	

a) Berechne die fehlenden Werte.
b) Welcher Anteil der Befragten verfügt über weniger als 30 EUR im Monat?
c) Welcher Anteil der Befragten verfügt über mehr als 49 EUR im Monat?
d) Führt in eurer Klasse eine geheime Umfrage hierzu durch. Vergleicht euer Ergebnis mit dem des Meinungsforschungsinstituts.

3 Multiplizieren und Dividieren

1 a) Marion und Günay kaufen für ein Klassenfest ein. Sie wollen das günstigste Angebot wählen. Wie wird Günay wohl rechnen?

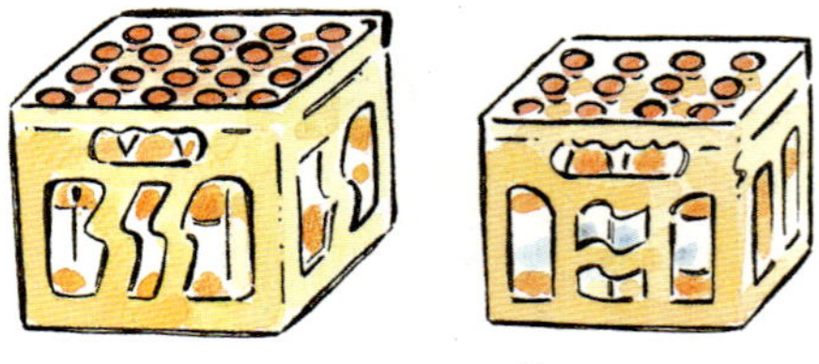

$2 \cdot \frac{3}{7} = \frac{3}{7} + \frac{3}{7} = \frac{6}{7}$

b) Gib jeweils als Additionsaufgabe an und berechne.

$2 \cdot \frac{1}{3}$, $\quad 4 \cdot \frac{1}{5}$, $\quad 3 \cdot \frac{1}{7}$, $\quad 6 \cdot \frac{1}{11}$, $\quad 4 \cdot \frac{2}{15}$, $\quad 3 \cdot \frac{3}{14}$

2 Welche Aufgaben sind dargestellt?

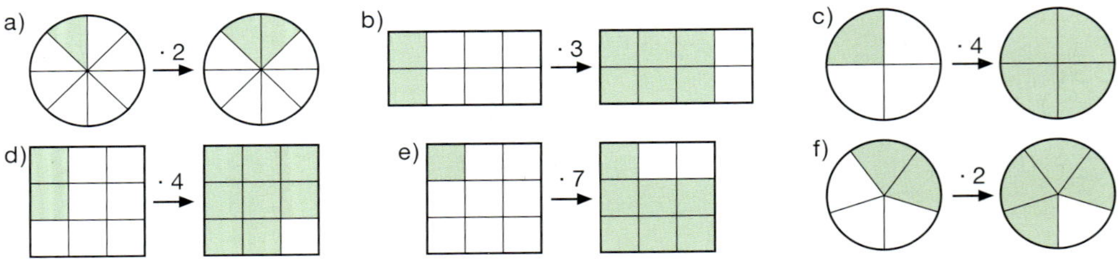

3 Berechne ohne in eine Additionsaufgabe umzuwandeln.

a) $3 \cdot \frac{1}{7}$ b) $5 \cdot \frac{2}{11}$ c) $5 \cdot \frac{1}{7}$ d) $\frac{2}{13} \cdot 6$ e) $\frac{2}{17} \cdot 3$ f) $\frac{4}{19} \cdot 4$

Bruch mal natürliche Zahl

Ein Bruch wird mit einer natürlichen Zahl multipliziert, indem man den Zähler mit der Zahl multipliziert und den Nenner unverändert lässt.

$$8 \cdot \frac{3}{7} = \frac{8 \cdot 3}{7} = \frac{24}{7} = 3\frac{3}{7}$$

$$\frac{a}{b} \cdot n = \frac{a \cdot n}{b}$$

$a \in \mathbb{N}_0$, $b, n \in \mathbb{N}$

Übungen

4 Kürze vor dem Ausrechnen und wandle, wenn möglich, in gemischte Zahlen um.

Für $\frac{4}{15} \cdot 3 = \frac{4 \cdot 3}{15} = \frac{4 \cdot 3}{5 \cdot 3} = \frac{4}{5}$ schreibt man $\frac{4}{15} \cdot 3 = \frac{4 \cdot \cancel{3}^{1}}{\cancel{15}_{5}} = \frac{4}{5}$

a) $6 \cdot \frac{1}{3}$ b) $\frac{4}{5} \cdot 10$ c) $\frac{3}{10} \cdot 2$ d) $33 \cdot \frac{7}{11}$ e) $\frac{8}{45} \cdot 25$ f) $17 \cdot \frac{4}{51}$

$5 \cdot \frac{3}{10}$ $\quad 21 \cdot \frac{3}{7}$ $\quad \frac{6}{14} \cdot 28$ $\quad \frac{8}{39} \cdot 13$ $\quad 20 \cdot \frac{9}{80}$ $\quad \frac{7}{57} \cdot 19$

In einem Gasthaus trafen sich drei Freunde: Herr Braun, Herr Schwarz und der Maler Weiß. „Es ist seltsam, dass einer von uns weiße, einer schwarze und einer braune Haare hat, dass jedoch keiner von uns die Haarfarbe hat, die seinem Namen entspricht“, sagt der Braunhaarige. „Du hast Recht“, sagt Maler Weiß. Welche Haarfarbe hat der Maler Weiß?

$10 \cdot \frac{3}{5}$
$= \frac{{}^{2}\cancel{10} \cdot 3}{\cancel{5}_{1}}$
$= \frac{6}{1}$
$= 6$

5 Kürze erst, berechne und wandle in eine gemischte Zahl um.

a) $\frac{6}{7} \cdot 14$ b) $8 \cdot \frac{5}{32}$ c) $\frac{8}{21} \cdot 7$ d) $6 \cdot \frac{5}{2}$ e) $10 \cdot \frac{7}{5}$ f) $\frac{7}{36} \cdot 48$

$4 \cdot \frac{9}{16}$ $6 \cdot \frac{7}{12}$ $\frac{2}{9} \cdot 27$ $11 \cdot \frac{5}{33}$ $16 \cdot \frac{11}{48}$ $\frac{9}{25} \cdot 45$

g) $16 \cdot \frac{14}{28}$ h) $8 \cdot \frac{4}{12}$ i) $12 \cdot \frac{6}{18}$ k) $\frac{3}{21} \cdot 14$ l) $21 \cdot \frac{4}{28}$ m) $\frac{11}{36} \cdot 24$

$20 \cdot \frac{3}{10}$ $9 \cdot \frac{3}{18}$ $\frac{3}{30} \cdot 15$ $16 \cdot \frac{3}{12}$ $\frac{3}{24} \cdot 32$ $\frac{17}{56} \cdot 8$

6 Berechne.

$1\frac{2}{3} \cdot 4$
$= \frac{5 \cdot 4}{3}$
$= \frac{20}{3}$
$= 6\frac{2}{3}$

a) $3\frac{2}{7} \cdot 4$ b) $1\frac{1}{16} \cdot 9$ c) $2\frac{1}{8} \cdot 20$ d) $5\frac{3}{8} \cdot 16$

$4\frac{2}{5} \cdot 3$ $3\frac{5}{6} \cdot 5$ $3\frac{4}{9} \cdot 27$ $3\frac{3}{14} \cdot 42$

$2\frac{3}{8} \cdot 5$ $6\frac{1}{3} \cdot 4$ $2\frac{1}{24} \cdot 12$ $4\frac{1}{11} \cdot 44$

L $25\frac{1}{3}$; $11\frac{7}{8}$; 93; $13\frac{1}{7}$; $9\frac{9}{16}$; 135; $42\frac{1}{2}$; $13\frac{1}{5}$; $24\frac{1}{2}$; 86; 180; $19\frac{1}{6}$

7 Schreibe als Multiplikationsaufgabe und berechne:

a) das Fünffache von 13
b) das Sechsfache von 12
c) das Zehnfache von $\frac{4}{25}$
d) das Zwanzigfache von $\frac{2}{3}$
e) das Fünfzehnfache von $\frac{3}{45}$
f) das Neunfache von $\frac{14}{36}$.

8 Schreibe als Multiplikationsaufgabe und berechne. $\frac{3}{8}$ von 48 sind ▢; $\frac{3}{8} \cdot 48 = \frac{3 \cdot \cancel{48}^{6}}{\cancel{8}_{1}} = 18$

a) $\frac{1}{9}$ von 45 b) $\frac{3}{7}$ von 84 c) $\frac{5}{13}$ von 91 d) $\frac{11}{15}$ von 195 e) $\frac{7}{18}$ von 72

$\frac{4}{5}$ von 225 $\frac{2}{3}$ von 102 $\frac{6}{7}$ von 56 $\frac{2}{19}$ von 95 $\frac{4}{11}$ von 121

L 5; 10; 28; 180; 35; 36; 44; 68; 48; 143

9 Die sechs Flächen eines Würfels sind entweder grün oder gelb gefärbt. Die Wahrscheinlichkeit, dass beim Würfeln gelb oben liegt beträgt $\frac{2}{3}$. Wie viele Flächen sind grün?

Tina und Doreen haben jeder nur einen Nachbarn. Christina wohnt zwischen Daniel und Bianca. Daniels und Doreens Wohnungen liegen nicht in benachbarten Häusern. Tinas Hausnummer ist höher als Biancas. Wer wohnt in welchem Haus?

1

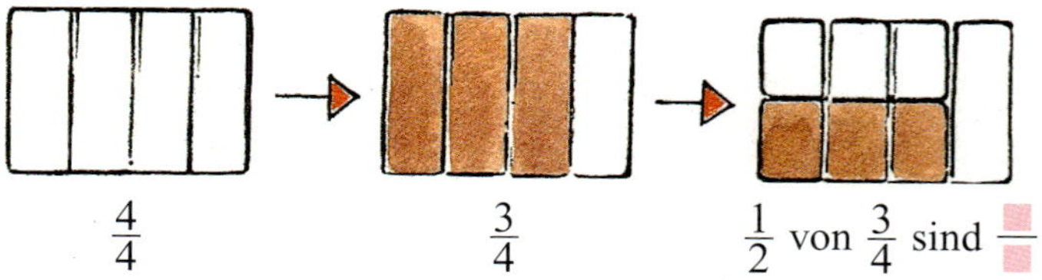

Welchen Bruchteil der ganzen Tafel erhält Lisa? Beantworte die Frage mithilfe der Zeichnungen.

2 a) Bestimme mithilfe der Abbildungen die Platzhalter. Was stellst du fest? Vergleiche dazu jeweils die Zähler und Nenner miteinander:

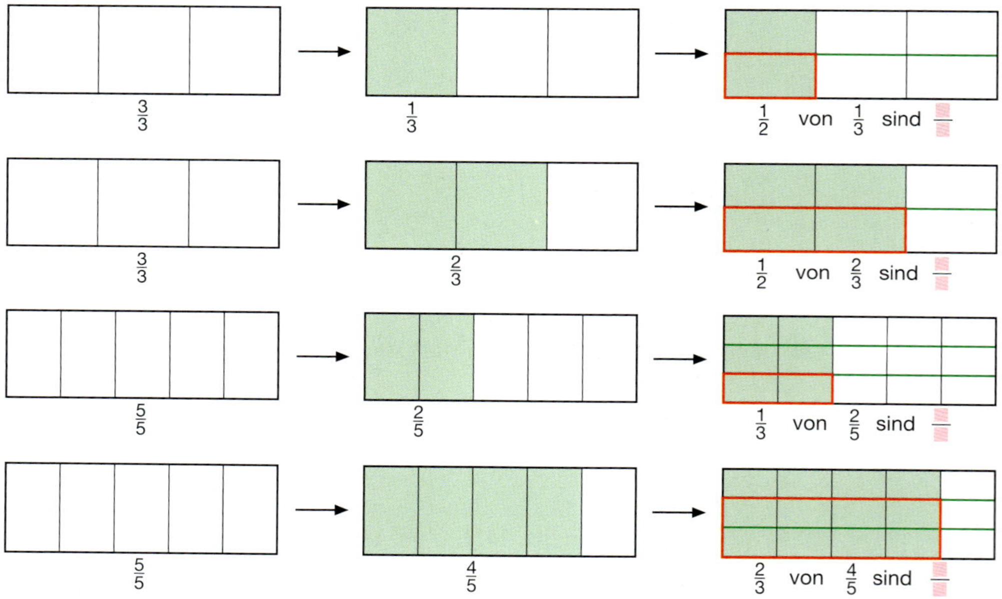

b) Stelle ebenso zeichnerisch dar: $\frac{1}{3}$ von $\frac{1}{4}$; $\frac{1}{2}$ von $\frac{3}{8}$; $\frac{2}{3}$ von $\frac{2}{3}$

3

$\frac{2}{3}$ von 4 sind $\frac{8}{3}$	$\frac{2}{3}$ von $\frac{4}{5}$ sind $\frac{8}{15}$
oder:	oder:
$\frac{2}{3} \cdot 4 = \frac{2 \cdot 4}{3} = \frac{8}{3}$	$\frac{2}{3} \cdot \frac{4}{5} = \frac{2 \cdot 4}{3 \cdot 5} = \frac{8}{15}$

Schreibe als Multiplikationsaufgabe und berechne.

a) $\frac{1}{3}$ von $\frac{5}{8}$ b) $\frac{1}{8}$ von $\frac{3}{5}$ c) $\frac{3}{4}$ von $\frac{1}{7}$

d) $\frac{2}{3}$ von $\frac{3}{9}$ e) $\frac{3}{4}$ von $\frac{5}{11}$ f) $\frac{3}{8}$ von $\frac{5}{7}$

Bruch mal Bruch

Brüche werden miteinander multipliziert, indem man Zähler mit Zähler und Nenner mit Nenner multipliziert.

$\frac{2}{3} \cdot \frac{5}{7} = \frac{2 \cdot 5}{3 \cdot 7} = \frac{10}{21}$ $\frac{4}{5} \cdot \frac{7}{12} = \frac{\overset{1}{\cancel{4}} \cdot 7}{5 \cdot \underset{3}{\cancel{12}}} = \frac{7}{15}$ $\frac{a}{b} \cdot \frac{c}{d} = \frac{a \cdot c}{b \cdot d}$ $a, c \in \mathbb{N}_0$; $b, d \in \mathbb{N}$

Übungen

4 Multipliziere.

a) $\frac{4}{5} \cdot \frac{3}{7}$ $\quad \frac{1}{2} \cdot \frac{5}{9}$ $\quad \frac{3}{4} \cdot \frac{5}{7}$

b) $\frac{3}{4} \cdot \frac{3}{5}$ $\quad \frac{2}{7} \cdot \frac{5}{11}$ $\quad \frac{3}{8} \cdot \frac{7}{10}$

c) $\frac{4}{5} \cdot \frac{3}{20}$ $\quad \frac{3}{8} \cdot \frac{5}{16}$ $\quad \frac{2}{3} \cdot \frac{4}{5}$

d) $\frac{3}{5} \cdot \frac{6}{7}$ $\quad \frac{5}{8} \cdot \frac{4}{7}$ $\quad \frac{4}{9} \cdot \frac{6}{11}$

e) $\frac{6}{7} \cdot \frac{4}{13}$ $\quad \frac{12}{13} \cdot \frac{26}{36}$ $\quad \frac{5}{9} \cdot \frac{3}{7}$

f) $\frac{7}{11} \cdot \frac{9}{7}$ $\quad \frac{14}{15} \cdot \frac{10}{21}$ $\quad \frac{27}{22} \cdot \frac{11}{24}$

5 Multipliziere, kürze zuerst.

a) $\frac{7}{15} \cdot \frac{6}{35}$ $\quad \frac{13}{25} \cdot \frac{15}{39}$ $\quad \frac{21}{19} \cdot \frac{38}{49}$

b) $\frac{14}{23} \cdot \frac{46}{42}$ $\quad \frac{17}{60} \cdot \frac{15}{68}$ $\quad \frac{81}{52} \cdot \frac{26}{27}$

c) $\frac{12}{17} \cdot \frac{34}{21}$ $\quad \frac{25}{48} \cdot \frac{16}{75}$ $\quad \frac{23}{27} \cdot \frac{54}{69}$

d) $\frac{48}{51} \cdot \frac{17}{16}$ $\quad \frac{34}{36} \cdot \frac{12}{68}$ $\quad \frac{58}{68} \cdot \frac{51}{116}$

e) $\frac{37}{57} \cdot \frac{38}{111}$ $\quad \frac{42}{39} \cdot \frac{26}{28}$ $\quad \frac{35}{81} \cdot \frac{45}{49}$

f) $\frac{11}{20} \cdot \frac{4}{33}$ $\quad \frac{24}{25} \cdot \frac{15}{16}$ $\quad \frac{27}{28} \cdot \frac{7}{36}$

L $\frac{2}{9}$; 1; $\frac{25}{63}$; $\frac{2}{25}$; $\frac{1}{5}$; $\frac{6}{7}$; 1; $\frac{1}{6}$; $\frac{3}{8}$; $\frac{8}{7}$; $\frac{1}{9}$; $\frac{2}{3}$; $\frac{2}{3}$; $\frac{1}{16}$; $\frac{3}{2}$; $\frac{1}{15}$; $\frac{9}{10}$; $\frac{3}{16}$

6

Dirk kommt durstig vom Sportunterricht nach Hause und trinkt $\frac{3}{4}$ des Flascheninhalts. Seine Mutter meint: „Jetzt hast du mindestens einen halben Liter getrunken.“ Hat sie Recht?

7 Berechne.

$$\frac{2}{13} \cdot \frac{3}{5} \cdot \frac{26}{17} = \frac{2 \cdot 3 \cdot \cancel{26}^{2}}{\cancel{13}_{1} \cdot 5 \cdot 17} = \frac{12}{85}$$

a) $\frac{19}{11} \cdot \frac{9}{19} \cdot \frac{11}{12}$ $\quad \frac{11}{14} \cdot \frac{7}{8} \cdot \frac{12}{33}$ $\quad \frac{3}{4} \cdot \frac{8}{9} \cdot \frac{1}{5}$

b) $\frac{9}{45} \cdot \frac{15}{81} \cdot \frac{18}{5}$ $\quad \frac{31}{42} \cdot \frac{14}{36} \cdot \frac{9}{62}$ $\quad \frac{3}{8} \cdot \frac{17}{24} \cdot \frac{26}{34}$

c) $\frac{13}{14} \cdot \frac{3}{5} \cdot \frac{35}{39}$ $\quad \frac{6}{17} \cdot \frac{5}{24} \cdot \frac{34}{35}$ $\quad \frac{45}{48} \cdot \frac{16}{27} \cdot \frac{18}{25}$

L $\frac{1}{4}$; $\frac{3}{4}$; $\frac{2}{15}$; $\frac{1}{24}$; $\frac{1}{2}$; $\frac{1}{14}$; $\frac{2}{5}$; $\frac{2}{15}$; $\frac{13}{64}$

8 Berechne.

$$\left(\frac{2}{3}\right)^4 = \frac{2}{3} \cdot \frac{2}{3} \cdot \frac{2}{3} \cdot \frac{2}{3} = \frac{16}{81}$$

a) $\left(\frac{1}{2}\right)^5$ $\quad \left(\frac{3}{4}\right)^4$ $\quad \left(\frac{4}{5}\right)^3$

b) $\left(\frac{4}{7}\right)^4 \cdot \left(\frac{7}{8}\right)^2$ $\quad \left(\frac{18}{25}\right)^2 \cdot \left(\frac{5}{9}\right)^3$ $\quad \left(\frac{3}{4}\right)^6 \cdot \left(\frac{16}{9}\right)^3$

c) $\left(\frac{9}{27}\right)^4$ $\quad \left(\frac{12}{24}\right)^5$ $\quad \left(\frac{14}{35}\right)^3$

L $\frac{4}{49}$; $\frac{1}{81}$; $\frac{1}{32}$; $\frac{8}{125}$; 1; $\frac{81}{256}$; $\frac{64}{125}$; $\frac{1}{32}$; $\frac{4}{45}$

1 Eine Schule hat 480 Schülerinnen und Schüler.

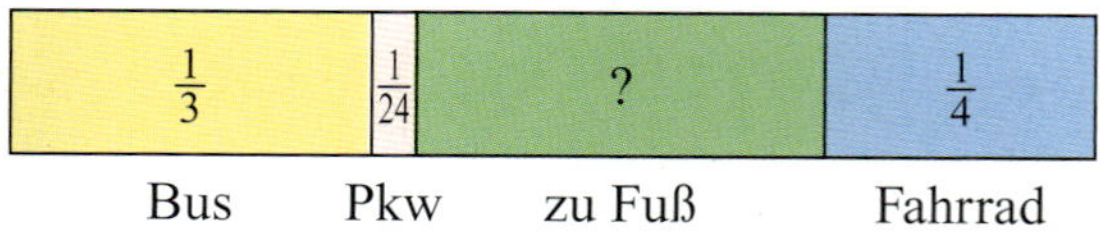

Wie viele Schülerinnen und Schüler kommen mit dem Bus, dem Pkw, zu Fuß und mit dem Fahrrad zur Schule?

2 Philipp hat in der Woche 28 Unterrichtsstunden. Eine Unterrichtsstunde dauert eine Dreiviertelstunde. Wie viele Zeitstunden sind das?

3 In einem Mathematik-Kurs mit 30 Schülerinnen und Schülern haben bei einer Schulaufgabe $\frac{1}{10}$ eine eins, $\frac{1}{5}$ eine zwei, $\frac{1}{3}$ eine drei, $\frac{1}{3}$ eine vier und der Rest eine fünf geschrieben. Wie viel Schülerinnen und Schüler waren das jeweils?

4 Die Klasse 6a hat 26 Schülerinnen und Schüler, davon sind $\frac{6}{13}$ Jungen. Wie viele Mädchen sind in der Klasse?

5 Im Schulorchester spielen 36 Schülerinnen und Schüler mit.

a) Jeweils $\frac{1}{6}$ davon spielen Querflöte, Klarinette und Trompete. Wie viele Schülerinnen und Schüler sind das?

b) $\frac{1}{12}$ des Orchesters spielt jeweils Posaune, Saxophon und Horn. Wie viele Schülerinnen und Schüler sind das zusammen?

c) Weiter spielen jeweils $\frac{1}{18}$ Tuba, Oboe und Fagott.

d) Der Rest spielt Schlagzeug im Orchester.

6

Hat Melanie Recht?

1 In der Musik gibt es Ganze, Halbe, Viertel, Achtel, ... und zwar sowohl bei den Noten als auch bei den Pausen. Beim Singen oder Musizieren muss man z. B. wissen, wie lange eine Note oder eine Pause auszuhalten ist.

	$\frac{1}{1}$	$\frac{1}{2}$	$\frac{1}{4}$	$\frac{1}{8}$	$\frac{1}{16}$
Noten	𝅝	𝅗𝅥	♩	♪	𝅘𝅥𝅯
Pausen	𝄻	𝄼	𝄽	𝄾	𝄿

Fragt den Musiklehrer, ob ihr einige Rhythmusinstrumente ausleihen könnt (z. B. Handtrommel, Triangel, Tamburin, Xylophon u. ä.) und probiert aus:
– Mit einem Instrument werden halbe Noten geschlagen, mit einem anderen Viertel. Wie viele Viertel muss das erste Instrument für die halbe Note aushalten?
– Mit dem ersten Instrument werden ganze Noten geschlagen, mit dem zweiten Halbe und mit dem dritten Viertel.
– Überlegt euch weitere Möglichkeiten und probiert sie aus.

2 Beim $\frac{4}{4}$-Takt kommt auf jede Viertelnote normalerweise ein Taktschlag des Dirigenten.
Wie viele Taktschläge des Dirigenten muss eine halbe Note und wie viele eine ganze Note ausgehalten werden?
Wie viele Achtel kommen auf einen Taktschlag? Wie viele Sechzehntel sind es?
Wie viele Taktschläge dauert die Pause in der untenstehenden Abbildung?

𝄽 𝄼 𝄾 𝄾

3 Die Notenlänge kann dadurch verändert werden, dass hinter der Note ein Punkt steht. Er bedeutet, dass die Note $1\frac{1}{2}$ mal so lange gesungen oder gespielt wird. Eine punktierte halbe Note (𝅗𝅥.) entspricht also 3 Viertelnoten, denn $\frac{1}{2} \cdot 1\frac{1}{2} = \frac{1}{2} \cdot \frac{3}{2} = \frac{3}{4}$

Welchen Wert haben jeweils die nebenstehenden Noten?

𝅝. 𝅗𝅥. ♩. ♪.

Wie viele Taktschläge kommen auf eine punktierte ganze Note; wie viele auf eine punktierte halbe Note und wie viele auf ein punktiertes Viertel?
Probiert wie oben mit Rhythmusinstrumenten verschiedene Möglichkeiten aus.

4 Beim $\frac{4}{4}$-Takt wird jeweils nach 4 Vierteln ein Taktstrich gezeichnet. Viele Lieder und Musikstücke beginnen vor dem 1. Takt mit einem unvollständigen Takt (Auftakt).

Zu Beginn eines Musikstückes schlägt der Dirigent immer einen Takt voraus und dann den Takt, in dem die Melodie beginnt. Beim wievielten Schlag muss bei dem abgebildeten Lied begonnen werden?
Bei der abgebildeten Melodie ist in den Noten ein Druckfehler. Ein Punkt wurde vergessen. Kannst du herausfinden, bei welcher Note der Punkt fehlt?

1 a) Der Saft soll in Flaschen abgefüllt werden.
Wie viele Flaschen erhält man jeweils, wenn 2 *l* (1 *l*, $\frac{1}{2}$ *l*, $\frac{1}{4}$ *l*) in eine Flasche gefüllt werden können?

$20\ l : 2\ l = 10$

$20\ l : 1\ l = 20$

$20\ l : \frac{1}{2}\ l = \square$

$20\ l : \frac{1}{4}\ l = \square$

b) Wie viele Flaschen erhält man jeweils, wenn ein 50-*l*-Fass abgefüllt werden soll?
c) Versuche es auch mit anderen Fassgrößen.

2 Wie viele $\frac{1}{8}$-*l*-Gläser kann man mit $\frac{3}{4}$ *l* füllen? Ohne Maßzahlen ist zu rechnen:
$\frac{3}{4} : \frac{1}{8} = \square$
a) Bestimme mithilfe der dargestellten Bruchteile den Platzhalter.
b) Berechne $\frac{3}{4} \cdot \frac{8}{1}$. Was stellst du fest?

$\frac{1}{8}$ ist in $\frac{3}{4}$ $\square$ mal enthalten

Kehrwert

Jeder Bruch hat einen **Kehrwert**.
Der Kehrwert von $\frac{2}{3}$ ist $\frac{3}{2}$; der Kehrwert von $7 = \frac{7}{1}$ ist $\frac{1}{7}$.
Der Kehrwert von $\frac{a}{b}$ ist $\frac{b}{a}$; der Kehrwert von a ist $\frac{1}{a}$ mit $a, b \in \mathbb{N}$.

Dividieren durch einen Bruch

Wir **dividieren durch einen Bruch**, indem wir mit seinem Kehrwert multiplizieren.

$\frac{3}{7} : \frac{2}{5} = \frac{3}{7} \cdot \frac{5}{2} = \frac{15}{14} = 1\frac{1}{14}$ $\quad$ $5 : \frac{2}{3} = \frac{5}{1} \cdot \frac{3}{2} = \frac{15}{2} = 7\frac{1}{2}$ $\quad$ $\frac{1}{2} : 4 = \frac{1}{2} \cdot \frac{1}{4} = \frac{1}{8}$

$$\frac{a}{b} : \frac{c}{d} = \frac{a}{b} \cdot \frac{d}{c} \qquad a \in \mathbb{N}_0;\ b, c, d \in \mathbb{N}$$

Übungen

3 a) $8 : \frac{4}{5}$ b) $\frac{7}{9} : \frac{7}{8}$ c) $\frac{1}{8} : \frac{1}{16}$ d) $25 : \frac{5}{2}$ e) $\frac{9}{12} : \frac{18}{36}$ f) $\frac{8}{9} : \frac{32}{45}$

$15 : \frac{5}{7}$ $\quad$ $\frac{4}{9} : \frac{1}{3}$ $\quad$ $\frac{2}{4} : \frac{3}{4}$ $\quad$ $28 : \frac{7}{2}$ $\quad$ $\frac{7}{13} : \frac{6}{26}$ $\quad$ $\frac{7}{17} : \frac{21}{34}$

4 a) $\frac{12}{13} : \frac{12}{39}$ b) $\frac{4}{5} : \frac{3}{10}$ c) $36 : \frac{9}{4}$ d) $\frac{27}{4} : \frac{9}{8}$ e) $\frac{7}{9} : \frac{14}{3}$ f) $\frac{42}{5} : \frac{7}{25}$

$\frac{18}{33} : \frac{21}{63}$ $\quad$ $\frac{6}{7} : \frac{3}{14}$ $\quad$ $54 : \frac{9}{4}$ $\quad$ $\frac{5}{9} : \frac{2}{18}$ $\quad$ $\frac{36}{7} : \frac{24}{35}$ $\quad$ $\frac{4}{9} : \frac{16}{36}$

Der Bruch $\frac{1}{7}$ ist aus sieben Streichhölzern gelegt. Verwandle diesen Bruch in den Wert $\frac{1}{3}$, ohne die Zahl der Streichhölzer zu vermehren oder zu verringern.

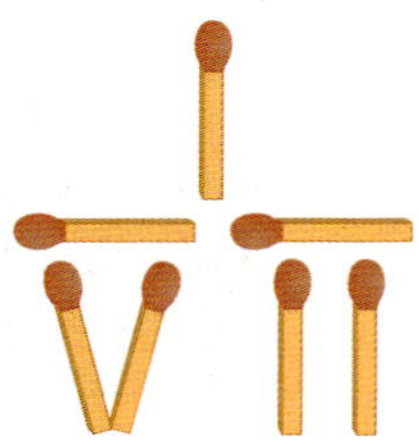

5 Dividiere, kürze wenn möglich.

a) $\frac{4}{9} : \frac{2}{3}$ b) $\frac{2}{3} : \frac{4}{9}$ c) $\frac{7}{12} : \frac{21}{24}$ d) $\frac{3}{8} : \frac{21}{24}$ e) $\frac{5}{7} : \frac{40}{49}$ f) $\frac{8}{11} : \frac{24}{33}$

$\frac{7}{8} : \frac{3}{4}$ $\frac{3}{4} : \frac{9}{16}$ $\frac{3}{8} : \frac{9}{16}$ $\frac{4}{9} : \frac{20}{27}$ $\frac{7}{15} : \frac{28}{45}$ $\frac{9}{13} : \frac{27}{39}$

6

7 a) $\frac{14}{30} : \frac{14}{15}$ b) $\frac{17}{15} : \frac{51}{45}$ c) $\frac{35}{27} : \frac{5}{18}$ d) $\frac{27}{17} : \frac{36}{34}$ e) $\frac{14}{19} : \frac{49}{38}$ f) $36 : \frac{45}{11}$

$\frac{3}{7} : \frac{18}{42}$ $\frac{12}{1} : \frac{18}{42}$ $\frac{35}{39} : \frac{21}{13}$ $\frac{24}{49} : \frac{18}{35}$ $45 : \frac{27}{4}$ $42 : \frac{28}{3}$

L $\frac{1}{2}$; $\frac{5}{9}$; $\frac{20}{21}$; 1; 1; $\frac{4}{7}$; $1\frac{1}{2}$; $4\frac{1}{2}$; $4\frac{2}{3}$; $6\frac{2}{3}$; $8\frac{4}{5}$; 28

8 In einem Teegeschäft werden 5 kg Tee in gleich viele $\frac{1}{4}$-kg-Tüten ($\frac{1}{8}$-kg-Tüten) verpackt.
Wie viele Tüten sind es jeweils?

$4\frac{1}{2} : 5$
$= \frac{9}{2} \cdot \frac{1}{5}$
$= \frac{9 \cdot 1}{2 \cdot 5}$
$= \frac{9}{10}$

9 Berechne wie im Beispiel.

a) $3\frac{3}{5} : 6$ b) $6\frac{3}{7} : 9$ c) $5\frac{1}{5} : \frac{2}{5}$ d) $4\frac{4}{25} : \frac{2}{75}$ e) $18\frac{2}{3} : 5\frac{3}{5}$ f) $4\frac{8}{9} : 2\frac{2}{3}$

$2\frac{1}{7} : 12$ $3\frac{3}{4} : 3$ $3\frac{3}{8} : \frac{3}{24}$ $10\frac{4}{6} : 2\frac{2}{3}$ $32 : 9\frac{1}{7}$ $5\frac{3}{8} : 8\frac{3}{5}$

$5\frac{1}{4} : 7$ $4\frac{4}{5} : 8$ $\frac{18}{25} : 5\frac{2}{5}$ $7\frac{1}{3} : 2\frac{4}{9}$ $3\frac{5}{9} : \frac{16}{45}$ $7\frac{3}{5} : 1\frac{4}{15}$

L 3; $\frac{5}{28}$; 156; $3\frac{1}{2}$; $\frac{5}{7}$; $\frac{3}{4}$; $\frac{3}{5}$; 10; $\frac{3}{5}$; $1\frac{1}{4}$; 13; 4; $3\frac{1}{3}$; $\frac{2}{15}$; 27; $\frac{5}{8}$; $1\frac{5}{6}$; 6

10

Wie viele Katzen können sich aus der Schüssel satt trinken, wenn jede Katze $\frac{1}{8}$ *l* Milch trinkt?

1 Multipliziere. Kürze vor dem Ausrechnen, falls möglich.

a) $3 \cdot \frac{4}{13}$ b) $40 \cdot \frac{3}{5}$ c) $\frac{3}{25} \cdot \frac{5}{7}$ d) $\frac{5}{12} \cdot \frac{7}{10}$ e) $\frac{8}{9} \cdot \frac{3}{4}$ f) $\frac{8}{15} \cdot \frac{9}{16}$

$\frac{7}{9} \cdot 4$ $\frac{3}{8} \cdot 12$ $\frac{5}{6} \cdot \frac{4}{7}$ $\frac{8}{15} \cdot \frac{10}{13}$ $\frac{7}{8} \cdot \frac{4}{7}$ $\frac{16}{25} \cdot \frac{5}{12}$

L $24;\ 4\frac{1}{2};\ \frac{10}{21};\ \frac{3}{35};\ 3\frac{1}{9};\ \frac{12}{13};\ \frac{16}{39};\ \frac{7}{24};\ \frac{4}{15};\ \frac{3}{10};\ \frac{1}{2};\ \frac{2}{3}$

2 Kürze erst, berechne dann.

a) $\frac{45}{72} \cdot \frac{24}{17} \cdot \frac{51}{225}$ b) $\frac{25}{28} \cdot \frac{16}{33} \cdot \frac{21}{100}$ c) $\frac{9}{14} \cdot \frac{36}{15} \cdot \frac{35}{48} \cdot \frac{7}{6}$

$\frac{18}{57} \cdot \frac{7}{5} \cdot \frac{19}{126}$ $\frac{17}{19} \cdot \frac{75}{51} \cdot \frac{76}{50}$ $\frac{25}{27} \cdot \frac{33}{16} \cdot \frac{64}{55} \cdot \frac{9}{4}$

L $5;\ 2;\ 1\frac{5}{16};\ \frac{1}{5};\ \frac{1}{11};\ \frac{1}{15}$

3 Berechne im Kopf. Ersetze den Platzhalter durch eine natürliche Zahl.

a) $\frac{1}{3} : \square = \frac{1}{12}$ b) $\frac{7}{8} : \square = \frac{7}{24}$ c) $\frac{3}{4} : \square = \frac{3}{20}$ d) $\frac{3}{\square} : 7 = \frac{3}{35}$

$\frac{4}{5} : \square = \frac{4}{15}$ $\frac{6}{7} : \square = \frac{6}{35}$ $\frac{3}{\square} : 3 = \frac{3}{15}$ $\frac{7}{\square} : 5 = \frac{7}{45}$

4 Immer zwei Karten haben das gleiche Ergebnis.

$3\frac{1}{2} : 2$	$2\frac{1}{2} \cdot 1\frac{1}{5}$	$2\frac{2}{7} \cdot 4\frac{1}{5}$	$3\frac{2}{11} \cdot 1\frac{8}{25}$	$1\frac{5}{8} \cdot \frac{2}{3}$
$3\frac{5}{7} : 3\frac{3}{7}$	$6 : 1\frac{3}{7}$	$1\frac{1}{4} \cdot 2\frac{2}{5}$	$\frac{7}{6} : \frac{2}{3}$	$9 : \frac{15}{16}$

5 Ein Spiel für zwei!

Jeder Spieler würfelt zweimal nacheinander: der rote Würfel ergibt den Zähler eines Bruches, der blaue den Nenner. Multipliziert die beiden Brüche miteinander. Einen Punkt erhält derjenige, der den größeren Produktwert hat.

6 a) Eine Regentonne fasst 136 *l* Wasser. Wie viele Eimer mit einem Fassungsvermögen von $8\frac{1}{2}$ *l* lassen sich füllen?
b) Die Tonne ist nur zu drei Viertel gefüllt. Wie viel volle Eimer enthält sie?

7 a) Wie viele Flaschen Kirschsaft von $\frac{3}{4}$ *l* können aus einem 120-*l*-Fass abgefüllt werden?
b) Beim Abfüllen gehen $3\frac{3}{4}$ *l* und beim Verladen noch einmal 11 Flaschen verloren. Welcher Bruchteil des Saftes wird insgesamt verschüttet?

1

$\left(\frac{2}{3}+\frac{3}{4}\right)\cdot\frac{1}{6}$
$=\left(\frac{8}{12}+\frac{9}{12}\right)\cdot\frac{1}{6}$
$=\frac{17\cdot 1}{12\cdot 6}$
$=\frac{17}{72}$

a) $\frac{3}{5}\cdot\left(\frac{2}{3}+\frac{5}{9}\right)$ b) $1\frac{2}{3}\cdot\left(4\frac{1}{2}-3\frac{1}{7}\right)$ c) $\left(\frac{2}{3}+\frac{1}{4}\right):\frac{4}{5}$

d) $\frac{7}{8}\cdot\left(1\frac{1}{2}+\frac{1}{7}\right)$ e) $\left(\frac{3}{4}+\frac{2}{5}\right)\cdot\frac{2}{3}$ f) $\frac{1}{12}:\left(\frac{3}{8}-\frac{1}{12}\right)$

g) $\left(1\frac{5}{9}-\frac{3}{4}\right)\cdot\frac{2}{7}$ h) $\frac{1}{4}\cdot\left(\frac{3}{11}-\frac{1}{33}\right)$ i) $\left(\frac{11}{12}-\frac{1}{4}\right):\frac{1}{3}$

k) Kannst du die Aufgaben auch anders lösen? Begründe.

L $\frac{2}{7}$; $\frac{2}{33}$; $\frac{11}{15}$; $\frac{29}{126}$; $\frac{23}{30}$; $1\frac{7}{48}$; $1\frac{7}{16}$; 2; $2\frac{11}{42}$

2 a) $12-\left[6\cdot\left(\frac{1}{2}+\frac{1}{4}\right)+\frac{2}{3}\right]$ b) $\left[\frac{3}{4}+5\cdot\left(\frac{4}{7}+\frac{3}{5}\right)\right]\cdot 7$ c) $\frac{10}{13}\cdot\left[\frac{3}{15}-\left(1-\frac{9}{10}\right)+\frac{7}{8}\right]$

d) $32\cdot\left[\left(\frac{11}{33}-\frac{1}{5}\right)\cdot\frac{3}{8}-\frac{1}{40}\right]$ e) $\frac{22}{34}-\left[\left(\frac{17}{51}+\frac{16}{24}\right)-\left(\frac{7}{35}+\frac{8}{10}\right)\right]$ f) $\left[\frac{14}{19}\cdot\frac{57}{7}-\left(\frac{5}{6}-\frac{3}{8}\right)\right]\cdot 3$

g) $\frac{1}{4}\cdot 22-\left[5-\frac{1}{2}\cdot\left(\frac{14}{42}+\frac{18}{24}\right)\right]$ h) $\left[14\cdot\left(\frac{4}{24}+2\right)-\frac{22}{66}\cdot\frac{9}{24}\right]-\frac{5}{24}$ i) $\left[\left(\frac{11}{12}-\frac{5}{15}\right)+\left(1-\frac{35}{60}\right)\right]-\frac{17}{19}$

L $\frac{3}{4}$; $\frac{2}{19}$; $\frac{11}{17}$; $\frac{4}{5}$; $6\frac{5}{6}$; 30; $46\frac{1}{4}$; $16\frac{5}{8}$; $1\frac{1}{24}$

3 Ergänze die fehlenden Klammern im Heft.

a) $\frac{2}{3}+\frac{1}{6}\cdot\frac{5}{12}+\frac{3}{4}=\frac{31}{36}$ b) $\frac{2}{3}+\frac{1}{6}\cdot\frac{5}{12}+\frac{3}{4}=\frac{35}{36}$ c) $\frac{5}{7}-\frac{5}{21}\cdot\frac{3}{15}+9\cdot\frac{1}{2}=4\frac{25}{42}$

d) $\frac{5}{7}-\frac{5}{21}\cdot\frac{3}{15}+9\cdot\frac{1}{2}=2\frac{5}{21}$ e) $4-\frac{5}{9}\cdot\frac{14}{28}+\frac{5}{6}-\frac{1}{3}=3\frac{4}{9}$ f) $4-\frac{5}{9}\cdot\frac{14}{28}+\frac{5}{6}-\frac{1}{3}=3\frac{16}{27}$

4 a) $\frac{2}{5}\cdot\frac{4}{5}+\frac{3}{5}$ b) $\frac{1}{3}+\frac{3}{8}\cdot\frac{4}{9}$ c) $\frac{3}{4}\cdot 6+5\frac{1}{2}$ d) $1\frac{1}{3}+\frac{5}{9}\cdot\frac{21}{10}$

e) $\frac{3}{8}+\frac{2}{3}-\frac{1}{8}$ f) $\frac{5}{18}-\frac{7}{15}\cdot\frac{5}{21}$ g) $\frac{1}{3}+\frac{7}{9}:\frac{14}{15}$ h) $2\frac{1}{2}-2\frac{1}{2}:3\frac{3}{4}$

5 a) $2:\frac{1}{2}-\frac{1}{2}\cdot 2$ b) $4\cdot\frac{1}{4}-\frac{1}{4}:4$ c) $1-\frac{2}{5}:\frac{2}{5}$ d) $\frac{1}{3}\cdot 6+\frac{1}{4}$

6

$\frac{3^2}{4}=\frac{3\cdot 3}{4}$
$=\frac{9}{4}$
$\left(\frac{3}{4}\right)^2=\frac{3\cdot 3}{4\cdot 4}$
$=\frac{9}{16}$

a)	b)	c)	d)
$\frac{5^3}{8}$	$\frac{3^3}{12}+\frac{4}{5}$	$\left(\frac{2}{5}\right)^3+\frac{9}{5^2}$	$\left(\frac{7}{2^3}-\frac{14}{2^4}\right)^8$
$\frac{4}{9^2}$	$\frac{11}{2^4}-\frac{3}{8}$	$\frac{3^3}{14}+\frac{2^5}{7}$	$\left(\frac{3}{3^2}+\frac{2}{6}\right)^4$
$\frac{7^2}{9^3}$	$\left(\frac{4}{5}\right)^2-\frac{1}{3}$	$\left(\frac{1}{3}+\frac{1}{2}\right)^2$	$\frac{9}{10}\cdot\left(1-\frac{8}{9}\right)^3$
$\left(\frac{2}{7}\right)^3$	$\frac{12}{13}-\frac{1}{2^2}$	$\left(1-\frac{2}{5}\right)^3$	$\frac{5}{6}\cdot\left(\frac{1}{5}+\frac{1}{7}\right)^2$

7 Bestimme den Platzhalter.

a) $\left(\frac{2}{3}\right)^{■}=\frac{32}{243}$ b) $\left(1-■\right)^3=\frac{8}{125}$ c) $\left(■-\frac{3}{4}\right)^5=0$

8 a) $\frac{2}{5}-\left(\frac{3}{5}\right)^2$ b) $\left(\frac{3}{4}\right)^3+6$ c) $10-\left(\frac{4}{8}\right)^5$ d) $7-\left(\frac{15}{45}\right)^4$

9 a) $\left(6\frac{4}{11} \cdot 2\frac{1}{3}\right) + \left(5\frac{1}{4} : \frac{7}{24}\right)$ b) $\left(15\frac{1}{3} : \frac{1}{6}\right) + \left(3\frac{7}{9} \cdot 6\frac{6}{17}\right)$ c) $\left(9\frac{3}{10} - 7\frac{7}{15}\right) \cdot \left(1\frac{1}{2} : \frac{1}{4}\right)$

d) $\left(6\frac{2}{5} + 2\frac{3}{4}\right) : \left(3\frac{1}{3} \cdot \frac{9}{10}\right)$ e) $\left(\frac{13}{18} + 3\frac{1}{3} - 1\frac{5}{9}\right) \cdot \frac{3}{5}$ f) $\left(9\frac{1}{2} - 4\frac{5}{6}\right) : \left(4\frac{4}{5} - 1\frac{1}{3}\right)$

10 a) $(12\frac{5}{6} + 3\frac{1}{2}) \cdot 2\frac{5}{14}$ b) $(3\frac{1}{5} + 1\frac{7}{15}) \cdot (7\frac{13}{14} - 6\frac{1}{2})$ c) $(5\frac{1}{4} - 4\frac{1}{3}) \cdot 2\frac{1}{6}$

d) $(3\frac{5}{8} + 4\frac{5}{6}) \cdot (3\frac{1}{3} + 2\frac{8}{21})$ e) $(4\frac{1}{3} - 3\frac{1}{6}) : (8\frac{1}{9} - 7\frac{1}{3})$ f) $(6\frac{5}{12} - 3\frac{1}{8}) \cdot 4\frac{4}{7}$

L von Nr. 9 und 10: $1\frac{9}{26}$; $1\frac{1}{2}$; $3\frac{1}{20}$; 11; $32\frac{28}{33}$; 116; $38\frac{1}{2}$; $6\frac{2}{3}$; $48\frac{1}{3}$; $1\frac{71}{72}$; $15\frac{1}{21}$; $1\frac{1}{2}$

11

12

$3 : 4 = \frac{3}{4}$ $\qquad \frac{3}{5} : \frac{4}{7} = \frac{\frac{3}{5}}{\frac{4}{7}}$ $\qquad \cfrac{\frac{3}{5}\ \}\text{ Zähler}}{\frac{4}{7}\ \}\text{ Nenner}}$

$3 : \frac{4}{7} = \frac{3}{\frac{4}{7}}$ $\qquad 4\frac{1}{7} : \frac{1}{14} = \frac{4\frac{1}{7}}{\frac{1}{14}}$

Diese Darstellung wird **Doppelbruch** genannt.

a) $\frac{5}{\frac{1}{25}}$ b) $\frac{\frac{2}{7}}{\frac{4}{5}}$ c) $\frac{\frac{4}{7}}{\frac{8}{9}}$ d) $\frac{\frac{4}{9}}{\frac{8}{9}}$ e) $\frac{\frac{5}{20}}{\frac{8}{10}}$ f) $\frac{\frac{7}{12}}{\frac{14}{15}}$ g) $\frac{\frac{18}{81}}{\frac{36}{45}}$ h) $\frac{\frac{13}{34}}{\frac{39}{17}}$ i) $\frac{3\frac{1}{2}}{4\frac{1}{2}}$

13 Berechne.

$$\frac{\frac{2}{7} : \frac{3}{14}}{\frac{4}{5}} = \left(\frac{2}{7} \cdot \frac{14}{3}\right) : \frac{4}{5} = \frac{4}{3} \cdot \frac{5}{4} = \frac{5}{3} = 1\frac{2}{3}$$

a) $\frac{\frac{3}{4} : \frac{1}{3}}{\frac{2}{4}}$ b) $\frac{4\frac{2}{7} : \frac{5}{14}}{2\frac{1}{4}}$ c) $\frac{7}{2\frac{1}{2} : \frac{5}{2}}$ d) $45 \cdot \frac{\frac{4}{5}}{\frac{2}{3}}$ e) $\frac{26\frac{2}{7}}{\frac{2}{7} \cdot \frac{5}{3}}$ f) $\frac{3 : \frac{9}{7}}{5\frac{1}{2}}$

In einer Tischtennis-Gruppe sind 12 Schülerinnen und Schüler . Welchen Bruchteil einer Doppelstunde kann sich der Sportlehrer mit jedem Kind beschäftigen, wenn von der Doppelstunde für den Aufbau $\frac{1}{9}$, gemeinschaftliche Spiele $\frac{1}{6}$, und den Abbau $\frac{1}{18}$ der Zeit gerechnet wird?

1 Bestimme den Platzhalter.

$\frac{1}{15}$ min = $\blacksquare$ s
$\frac{1}{15}$ min = $\frac{1}{15} \cdot 60$ s
= 4 s

a) $\frac{1}{4}$ h = $\blacksquare$ min
$\frac{1}{4}$ h = $\blacksquare$ s

b) $\frac{2}{5}$ m = $\blacksquare$ cm
$\frac{3}{4}$ m^2 = $\blacksquare$ dm^2

c) $\frac{1}{50}\,\frac{km}{s} = \blacksquare\,\frac{m}{s}$
$\frac{3}{20}\,\frac{km}{s} = \blacksquare\,\frac{m}{s}$

2 Entscheide jeweils, welcher Bruch nicht in die Reihe gehört. Begründe.

a) $\frac{12}{36}$; $\frac{15}{20}$; $\frac{13}{17}$; $\frac{14}{64}$; $\frac{18}{51}$ b) $\frac{3}{6}$; $\frac{17}{34}$; $\frac{21}{42}$; $\frac{38}{86}$; $\frac{57}{114}$ c) $\frac{5}{7}$; $\frac{11}{13}$; $\frac{2}{5}$; $\frac{17}{23}$; $\frac{15}{37}$

3 Löse die Gleichungen ($\mathbb{G} = \mathbb{Q}^+$).

a) $3 \cdot x = 6$ b) $\frac{4}{7} \cdot x = 1$ c) $3 : x = 6$ d) $\frac{4}{7} : x = 1$ e) $\frac{1}{3} \cdot x = 9$
$\frac{3}{2} \cdot x = 6$ $\frac{4}{7} \cdot x = \frac{1}{7}$ $\frac{3}{2} : x = 6$ $\frac{4}{7} : x = \frac{1}{7}$ $\frac{1}{3} : x = 9$

4 Zähler und Nenner der Bruchzahl $\frac{3}{7}$ werden jeweils um zwei vergrößert.
Wie groß ist der Wert des neuen Bruches? Gib die richtige Antwort an.
A Der Bruch wird größer. **B** Der Wert des Bruches ändert sich nicht.
C Der Bruch wird kleiner. **D** Der Wert des Bruches nimmt um zwei zu.

5 Ein Schüler zeigt seinen Eltern das Zeugnis. Von den 12 Zensuren sind 2 mehr als ein Drittel Dreier. Wie viel mal steht die Note „befriedigend“ auf dem Zeugnis?

6 Drei Fünftel der Schüler einer Klasse sind Mädchen. Wenn fünf Mädchen und fünf Jungen dazukommen, welche der folgenden Aussagen ist dann zutreffend?
A In der Klasse gibt es mehr Mädchen als Jungen.
B Es gibt gleich viele Mädchen und Jungen in der Klasse.
C In der Klasse gibt es mehr Jungen als Mädchen.
D Aufgrund dieser Informationen kann man nicht sagen, ob es mehr Mädchen oder Jungen in der Klasse gibt.

7 Andrea hatte einen Beutel mit Murmeln. Sie gab die Hälfte davon Frank und ein Drittel vom Rest Fritz. Im Beutel blieben noch sechs Murmeln übrig.
Wie viele Murmeln befanden sich im Beutel?
A 18 **B** 24 **C** 30 **D** 36

8 a) Die Seiten eines Rechteckes werden halbiert. Wie verändern sich Umfang und Flächeninhalt des Rechtecks?
b) Eine Quadratseite wird auf ein Drittel gekürzt. Wie verändern sich Umfang und Flächeninhalt?

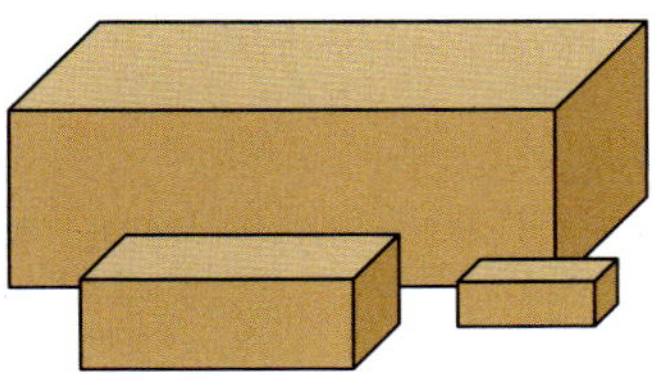

Drei Kisten wiegen zusammen 42 kg.
Die zweite Kiste ist doppelt so schwer wie die erste.
Die dritte ist doppelt so schwer wie die zweite.
Wie schwer ist jede Kiste?

9 Franz Sparfuchs hinterlässt seiner Frau, Sohn und Tochter sowie den Enkeln eines schon verstorbenes Sohnes ein Vermögen von 270 000 EUR. Berechne die Erbteile nach der gesetzlichen Erbfolge.

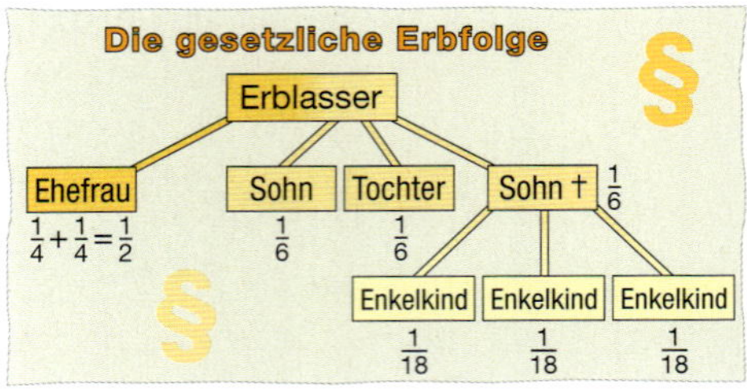

10

Neustädter Zeitung von 18. 04. 2000

Bruchrechnung – Die Alarmglocken läuten

Bei einem Eignungstest der oberfränkischen Industrie- und Handelskammer versagten 61 % der Teilnehmer mit Fachoberschulreife bei der simplen Aufgabe:
Drei $\frac{4}{8}$ geteilt durch ein $\frac{3}{4}$
(Ergebnis 2).

Neustädter Zeitung von 19. 04. 2000

Bruchrechnung – Die Folgen

Die Telefone standen nach der Veröffentlichung einer Aufgabe zur Bruchrechnung nicht mehr still. Unsere Redakteure können wirklich rechnen, denn 3 mal $\frac{4}{8}$ geteilt durch 1 mal $\frac{3}{4}$ ergibt 2. Die Schreibweise in der gestrigen Ausgabe war aber missverständlich: Drei $\frac{4}{8}$ geteilt durch ein $\frac{3}{4}$. Schön, dass unsere Leser so gern rechnen.

a) Gib die mathematische Schreibweise für die im Zeitungsartikel vom 18. 4. formulierte Aufgabe an.
b) Im Artikel vom 19. 4. wird die Aufgabe so formuliert, wie sie ursprünglich gemeint war. Formuliere die Aufgabe ebenfalls in mathematischer Schreibweise.
c) Löse beide Aufgaben, was stellst du fest?

11

Dichtes Auffahren	Geldbuße in EUR	Punkte	Dichtes Auffahren	Geldbuße in EUR	Punkte
bei bis zu 80 km/h	25				
bei mehr als 80 km/h			bei mehr als 130 km/h		
betrug Abstand weniger als			betrug Abstand weniger als:		
– halber Tachowert	35		– $\frac{5}{10}$ des halben Tachowerts	50	2
– $\frac{5}{10}$ des halben Tachowerts	40	1	– $\frac{4}{10}$ des halben Tachowerts	75	3
– $\frac{4}{10}$ des halben Tachowerts	50	2	– $\frac{3}{10}$ des halben Tachowerts	100	4
– $\frac{3}{10}$ des halben Tachowerts	75	3	– $\frac{2}{10}$ des halben Tachowerts	125	4
– $\frac{2}{10}$ des halben Tachowerts	100	4	– $\frac{1}{10}$ des halben Tachowerts	150	4
– $\frac{1}{10}$ des halben Tachowerts	125	4			

Michael Bleifuß fährt mit 180 $\frac{\text{km}}{\text{h}}$ über die Autobahn. Er nähert sich einem Pkw und muss auf 160 $\frac{\text{km}}{\text{h}}$ abbremsen. Mit einem Abstand von 15 m fährt er hinter dem Fahrzeug her.
a) Sind bei diesem Abstand eine Geldbuße und Punkte im Verkehrszentralregister in Flensburg fällig? Wenn ja, berechne die entsprechenden Werte.
b) Berechne den Mindestabstand der bei dieser Geschwindigkeit unbedingt einzuhalten ist.
c) Gib einen Bereich für den Abstand bei einem Tempo von 110 $\frac{\text{km}}{\text{h}}$ an, bei dem 3 „Punkte in Flensburg“ fällig sind.
d) Überlege, warum die Einhaltung eines Sicherheitsabstandes notwendig ist.

Herr Klever ist Geschäftsführer der Firma ÖKO-Tech aus München, die einen neuen, sparsamen Heizkessel entwickelt hat, der im Sommer auch kühlen kann. Dieser soll auf der Messe in Hannover, wo Firmen aus aller Welt ihre neuesten Produkte zeigen, der Öffentlich vorgestellt werden. Da noch einiges an Werbematerial zu transportieren ist, benützt diesmal Herr Klever für die Fahrt nach Hannover statt des Zugs einen Pkw. Von der Firma AUTO & Co. leiht er sich dazu ein neues Testfahrzeug. Herr Klever kann unter vier Fahrzeugtypen auswählen:

Typ:	Öko-Clean	Rasant-Power	Zafi-Compakt	Öko-ZX
Tankinhalt:	36 l	72 l	63 l	45 l
Verbrauch auf 100 km	4 l	14 l	9 l	5 l
Höchstgeschwindigkeit	120 km/h	240 km/h	180 km/h	160 km/h

a) Wie viel EUR hat Herr Klever bei der Ankunft in Hannover noch in seiner Geldbörse?
b) Berechne die reine Fahrzeit von München bis zur Raststätte in Kassel.
c) Berechne die Strecke, die Herr Klever von seiner Wohnung bis zur Raststätte in Kassel zurückgelegt hat.
d) Von der Raststätte in Kassel bis zum Messegelände in Hannover sind es 168 km. Dazu braucht Herr Klever $1\frac{1}{3}$ h. Berechne den Weg, den er in einer Stunde zurückgelegt hat.
e) Wann kommt Herr Klever auf dem Messegelände in Hannover an?
f) Wie viel Liter Benzin hat Herr Klever in Kassel getankt? Welchen Fahrzeugtyp hat er als Testfahrzeug ausgewählt?
g) Wie viel EUR hat Herr Klever pro Liter Benzin an der Tankstelle in Kassel bezahlt?
h) Auf einer geradlinigen Teilstrecke zwischen Kassel und Hannover legt das Auto von Herrn Klever 40 m in einer Sekunde zurück. Ein Lkw fährt momentan 2000 m vor Herrn Klever und schafft 25 m in der Sekunde. Wie groß wäre die Entfernung zwischen beiden Fahrzeugen nach einer Minute?

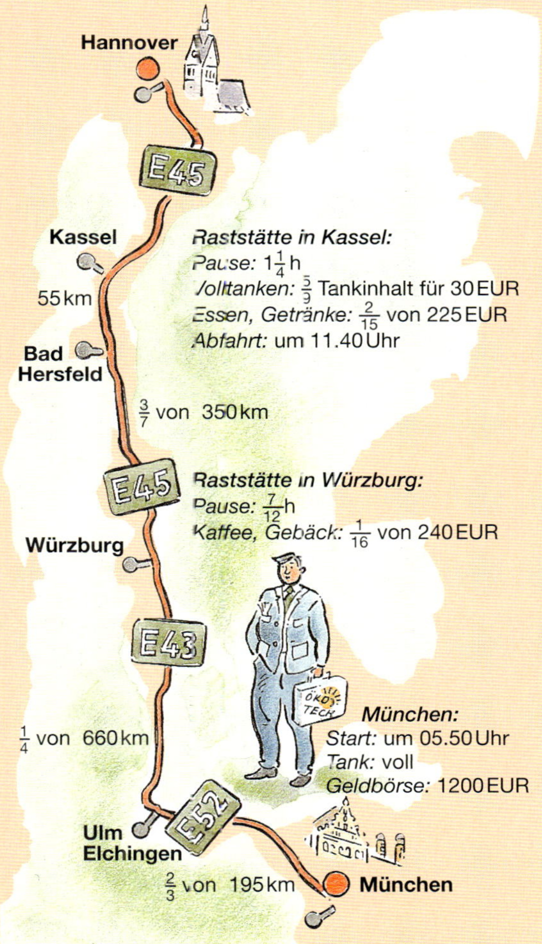

Station 1

Ein Fünftel der Zuschauer im obigen Bild sind Jugendliche von 15 bis 18 Jahren, $\frac{1}{20}$ sind Kinder und haben keinen Eintritt bezahlt. Eines der Konten des Veranstalters bei der Realbank hat momentan einen Stand von 122 560,00 EUR.
Welchen Stand könnte das Konto haben, wenn sämtliche Einnahmen der Eintrittsgelder der oben dargestellten Zuschauer auf dieses Konto überwiesen würden?

Station 2

Im Sprint der Frauen müssen drei Runden mit je 2,5 km bewältigt werden. Nach der ersten Runde erfolgt eine Schießübung, wobei in liegender Position fünf Scheiben mit 45 mm Durchmesser getroffen werden müssen, die 50 m entfernt sind. Im Wettkampfprotokoll von Martina Rasant ist zu erkennen, dass sie alle Scheiben getroffen hat.

Wettkampfprotokoll für Martina Rasant:

Start	1. Streckenabschnitt	Schießstand	Strafrunden 0	2. Streckenabschnitt	Schießstand	Strafrunden ?	3. Streckenabschnitt	Ziel
Zeit	7:31 min	34 s	0 s	7:32 min	31 s	?	$7\frac{1}{12}$ min	?

Nach der zweiten Laufrunde muss sie nun in stehender Position fünf schwarze Scheiben mit 115 mm Durchmesser in 50 m Entfernung treffen. Wird eine schwarze Scheibe getroffen, so schiebt sich davor eine weiße Scheibe und auf der Anzeige erscheint ein weißer Kreis. Für jeden Fehlschuss ist eine Strafrunde von 150 m zu laufen. Eine Biathletin schafft in der Strafrunde ca. 60 m in 10 Sekunden.
Im Bild siehst du auf Platz 7 das Ergebnis der Schießübung von Martina Rasant.

a) Ermittle die Anzahl der Strafrunden und die dafür benötigte Zeit.
b) Ist Martina Rasant insgesamt schneller als Olga Pretschowa (RUS) mit 23:53 min?

Station 5

Der Ballon mit dem kleineren Gewicht steigt schneller.

Nach der Biathlonveranstaltung darf Helmut (50 kg) in der Nähe von Ruhpolding eine Ballonfahrt mitmachen. Er steigt in den Ballon **A.** Welcher Ballon steigt jetzt am schnellsten?

Station 4

Vertreter Hugo Vollgas beobachtet den Wettbewerb im Stadion. Seiner Freundin erzählt er: „Letzten Monat bin ich mit dem Auto ungefähr die Strecke gefahren, die eine Biathletin pro Jahr im Training und Wettkampf insgesamt läuft. In der ersten Woche war das $\frac{3}{7}$ und in der zweiten Woche $\frac{3}{14}$ der Strecke, in der dritten Woche bin ich nur halb soweit gefahren wie in der ersten Woche. In der vierten Woche bin ich dann noch von Bremen nach Ruhpolding gefahren. Mein Kilometerzähler hat für diese Strecke 800 km angezeigt.“ Berechne die Streckenlänge, die eine Biathletin auf Skiern in etwa pro Jahr zurücklegt.

Station 3

Sepp Fleißig ist einer der 350 freiwilligen Helfer an der Biathlonstrecke. Er fährt mit seinem Pkw mit 48 km/h ($\frac{1}{75}$ km/s) in Richtung Biathlonzentrum. Im stark vereinfacht gezeichneten Plan ist die Position des Autos von Sepp Fleißig zu sehen, wenn die Ampel an der Kreuzung Seehauser-Brandnerstraße von Grün auf Gelb schaltet. Sepp Fleißig weiß, dass nach 3 Sekunden die Ampel auf Rot zeigt.
Wie weit käme Sepp Fleißig, bevor an der Ampel Rot aufleuchtet?

A Sepp Fleißig käme etwa bis Mitte der Kreuzung

B Bevor Herr Fleißig zur Kreuzung käme, würde die Ampel bereits auf Rot zeigen.

C Sepp Fleißig käme noch über die Kreuzung.

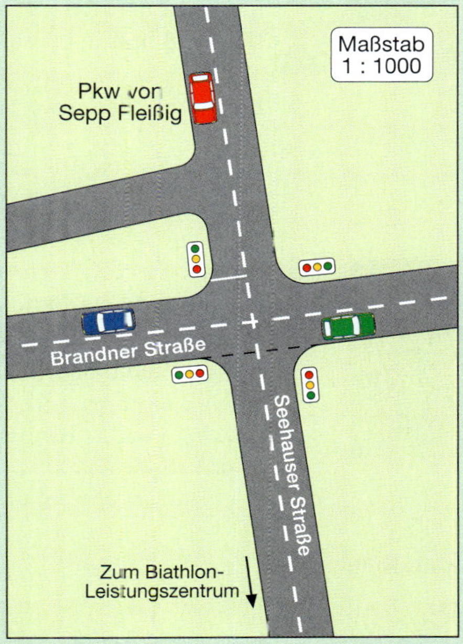

4 Dezimalbrüche

1 Antje hat den Schulrekord um zwei hundertstel Sekunden verpasst.
Christiane schlägt vier zehntel Sekunden nach Antje an.

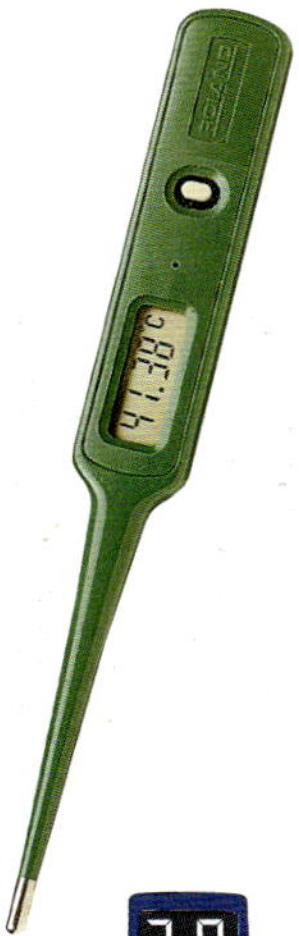

2 Bei den Bundesjugendspielen ist Marcus die 50 m in 8,5 s gelaufen. Johannes sagt: „Ich bin 0,3 s langsamer gelaufen.“ Welche Zeit hat er erreicht?
„Wäre ich vier Zehntel schneller gelaufen, dann hätte ich eine Urkunde bekommen,“ sagt Marcus. Welche Zeit hätte er laufen müssen?

3 Wir erweitern die Stellenwerttafel über die Einer hinaus nach rechts. Hinzu kommen Zehntel (z), Hundertstel (h), Tausendstel (t), …

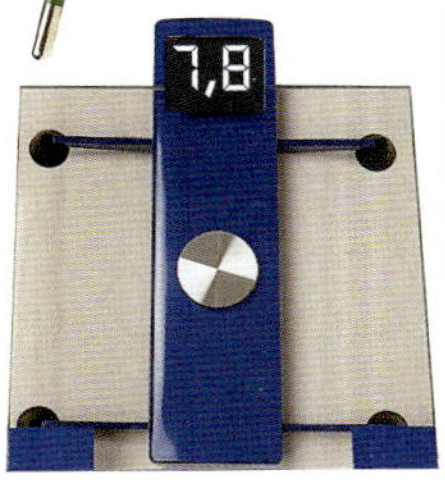

Bruch	T	H	Z	E	z	h	t	zt	ht	Dezimalbruch	*lies:*
$\frac{7}{10}$				0	7					0,7	Null Komma sieben
$\frac{9}{100}$				0	0	9				0,09	Null Komma null neun
$\frac{7}{1000}$				0	0	0	7			0,007	Null Komma null null sieben
$\frac{83}{100}$				0	8	3				0,83	Null Komma acht drei
$6\frac{342}{10\,000}$				6	0	3	4	2		6,0342	Sechs Komma null drei vier zwei

a) Warum wird unser Zahlensystem als Zehnersystem oder Dezimalsystem bezeichnet?
b) Wie erhält man rechnerisch Zehntel, Hundertstel, Tausendstel, …?

4 Lege eine Stellenwerttafel an und trage die Zahlen ein.

a) $\frac{7}{100}$ $\frac{3}{10}$ $\frac{9}{1000}$ $7\frac{3}{10}$ $19\frac{73}{100}$ $\frac{203}{1000}$ $244\frac{49}{1000}$ $105\frac{203}{10\,000}$

b) 0,756 12,865 40,0418 0,003 700,308 12,20138 100,3503 8,0008

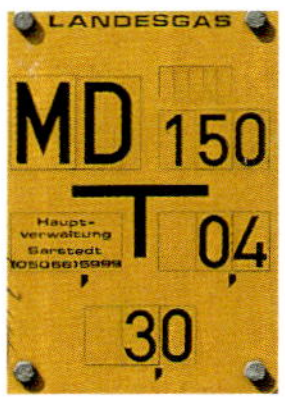

5 Schreibe mit Ziffern.
a) Null Komma fünf acht
b) Achtzehn Komma acht eins
c) Einhundertdreiunddreißig Komma drei
d) Siebenundzwanzig Komma eins drei fünf
e) Neun Komma null acht null drei
f) Eins Komma eins fünf eins
g) Null Komma null null vier
h) Sechzig Komma null sechs
i) Zweihundert Komma neun null drei
k) Dreitausendacht Komma drei null acht

Dezimalbruch

Einen Bruch mit dem Nenner 10, 100, 1000, … kann man als **Dezimalbruch** schreiben.

$\frac{5}{10} = 0{,}5$	$\frac{56}{100} = 0{,}56$ $\frac{3}{100} = 0{,}03$	$\frac{307}{1000} = 0{,}307$ $\frac{8}{1000} = 0{,}008$
$1\frac{7}{10} = 1{,}7$ $\frac{23}{10} = 2{,}3$	$2\frac{11}{100} = 2{,}11$ $\frac{416}{100} = 4{,}16$	$2\frac{455}{1000} = 2{,}455$ $\frac{3218}{1000} = 3{,}218$

Übungen

6 Schreibe als Dezimalbruch.

a) $\frac{7}{10}$ $\frac{9}{10}$ $\frac{3}{10}$ $1\frac{7}{10}$ $3\frac{4}{10}$ $17\frac{9}{10}$

b) $\frac{19}{10}$ $\frac{27}{10}$ $\frac{49}{10}$ $\frac{89}{10}$ $\frac{93}{10}$

c) $\frac{47}{100}$ $\frac{81}{100}$ $\frac{17}{100}$ $\frac{33}{100}$ $\frac{7}{100}$ $\frac{9}{100}$ $\frac{3}{100}$

d) $19\frac{17}{100}$ $38\frac{43}{100}$ $52\frac{56}{100}$ $\frac{329}{100}$ $\frac{777}{100}$ $\frac{803}{100}$

e) $\frac{509}{1000}$ $\frac{128}{1000}$ $\frac{707}{1000}$ $\frac{3}{1000}$ $\frac{19}{1000}$ $\frac{27}{1000}$

f) $15\frac{333}{1000}$ $18\frac{808}{1000}$ $24\frac{904}{1000}$ $\frac{6218}{1000}$ $\frac{3203}{1000}$ $\frac{7007}{1000}$

7 Schreibe als Bruch oder als gemischte Zahl. $8{,}09 = 8\frac{9}{100}$

a) 0,7 0,9 2,3 3,19 14,27 2,01
b) 0,79 0,083 0,753 2,251 3,207
c) 1,63 3,57 2,81 0,07 0,507 18,051
d) 0,089 0,093 10,087 9,253 10,051
e) 1,0381 14,703 15,179 70,07 15,899
f) 13,83 19,9 1,443 24,09 17,387

8 Schreibe die Aufgaben richtig in dein Heft.

$0{,}45 = \frac{45}{100}$ $\frac{808}{1000} = 0{,}808$ $0{,}0101 = \frac{101}{100}$ $\frac{7}{100} = 0{,}7$

$3{,}4 = 3\frac{4}{100}$ $6\frac{5}{10} = 6{,}5$ $0{,}2222 = \frac{2222}{10\,000}$ $\frac{38}{10} = 3{,}08$

$17{,}7 = 1\frac{77}{100}$ $3\frac{3}{10} = 3{,}03$ $4{,}189 = 4\frac{189}{1000}$ $\frac{509}{100} = 50{,}9$

9 Übertrage die Tabelle in dein Heft und fülle aus. Kürze nicht.

		a)	b)	c)	d)	e)	f)	g)	h)	i)	k)
Dezimalbruch	3,8		8,13			9,095			2,06		17,006
gemischte Zahl	$3\frac{8}{10}$	$5\frac{4}{10}$			$24\frac{8}{100}$		$7\frac{8}{1000}$				
Bruchzahl	$\frac{38}{10}$			$\frac{19}{10}$				$\frac{228}{100}$		$\frac{4318}{1000}$	

$0{,}8 = \frac{8}{10} = \frac{4}{5}$

$1{,}25 = 1\frac{25}{100} = 1\frac{1}{4}$

10 Schreibe als Bruch bzw. gemischte Zahl. Kürze dann.

a) 0,6 0,04 0,050
b) 0,045 0,044 0,20
c) 6,04 18,375 30,4
d) 1,006 4,0204 18,002
e) 0,008 56,044 10,068
f) 500,400 13,125 17,75

$\frac{1}{2} = \frac{5}{10} = 0{,}5$

$\frac{1}{4} = \frac{25}{100} = 0{,}25$

$\frac{1}{10} = 0{,}1$

$\frac{1}{20} = \frac{5}{100} = 0{,}05$

$\frac{1}{5} = \frac{2}{10} = 0{,}2$

$\frac{1}{8} = \frac{125}{1000} = 0{,}125$

11 Gib in Dezimalschreibweise an. $\frac{7}{20} = \frac{35}{100} = 0{,}35$

a) $\frac{2}{5}$ $\frac{4}{5}$
b) $\frac{3}{20}$ $\frac{7}{10}$
c) $\frac{17}{20}$ $\frac{3}{4}$
d) $\frac{3}{5}$ $\frac{2}{4}$
e) $\frac{4}{8}$ $\frac{7}{8}$
f) $\frac{9}{10}$ $\frac{5}{8}$

12 Diese Brüche kannst du durch Kürzen und anschließendes Erweitern in einen Dezimalbruch umwandeln. $\frac{22}{44} = \frac{1}{2} = \frac{5}{10} = 0{,}5$

a) $\frac{8}{16}$ $\frac{6}{15}$
b) $\frac{35}{70}$ $\frac{3}{75}$
c) $\frac{8}{160}$ $\frac{21}{70}$
d) $\frac{45}{18}$ $\frac{48}{32}$
e) $\frac{57}{15}$ $\frac{27}{36}$
f) $\frac{9}{375}$ $\frac{39}{75}$

13 Erweitere die Brüche und wandle sie in Dezimalbrüche um. $\frac{3}{25} = \frac{12}{100} = 0{,}12$

a) $\frac{9}{20}$ $\frac{7}{50}$ $\frac{3}{5}$ $\frac{8}{500}$ $\frac{5}{200}$ $\frac{6}{25}$ $\frac{6}{200}$

b) $\frac{1}{4}$ $\frac{47}{20}$ $\frac{9}{5}$ $\frac{81}{50}$ $\frac{25}{40}$ $\frac{19}{20}$ $\frac{15}{50}$

c) $\frac{4}{5}$ $\frac{7}{20}$ $\frac{14}{50}$ $\frac{9}{200}$ $\frac{2}{4}$ $\frac{15}{20}$ $\frac{7}{5}$ $\frac{11}{125}$

d) $\frac{5}{8}$ $\frac{7}{8}$ $\frac{7}{125}$ $\frac{15}{8}$ $\frac{1}{8}$ $\frac{12}{8}$ $\frac{9}{40}$ $\frac{3}{8}$

14 Kürze zuerst die Brüche, erweitere dann und verwandle in einen Dezimalbruch.

$\frac{18}{40} = \frac{9}{20} = \frac{45}{100} = 0{,}45$

a) $\frac{66}{88}$ $\frac{12}{16}$ $\frac{13}{65}$ $\frac{36}{45}$ $\frac{56}{32}$ $\frac{35}{28}$ $\frac{54}{15}$

b) $\frac{20}{8}$ $\frac{55}{88}$ $\frac{6}{75}$ $\frac{12}{1500}$ $\frac{18}{240}$ $\frac{9}{375}$ $\frac{6}{150}$

15 Schreibe die gemischten Zahlen jeweils als Dezimalbruch. $3\frac{2}{10} = 3{,}2$

a) $2\frac{1}{4}$ $6\frac{4}{5}$ $2\frac{5}{8}$ $4\frac{3}{5}$ $1\frac{7}{25}$ $5\frac{3}{20}$

b) $2\frac{3}{4}$ $4\frac{2}{5}$ $3\frac{7}{8}$ $6\frac{4}{125}$ $4\frac{2}{50}$ $3\frac{4}{40}$

16 Schreibe die Zahlen als Bruch und vergleiche:

a) 0,7 0,70 0,700 0,7000

b) 1,3 1,30 1,300 1,3000

Erweitern
Kürzen

Erweitern	**Kürzen**
0,7 = 0,70 = 0,700	0,300 = 0,30 = 0,3
$\frac{7}{10} = \frac{70}{100} = \frac{700}{1000}$	$\frac{300}{1000} = \frac{30}{100} = \frac{3}{10}$

In Dezimalbrüchen dürfen Endnullen angehängt oder fortgelassen werden, der Wert ändert sich nicht.

17 Erweitere mit 10 (100, 1000).

0,7 0,9 0,04 0,38 0,032 1,1 2,02 14,08 14,8 1,4 7,01

18 Kürze nacheinander durch 10. $\frac{3000}{10\,000} = \frac{300}{1000} = \frac{30}{100} = \frac{3}{10}$

a) $\frac{1800}{10\,000}$ b) $\frac{20\,000}{100\,000}$ c) $\frac{4100}{10\,000}$ d) $\frac{103\,000}{1\,000\,000}$ e) $\frac{427\,000}{1\,000\,000}$ f) $\frac{700\,000}{10\,000\,000}$

19 Kürze so weit wie möglich.

0,0600 0,7300 0,80000 0,1020 3,7000 14,20 200,6 7,3000

20 Welche der folgenden Dezimalbrüche kann man nicht kürzen?

0,300 0,303 0,40 0,04 0,00600 0,03 4,060 4,006 4,600 0,60 4,6

21 Erweitere oder kürze bis die Dezimalbrüche gleich viele Stellen nach dem Komma haben.

a)	b)	c)	d)	e)	f)
2,76	0,7	13,8	27,600	150,7	2100,90
0,5	3,801	3,18	2,76	150,700	210,09
13,405	27,06	0,1308	7,6	15,07	2100,909

22 Welche Zahlen sind gleich?

a) 23,500 23,50 23,05 23,050

b) 17,8 17,80 17,08 17,080

c) 0,16 0,1600 0,160 0,0160 0,016

d) 111,01 110,11 111,10 110,110 111,010

1 Bei einem Springturnier haben Joanna, Lotti, Annika, Marie-Louise und Tonia die ersten fünf Plätze belegt. Stelle die Reihenfolge für die Siegerehrung auf.

Springturnier

Joanna auf Bauxit	24,03 Sekunden
Lotti auf Lena	24,72 Sekunden
Annika auf Ramona	24,42 Sekunden
Marie-Louise auf Raphael	24,38 Sekunden
Tonia auf Crazy	23,98 Sekunden

2 Bei einer Fahrradtour wurden folgende Strecken gefahren: 1. Etappe 40,085 km; 2. Etappe 40,080 km; 3. Etappe 40,350 km; 4. Etappe 40,850 km. Welches ist die längste, welches die kürzeste Etappe? Ordne die einzelnen Etappen der Länge nach.

3 So kannst du Dezimalbrüche vergleichen:

1. Schreibe die Dezimalbrüche stellenrichtig untereinander. Ergänze, wenn nötig, Nullen.
   0,542 ■ 0,539   2,543 ■ 2,55
2. Vergleiche die Ziffern, die genau untereinander stehen. Gehe dabei von links nach rechts vor. Die erste Stelle, an der die Ziffern verschieden sind, entscheidet, welcher Dezimalbruch größer ist.
   0,542   2,543
   0,539   2,550
   0,542 > 0,539   2,543 < 2,55

Beispiele:

14,443 ■ 14,434	0,03607 ■ 0,03617	10,0101 ■ 10,0110	215,824 ■ 215,724
14,434 14,443	0,03617 0,03607	10,0101 10,0110	215,724 215,824
14,443 > 14,434	0,03607 < 0,03617	10,0101 < 10,0110	215,824 > 215,724

Übungen

Vergleiche die Zahlen. Setze >, < oder = ein.

a)	b)	c)	d)
9,85 ■ 9,58	0,030 ■ 0,031	7,382 ■ 7,328	10,01 ■ 10,010
0,70 ■ 0,67	7,120 ■ 7,012	11,101 ■ 11,110	10,10 ■ 10,01
0,308 ■ 0,380	14,0 ■ 10,4	9,099 ■ 9,909	10,07 ■ 10,077

4 Ordne der Größe nach. 15,43 > 15,413 > 15,411

a) 18,003 18,030 18,041 18,033 18,401
b) 12,64 12,064 12,604 12,641 12,406
c) 8,004 8,408 8,804 8,480 8,040 8,84
d) 7,25 7,352 7,052 7,253 7,325 7,502
e) 2,50 0,205 0,502 0,025 0,052 2,52
f) 1,01 1,011 1,001 1,110 1,101 1,100

5 Schreibe als Dezimalbruch und ordne der Größe nach.

a) 12,3 $12\frac{8}{10}$ 12,03 $12\frac{7}{100}$ $12\frac{8}{100}$ 12,09
b) $2\frac{7}{10}$ $2\frac{7}{100}$ 2,8 2,08 2,88 $2\frac{8}{1000}$
c) $66\frac{17}{100}$ 66,07 $66\frac{117}{1000}$ 66,0119 66,0118
d) $10\frac{14}{100}$ 10,09 $10\frac{24}{100}$ 10,90 $10\frac{8}{10}$ 10,91
e) $210\frac{8}{10}$ 210,4 $210\frac{72}{100}$ 210,07 210,7
f) 500,005 $500\frac{2}{10}$ $500\frac{20}{100}$ 500,02 500,003

6 Welche Zahlen gehören an die markierten Stellen?

a)

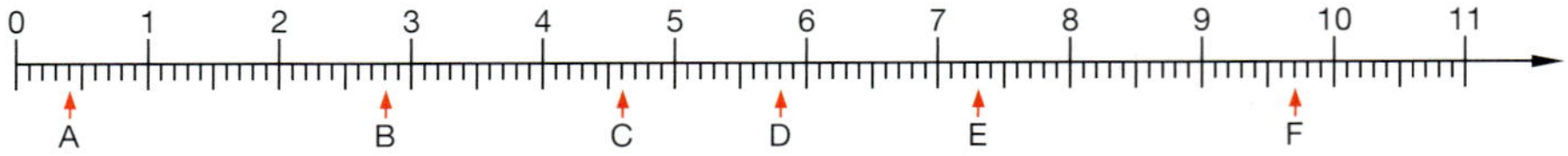

b)

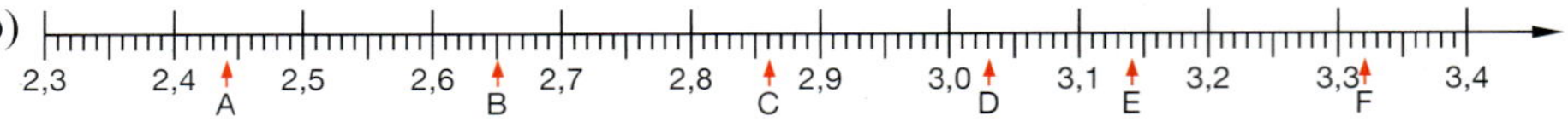

c) Zeichne eine Zahlenhalbgerade und markiere folgende Zahlen.
7,3 6,9 5,8 10,1 19,7 12,4 15,2 17,5 0,3 6,6 16,6

7 Erläutere die Abbildung.

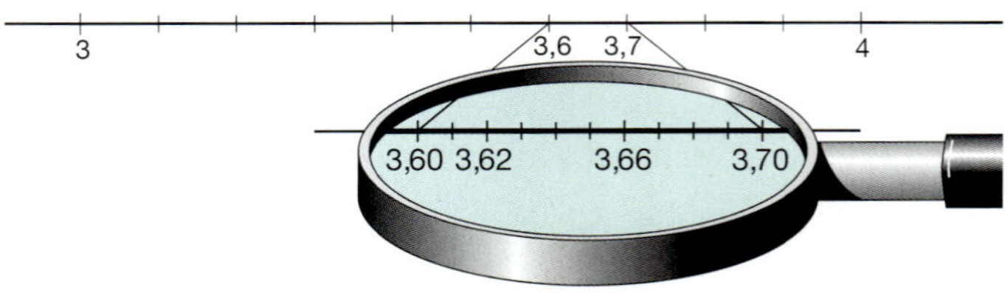

…	E	z	h	t	zt	…
	3	6	2			
	3	6	0			

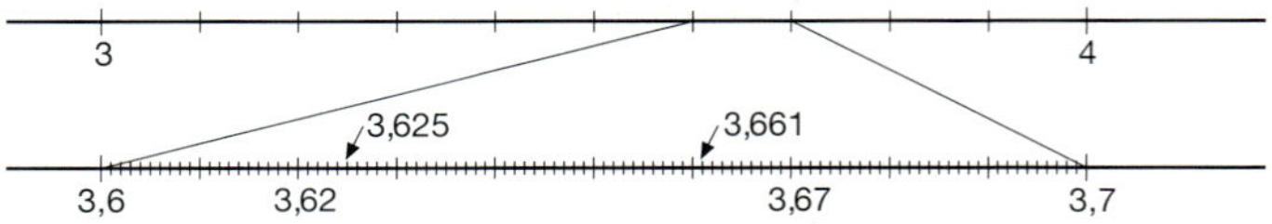

…	E	z	h	t	zt	…
	3	6	2	5		
	3	6	6	1		

8 Nenne je drei Zahlen zwischen

a) 0,4 und 0,5
0,24 und 0,25
0,03 und 0,04

b) 0,7 und 0,8
1,03 und 1,10
7,9 und 8

c) 7,21 und 7,22
32 und 32,1
1,07 und 1,071

d) 16,25 und 16,251
0,05 und 0,06
0 und 0,1

9 Bilde alle möglichen Dezimalbrüche, die zwischen 1 und 2 (0 und 1) liegen und ordne sie der Größe nach.

10 Auf dem Straßenfest verkaufen die Kinder selbstgebackene Plätzchen. Es werden unterschiedliche Mengen abgepackt und zu folgenden Preisen angeboten:
1,10 EUR; 0,98 EUR; 1,43 EUR; 1,55 EUR; 1,35 EUR. Ordne den einzelnen Packungen die entsprechenden Preise zu.

1 a) Frau Schmidbauer tankt 52,7 *l* Diesel. Überschlage den Preis, den sie zu zahlen hat.
b) Herr Moosbauer möchte für 50 EUR tanken. Schätze ab, wie viel Liter Super er dafür bekommt.
c) Wie groß ist ungefähr der Preisunterschied für eine Tankfüllung (60 *l*) zwischen Benzin und Super?

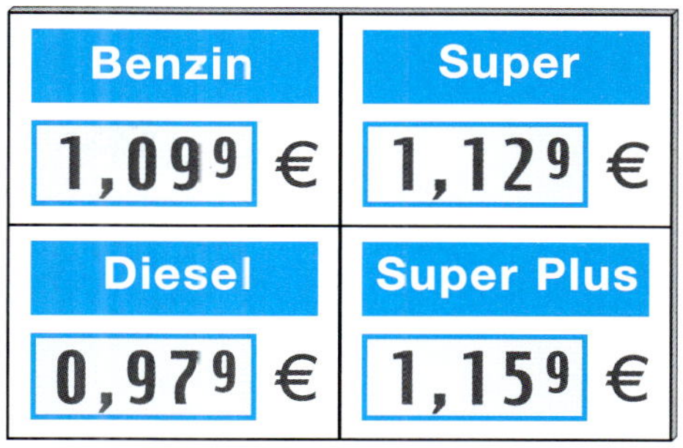

2 Runde folgende Beträge auf Cent:
57,7838 EUR; 103,2775 EUR; 94,8392 EUR; 120,9982 EUR; 76,3208 EUR.

Runde 64,8475 auf Hundertstel.

h — Diese Ziffer gibt an, ob auf- oder abgerundet wird.

64,8475 ≈ 64,85

Auf diese Stelle soll gerundet werden.

Übungen

3 Runde auf

a) Hundertstel:	134,37563	0,0258	12,10407	0,009876
b) Zehntel:	27,37453	0,12545	3,2451	0,953
c) Tausendstel:	8,94634	9,09044	8,63384	4,29394
d) Hunderttausendstel:	9,678956	5,439567	9,937248	0,604081

4 Eine alte Personenwaage zeigt nur die Massen 0,5 kg; 1 kg; 1,5 kg; … an. Welche Zahlen liest du bei folgenden tatsächlichen Massen ab?

a) 32,14 kg	b) 22,317 kg	c) 23,49 kg
56,39 kg	46,713 kg	41,836 kg
52,818 kg	67,83 kg	36,259 kg

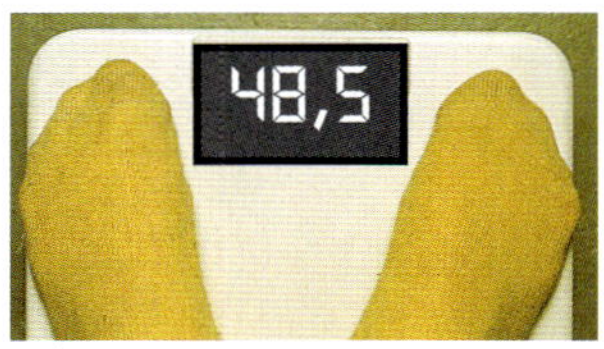

11,38 ≈ 11,4
11,44 ≈ 11,4

5 Die Dezimalbrüche wurden gerundet. Wie hätten sie vor dem Runden heißen können? Gib jeweils zwei Beispiele für das Auf- und Abrunden an.

a) gerundet auf Zehntel:	38,7	51,9	67,5	83,1	94,3
b) gerundet auf Hundertstel:	26,02	18,14	38,96	54,00	86,8
c) gerundet auf Tausendstel:	13,745	57,227	101,096	17,009	1,308

6 Ferrit denkt sich einen Dezimalbruch mit drei Kommastellen. Er rundet und erhält 3,28. Welche Zahl kann er sich gedacht haben? Nenne verschiedene Möglichkeiten.

7 Klaus denkt sich einen Dezimalbruch mit zwei Stellen nach dem Komma. Er rundet und erhält 0,8. Welche Zahl kann er sich gedacht haben? Es gibt zehn Möglichkeiten.

1 Während ihrer Urlaubsfahrt fahren Hendrik und seine Familie durch mehrere Tunnel. Die Länge der einzelnen Tunnel beträgt: 1,43 km; 3240 m; 2,57 km; 850 m. Die gesamte Fahrstrecke beträgt 685 km.
a) Wie viel Kilometer sind sie insgesamt durch Tunnel gefahren?
b) Wie lang ist die restliche Fahrstrecke?

2 Herr Niemeier hat Waren für 99 Cent; 7,88 EUR; 2,95 EUR und 78 Cent gekauft. Er bezahlt mit einem 20-EUR-Schein. Wie viel EUR bekommt er zurück?

Dezimalbrüche addieren

Dezimalbrüche subtrahieren

127,3 + 0,03 = ▒

		1	2	7,	3	0		
	+			0,	0	3		
		1	2	7,	3	3		

Beachte:
Komma unter Komma.
Erweitere, wenn nötig.

563,248 − 37,4 = ▒

		5	6	3,	2	4	8	
	−		3	7,	4	0	0	
		5	2	5,	8	4	8	

Du kannst die Zahlen auch nebeneinander addieren und subtrahieren. Achte darauf, dass du immer Tausendstel, Hundertstel, Zehntel, … miteinander addierst, bzw. subtrahierst.

H Z E z h   E z h   H Z E z h
1 2 7, 3 0 + 0, 0 3 = 1 2 7, 3 3

H Z E z h t   Z E z h t   H Z E z h t
5 6 3, 2 4 8 − 3 7, 4 0 0 = 5 2 5, 8 4 8

Übungen

3 a) 4,58 + 0,753 + 0,678 b) 9,748 + 0,23 + 0,641 c) 10,2 + 30,015 + 5,04
d) 21,484 + 13,4 + 63,091 e) 12,043 + 10,06 + 70,9 f) 97,3 + 49,34 + 67,009

4 a) 9,844 − 1,2 − 3,45 b) 8,4 − 2,343 − 4,32 c) 99,7 − 60,606 − 21,907
d) 83,6 − 21,008 − 36,18 e) 84,09 − 36,198 − 29,9 f) 93,234 − 39,49 − 47,4

5 a) 0,3 + 0,23 + 0,017 + 0,5 + 0,09
0,125 + 0,25 + 0,5 + 0,075 + 0,05
3,4 + 2,395 + 0,75 + 10,04 + 0,001

b) 55,675 – 0,9 – 11,15 – 0,007 – 0,001
43,4 – 15,08 – 1,4 – 12,388 – 0,15
99,09 – 30,032 – 17,5 – 50,17

L zu Nr. 3 bis Nr. 5: 1,000; 1,137; 1,388; 1,737; 5,194; 6,011; 6,344; 10,619; 14,382; 16,586; 17,187; 17,992; 26,412; 43,617; 45,255; 93,003; 97,975; 213,649

6 Ordne die Ergebnisse der Größe nach. Wie heißt das Lösungswort?

- 4,75 + 4,5 N
- 3,95 + 2,55 U
- 9,49 – 1,95 B
- 0,75 + 2,45 H
- 8,63 – 4,3 R
- 4,17 – 2,05 C
- 2,75 + 5,75 E
- 8,7 – 3,33 A
- 3,4 – 1,6 S

7 Melanie beschwert sich über ihre schwere Schultasche. Hat sie Recht?

8 Der Falkenstein hat eine Höhe von 1312,2 m über dem Meeresspiegel. Ein benachbartes Tal liegt 664,8 m über dem Meeresspiegel. Wie groß ist der Höhenunterschied?

9 Bestimme jeweils die Platzhalter.

a) 12,5 + ■ = 136
■ + 1,1 = 14,72
22,5 + ■ = 27,44

b) 36,8 − ■ = 35,55
■ − 12,2 = 44,3
56,8 − ■ = 49,36

c) ■ + 21,1 = 56,76
46,7 + ■ = 84,08
■ + 42,42 = 138,8

d) ■ − 25,5 = 47,7
67,1 − ■ = 16,65
■ − 31,15 = 86,51

10

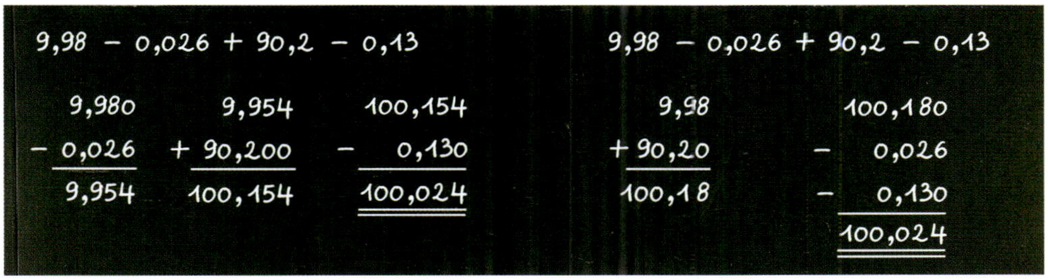

Jan und Songül rechnen die gleiche Aufgabe auf verschiedene Art. Erkläre die beiden Rechenwege.

11 Berechne

a) 36,9 − 7,046 + 0,08 − 3,458 + 1
100 − 10,1 + 11,01 − 0,0123 + 8
18,34 − 11,034 + 5,304 − 6,403
847 − 8,47 − 84,7 − 0,847 + 10

b) 450,45 − 4,054 − 54,4 + 0,4545
4,08 + 15,347 + 0,051 − 13,8 − 1
180,4 + 140,08 − 320,101 + 1,475
5,341 + 3,514 − 0,009 − 8,013 + 10

12

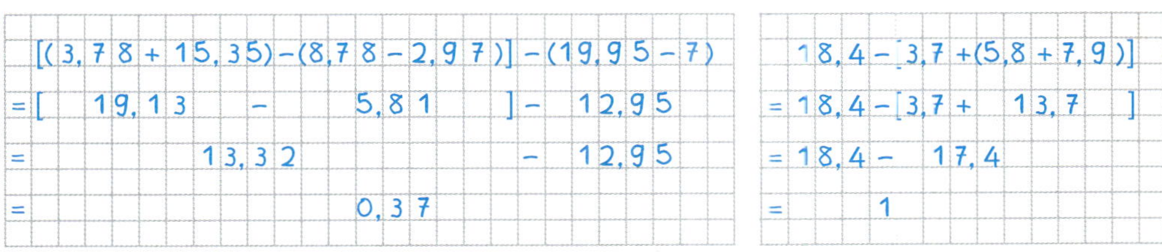

a) [(4,3 + 8,6 − 7,5) + (9,2 − 1,9 + 4,3)] − (1,2 + 7,7 − 3,5) − (11,11 − 9,99)
b) 52 − (3,1 + 4,2 + 6,5 − 7,3) + (3,4 + 8,78) − [(15 − 12,03) + 2,83]
c) (3 + 74,24 + 18,1 + 39,42) − (6,42 + 3,08 + 26,06) − 60,66
d) (28,536 + 73,689) − (87,43 − 76,77) − (237,577 − 225,11)
e) (19,367 − 0,094) − (0,7 − 0,637) − (25,4 − 21,78) + (13,8 + 0,08)
f) (9,7 − 3,4682) + (11 − 0,0403) − [(1,94 − 0,8735) + (0,04 − 0,0208)]

L zu Nr. 11 und 12: 1,854; 4,678; 6,207; 10,48; 10,833; 15,1058; 27,476; 29,47; 38,54; 51,88; 79,098; 108,8977; 392,4505; 762,983

1 Maren und Tobias haben gemessen, wie weit ihre Räder bei einer Umdrehung rollen. Hat Maren mit ihrer Behauptung Recht?

2,18 m · 1000 = ■ m
218 cm · 1000 = ■ cm = ■ m

2,04 m · 1000 = ■ m
204 cm · 1000 = ■ cm = ■ m

2 Berechne durch Umformen.

$2{,}35 \cdot 10 =$ ■

$2{,}35 \cdot 10 = \frac{235}{100} \cdot 10 = \frac{235}{10} = 23{,}5$

$2{,}35 \cdot 10 = 23{,}5$

a) 0,6 · 10
0,345 · 100

b) 2,7 · 10
15,15 · 100

Multiplizieren mit 10, 100, 1000, …

Ein Dezimalbruch wird mit 10, 100, 1000, … multipliziert, indem das Komma um 1, 2, 3, … Stellen nach rechts rückt. Für fehlende Ziffern werden Nullen geschrieben.

6,83 · 10 = 68,3   17,925 · 100 = 1792,5   6,83 · 1000 = 6830

Übungen

3 Berechne

a)	b)	c)	d)	e)	f)
5,04 · 10	1,453 · 100	5,1813 · 1000	100 · 0,9	4,8 · 10	824,6 · 100
0,08 · 10	0,704 · 100	0,5267 · 1000	10 · 3,05	11,3 · 10	0,082 · 1000
67,343 · 10	12,85 · 100	13,589 · 1000	100 · 30,7	0,07 · 100	10 · 2,8

Maßstab 1 : 1 000 000
1 cm ≙ 10 km

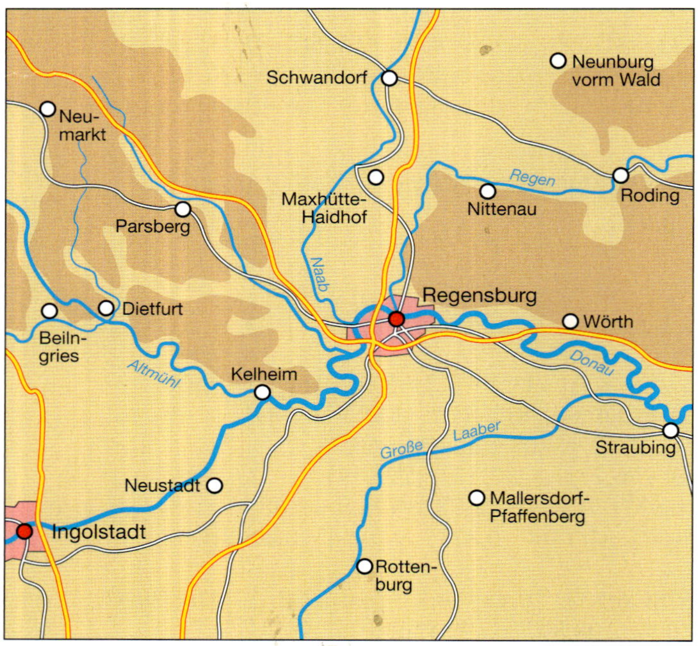

4 a) Nils hat auf der abgebildeten Karte die folgenden Strecken gemessen. Berechne jeweils die Länge in der Wirklichkeit.

Länge in der Karte	Länge in der Wirklichkeit
3,2 cm	3,2 cm · 1 000 000 = 3 200 000 cm = 32 000 m

Strecke	Länge in der Karte
Regensburg – Straubing	4,0 cm
Regensburg – Ingolstadt	5,7 cm
Ingolstadt – Neumarkt	5,8 cm
Kelheim – Schwandorf	4,7 cm
Wörth – Rottenburg	4,3 cm
Dietfurt – Beilngries	0,7 cm
Neumarkt – Straubing	9,4 cm
Neustadt – Nittenau	5,5 cm

b) Wie lang ist eine Strecke von 7,8 cm (14,3 cm; 25,8 cm) bei einem Maßstab von 1 : 100 000?

1 Auf einem Segeltörn werden folgende Strecken gesegelt:

Datum	Windstärke, Windrichtung	zurückgelegte Strecke
21.7.	2, NO	34,3 sm
22.7.	4, O	64,4 sm
23.7.	5, SO	74,6 sm

Kannst du die unterschiedliche Länge der Strecken erklären? Wie viel km ist die Mannschaft an den einzelnen Tagen gesegelt? (1 Seemeile: 1,85 km)

2 Berechne durch Umformen.

$7 \cdot 0{,}81 = \square$

$7 \cdot 0{,}81 = \frac{7}{1} \cdot \frac{81}{100} = \frac{567}{100} = 5{,}67$

$7 \cdot 0{,}81 = 5{,}67$

a) $7{,}1 \cdot 1{,}2$
 $1{,}4 \cdot 4{,}14$
b) $0{,}5 \cdot 0{,}55$
 $5{,}2 \cdot 3{,}08$
c) $5 \cdot 0{,}95$
 $2{,}4 \cdot 6$
d) $1{,}02 \cdot 0{,}4$
 $12 \cdot 0{,}12$

Dezimalbrüche multiplizieren

1. Multipliziere, ohne auf das Komma zu achten.
2. Das Ergebnis hat so viele Stellen nach dem Komma, wie die beiden Dezimalbrüche zusammen Stellen nach dem Komma haben. Setze im Ergebnis das Komma.

$4{,}35 \cdot 3{,}14 = \square$ Überschlag $4 \cdot 3 = 12$

```
 2 Stellen 2 Stellen
  4,35 · 3,14
  1305
    435
    1740
  13,6590
     4 Stellen
```

Übungen

3 Hier fehlt im Ergebnis das Komma. Ergänze im Heft.
a) $71{,}48 \cdot 0{,}942 = 6733416$
 $173{,}8 \cdot 0{,}068 = 118184$
b) $102{,}5 \cdot 1{,}045 = 1\,071125$
 $8{,}075 \cdot 0{,}998 = 805885$
c) $0{,}451 \cdot 1{,}111 = 501061$
 $8{,}88 \cdot 99{,}909 = 88719192$

4 Multipliziere im Kopf.
a) $0{,}4 \cdot 0{,}7$
 $0{,}4 \cdot 0{,}07$
b) $0{,}8 \cdot 0{,}04$
 $0{,}004 \cdot 0{,}8$
c) $0{,}05 \cdot 0{,}06$
 $0{,}03 \cdot 0{,}08$
d) $8 \cdot 0{,}07$
 $7 \cdot 0{,}04$
e) $0{,}008 \cdot 0{,}009$
 $0{,}007 \cdot 0{,}7$

5 Berechne. Überschlage zuerst.
a) $1{,}25 \cdot 3{,}75$
 $8{,}56 \cdot 24{,}2$
b) $0{,}05 \cdot 1{,}02$
 $11{,}43 \cdot 1{,}23$
c) $4{,}85 \cdot 10{,}5$
 $29{,}2 \cdot 17{,}17$
d) $0{,}09 \cdot 27{,}71$
 $65{,}56 \cdot 0{,}002$
e) $9{,}04 \cdot 18{,}003$
 $71{,}61 \cdot 8$

6 Bei richtiger Lösung erhältst du jeweils ein Lösungswort.
a) $13{,}28 + 15{,}4 \cdot 72$
 $12{,}24 \cdot 24 - 145{,}56$
 $14{,}2 + 3{,}9 \cdot 0{,}22$
 $4{,}05 \cdot 14{,}4 - 18{,}25$
b) $6{,}885 \cdot 2 + 6{,}28$
 $2{,}03 - 3{,}66 \cdot 0{,}25$
 $7{,}98 + 8{,}734 \cdot 3$
 $3{,}43 \cdot 0{,}55 + 16{,}7435$
c) $4{,}22 + 3{,}81 \cdot 0{,}44$
 $6{,}86 \cdot 3{,}27 - 16{,}28$
 $13{,}8 - 2{,}25 \cdot 4{,}76$
 $45{,}7 \cdot 1{,}056 - 0{,}08$

1,115	A	3,09	N	5,8964	K	6,1522	I	15,058	S	18,63	B
20,05	L	34,182	U	40,07	E	48,1792	N	148,2	O	1122,08	H

7

$3{,}8 \cdot 4{,}2 - 0{,}3 \cdot 4{,}78$
$= 15{,}96 - 1{,}434$
$= 14{,}526$

a) $35{,}2 \cdot 0{,}6 + 1{,}2 \cdot 28{,}4$
$4{,}8 \cdot 1{,}3 - 0{,}56 \cdot 2$
$9{,}5 \cdot (12{,}03 - 4)$

b) $78{,}5 - 3{,}5 \cdot 12$
$22{,}5 \cdot 0{,}3 - 20{,}4 \cdot 0{,}08$
$(16{,}45 + 2{,}55) \cdot 1{,}25$

8

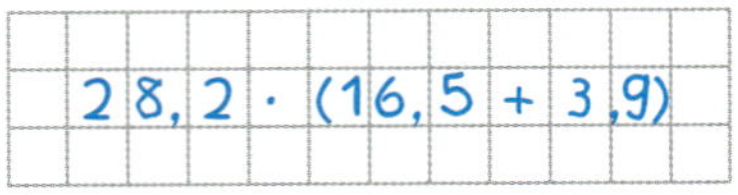

a) Multipliziere die Differenz aus 26,2 und 4,7 mit 12,2.
b) Multipliziere die Summe aus 18,4 und 4,7 mit der Differenz dieser Zahlen.
c) Karl denkt sich eine Zahl. Wenn er von ihr das Produkt aus 4,8 und 0,6 subtrahiert, so erhält er 7,5. Wie heißt die Zahl?
d) Wenn Lina zu einer Zahl das Produkt aus 0,9 und 13,5 addiert, so erhält sie 20.
e) Katharina denkt sich eine Zahl. Wenn sie zu ihr das Produkt aus 5,2 und 0,7 addiert, erhält sie 13,2. Wie heißt die Zahl?

9 Ein Güterwagen hat ein Eigengewicht von 12,26 t und kann mit 16,4 t Kohlen beladen werden.
a) Welches Gesamtgewicht haben 26 beladene Kohlenwagen?
b) Wie viel Tonnen Kohle hat der Zug geladen?

10 Andrea und Tanja tapezieren zwei Wände mit einer Textiltapete. Sie benötigen dafür acht Rollen. Für eine Rolle müssen sie 15,35 EUR bezahlen. Außerdem kaufen sie eine Tapezierschiene (2,45 EUR), ein Universalmesser (2,35 EUR), eine Tapezierschere (4,70 EUR), eine Tapezierbürste (2,75 EUR) und einen Tapeziertisch (15,35 EUR). Berechne die gesamten Kosten.

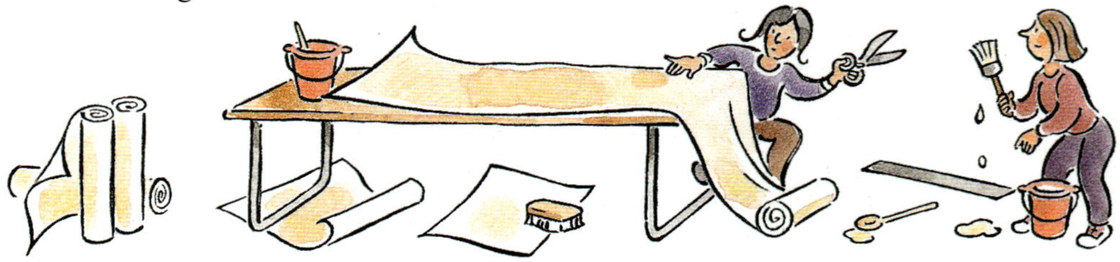

11 Das Fußballspiel in der heutigen Form hat sich Mitte des 19. Jahrhunderts in England aus dem Rugby entwickelt. Alle Maßangaben beruhen deshalb auf englischen Einheiten. Das Fußballtor hat zwischen den Torpfosten eine Breite von 8 Yard (yd). Die Höhe bis zur Unterkante der Latte beträgt 8 Fuß (ft).

1 ft = 30,48 cm
1 yd = 91,44 cm

a) Gib die Breite und Höhe des Tores in Zentimetern an. Runde auf ganze Zentimeter.
b) Der englische Verein FC Coolham plant ein neues Fußballfeld mit einer Breite von 75 Yard und einer Länge von 110 Yard. Gib die Breite und Länge des neuen Feldes in Metern an. Runde auf ganze Meter.

1

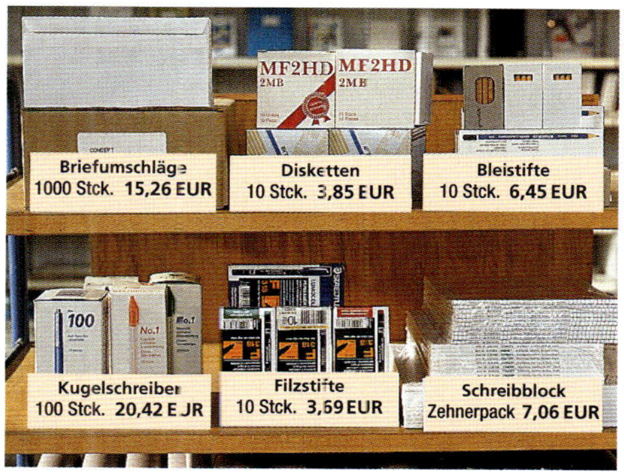

a) Den Zehnerpack bekommt Sophie für 6,55 EUR.
Wie viel spart sie dabei an einem Heft?

b) In den Regalen liegen verschiedene Schreibwaren und andere Artikel.
Wie teuer ist jeweils ein Artikel?

2 Berechne durch Umformen.

$24{,}83 : 10 = \square$

$24{,}83 : \frac{10}{1} = \frac{2483}{100} \cdot \frac{1}{10} = \frac{2483}{1000} = 2{,}483$

$24{,}83 : 10 = 2{,}483$

a) 6,5 : 10
30 : 100

b) 8,6 : 10
178,4 : 100

c) 19,3 : 1000
5,9 : 100

d) 2497 : 1000
20,4 : 100

Dividieren durch 10, 100, 1000, …

Ein Dezimalbruch wird durch 10, 100, 1000, ... dividiert, indem man das Komma um 1, 2, 3, ... Stellen nach links rückt. Für fehlende Ziffern werden Nullen geschrieben.

12,3 : 10 = 1,23 87,6 : 100 = 0,876 91,3 : 1000 = 0,0913

Übungen

3 Berechne.

a)	b)	c)	d)	e)
11,6 : 10	423,5 : 100	348,05 : 1000	3480,5 : 10	34,08 : 1000
2,7 : 10	26,4 : 100	32,85 : 1000	0,73 : 100	0,91 : 100
1,101 : 10	73,5 : 100	9294,3 : 1000	166,039 : 10	8,427 : 1000
436,8 : 10	11,1 : 100	100,4 : 1000	200,2 : 1000	0,02 : 100
100,4 : 10	4,04 : 100	7770,11: 1000	0,05 : 100	134,2 : 1000

4 Bestimme die gesuchte Zahl.
a) Durch welche Zahl musst du 2304 dividieren, um 2,304 zu erhalten?
b) Multiplizierst du eine Zahl mit 10, so erhältst du 0,17.
c) Eine Zahl mit 1000 multipliziert ergibt 250.

5

a) Wie viel Kilogramm wiegt ein Blatt Papier?
b) Wie viel Kilogramm wiegen 50 (100) Blatt Papier?

1 Wie teuer ist ein Tennisball, Badmintonball, Tischtennisball?
11 EUR : 4 = 1100 Cent : 4 = ■ Cent = ■ EUR
3,60 EUR : 3 = 360 Cent : 3 = ■ Cent = ■ EUR
15 EUR : 6 = 1500 Cent : 6 = ■ Cent = ■ EUR

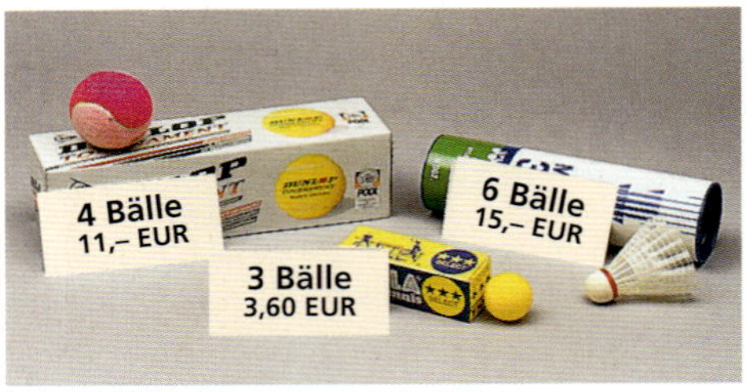

Dividieren durch eine natürliche Zahl

Beim Überschreiten des Kommas wird auch im Ergebnis das Komma gesetzt.

42,65 : 5 = ■

Überschlag: 40 : 5 = 8

```
42,65 : 5 = 8,53
40
 26
 25
  15
  15
   0
```

Probe: 8,53 · 5 = 42,65

Übungen

2 Berechne. Mache zuerst den Überschlag.

a)	b)	c)	d)	e)	f)
8,19 : 3	4,8 : 4	14,28 : 7	13,2 : 8	9,81 : 9	15,5 : 5
5,22 : 3	7,64 : 4	7,63 : 7	18,64 : 8	11,97 : 9	35,15 : 5
4,47 : 3	9,96 : 4	9,17 : 7	17,36 : 8	16,74 : 9	105,05 : 5

3

6 : 8 = ■

```
6,00 : 8 = 0,75
0
60
56
 40
 40
  0
```

4 Berechne. Mache zuerst den Überschlag.

a)	b)	c)	d)	e)	f)
6 : 5	12 : 8	2,48 : 4	3,64 : 4	0,355 : 5	0,63 : 21
6 : 4	16 : 5	16,5 : 5	0,16 : 8	0,126 : 6	0,135 : 15
10 : 8	27 : 6	1,05 : 7	12,87 : 9	14,4 : 2	58,5 : 13
18 : 20	36 : 24	1,17 : 3	10,5 : 5	1,26 : 4	4,41 : 21

L 1,5; 3,2; 4,5; 1,5; 0,62; 3,3; 0,15; 0,39; 0,91; 0,02; 1,43; 2,1; 1,2; 1,5; 1,25; 0,9; 0,071; 0,021; 7,2; 0,315; 0,21; 4,5; 0,009; 0,03

5 Die Klasse 6 d plant einen Ausflug in das Dreisesselgebiet. Für die Busfahrt müssen die 26 Schülerinnen und Schüler insgesamt 296,40 EUR bezahlen.
a) Wie viel EUR muss jede Schülerin und jeder Schüler für die Busfahrt bezahlen?
b) Vor der Abreise werden zwei Schüler krank. Um wie viel EUR verteuert sich jetzt der Preis pro Person?

1 Vor der Fahrt in den Urlaub tankt Frau Soergel den Wagen noch einmal voll. Für wie viel Liter muss sie bezahlen?

47,30 : 1,10 = ▢
4730 : 110 = ▢

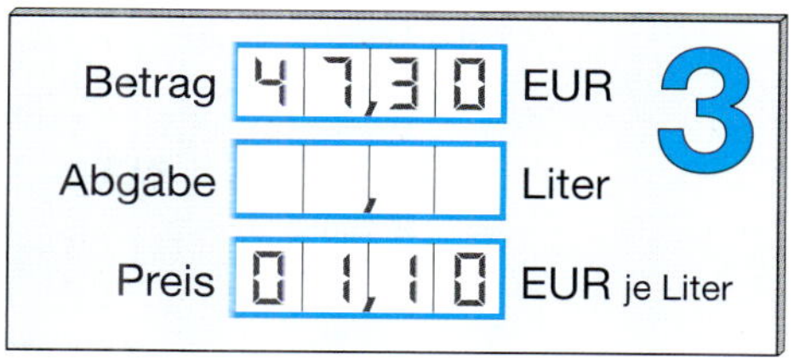

Man dividiert durch einen Dezimalbruch, indem man zuerst **beide** Zahlen mit 10, 100, 1000, … multipliziert, so dass die hintere Zahl (Divisor) eine **ganze** Zahl wird.

5,967 : 1,7 = ▢

Überschlag: 6 : 2 = 3

59,67 : 17 = 3,51
51
 86
 85
  17
  17
   0

Probe: 3,51 · 1,7
351
2457
5,967

5,967 : 1,7 = 3,51

9,5 : 0,76 = ▢

Überschlag: 10 : 1 = 10

950 : 76 = 12,5
76
190
152
 380
 380
   0

Probe: 12,5 · 0,76
0
875
750
9,500

9,5 : 0,76 = 12,5

Übungen

2 Dividiere, wenn möglich, im Kopf.

a) 0,8 : 0,4   0,8 : 4
b) 0,9 : 0,3   0,9 : 3
c) 0,4 : 0,2   0,4 : 2
d) 0,7 : 0,7   0,7 : 7
e) 0,27 : 0,9   0,27 : 9
f) 0,42 : 0,6   0,42 : 6

3
a) 0,8 : 0,02   0,80 : 0,2
b) 0,4 : 0,05   0,40 : 0,5
c) 0,3 : 0,15   0,30 : 0,15
d) 0,5 : 0,002   0,005 : 0,2
e) 0,09 : 300   900 : 0,03
f) 0,49 : 0,007   4,9 : 70

1,84 : 0,2 = ▢
18,4 : 2 = ▢
Überschlag:
18 : 2 = 9
18,4 : 2 = 9,2

4 Setze mithilfe einer geschickten Überschlagsrechnung das Komma im Ergebnis an die richtige Stelle. Beachte gegebenenfalls fehlende Nullen.

a) 2,135 : 0,7 = 305   1,77 : 0,3 = 59   6,12 : 0,9 = 68
b) 3,71 : 0,7 = 53   5,36 : 0,8 = 67   0,204 : 0,6 = 34
c) 0,415 : 0,05 = 83   3,84 : 0,4 = 96   1,935 : 1,5 = 129
d) 3,6 : 0,03 = 12   2,765 : 0,025 = 1106   9,9 : 0,003 = 33

5 Bei richtiger Lösung erhältst du ein Lösungswort.

4,291 : 0,7
19,44 : 0,3
0,3654 : 0,06
21,36 : 0,4
34,3 : 0,7
4,008 : 0,08

0,6543 : 0,09
64,08 : 1,2
4,752 : 0,06
0,7997 : 0,11
2,7 : 0,0003
57,28 : 0,8

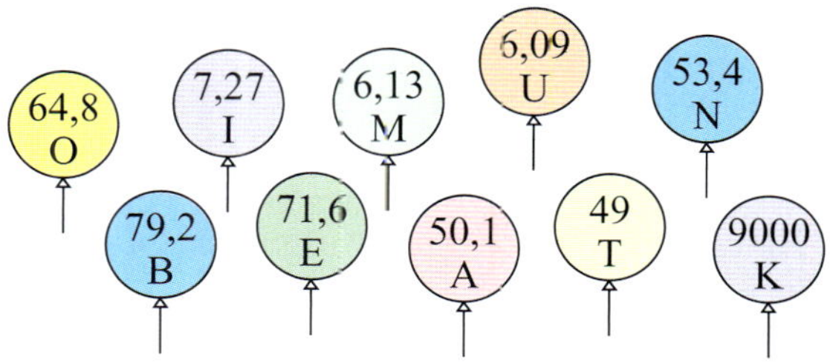

6 Berechne. Runde das Ergebnis auf eine Stelle (zwei Stellen) nach dem Komma.

14,441 : 7 = 2,063
gerundet auf Zehntel: 2,1
gerundet auf Hundertstel: 2,06

a) 2,7544 : 8   0,972 : 4   8,2239 : 3
b) 139,212 : 9   114,485 : 7   29,348 : 11
c) 74,175 : 5   49,308 : 3   50,084 : 4

1

Sara möchte an die Tafel eine 2 m breite Tabelle mit drei Spalten zeichnen. Jede Spalte soll gleich breit sein. Ist das möglich?

2 a) Beschreibe, wie in den Beispielen die einzelnen Brüche in einen Dezimalbruch umgewandelt werden.

b) Versuche die folgenden Brüche jeweils in einen Dezimalbruch umzuformen. Welche Brüche lassen sich nicht so einfach umwandeln?

$\frac{33}{150}$; $\frac{47}{50}$; $\frac{2}{9}$; $\frac{54}{90}$; $\frac{3}{8}$; $\frac{1}{3}$; $\frac{18}{20}$

$\frac{13}{50} = \frac{26}{100} = 0{,}26$

$\frac{14}{70} = \frac{2}{10} = 0{,}2$

$\frac{21}{28} = \frac{3}{4} = \frac{75}{100} = 0{,}75$

c) In den Beispielen wird jeweils ein Bruch in einen Dezimalbruch umgewandelt. Dazu wird der Zähler des Bruches durch den Nenner dividiert.

$\frac{5}{8} = $ ▪ $\qquad \frac{1}{3} = $ ▪ $\qquad \frac{2}{11} = $ ▪

5 : 8 = 0,625
0
50
48
20
16
40
40
0

Die Division bricht ab.

$\frac{5}{8} = 0{,}625$

1 : 3 = 0,[3]33...
0
10
9
10
9
10
9
1
…

Der Rest 1 wiederholt sich.

Im Ergebnis wiederholt sich die Ziffer 3.

$\frac{1}{3} = 0{,}333\ldots = 0{,}\overline{3}$

2 : 11 = 0,[18]18....
0
20
11
90
88
20
11
90
88
2
…

Die Reste 2 und 9 wiederholen sich.

Im Ergebnis wiederholt sich die Zifferngruppe 18.

$\frac{2}{11} = 0{,}1818\ldots = 0{,}\overline{18}$

Periode

Die Ziffer oder die Zifferngruppe, die sich im Ergebnis immer wiederholt, heißt **Periode.**
Die Periode wird durch einen waagerechten Strich gekennzeichnet.

3 Dividiere den Zähler durch den Nenner und gib den zugehörigen Dezimalbruch an.

a) $\frac{7}{8}$ b) $\frac{2}{3}$ c) $\frac{3}{5}$ d) $\frac{5}{9}$ e) $\frac{4}{11}$ f) $\frac{22}{9}$ g) $\frac{15}{11}$ h) $\frac{17}{33}$ i) $\frac{8}{27}$

endlicher Dezimalbruch

periodischer Dezimalbruch

Einen Bruch kann man in einen Dezimalbruch umwandeln, indem man den Zähler durch den Nenner dividiert.
Dabei entsteht ein **endlicher Dezimalbruch** oder ein **periodischer Dezimalbruch.**

Endlicher Dezimalbruch:

$\frac{3}{8} = 3 : 8 = 0{,}375$

$\frac{3}{8} = 0{,}375$

Periodischer Dezimalbruch:

$\frac{5}{11} = 5 : 11 = 0{,}4545\ldots$

$\frac{5}{11} = 0{,}\overline{45}$

(*Lies:* Null Komma Periode vier fünf)

$2\frac{1}{3} = 2{,}\overline{3}$

4 Forme in einen Dezimalbruch um.

a) $\frac{4}{9}$ $\frac{2}{11}$ $\frac{1}{4}$ $\frac{4}{12}$ $\frac{7}{11}$ $\frac{21}{40}$ $\frac{12}{33}$ $\frac{17}{40}$ $\frac{4}{89}$ $\frac{10}{22}$

b) $\frac{13}{15}$ $\frac{7}{12}$ $\frac{9}{16}$ $\frac{3}{22}$ $\frac{11}{18}$ $\frac{18}{75}$ $\frac{11}{15}$ $\frac{14}{36}$ $\frac{45}{66}$ $\frac{4}{55}$

c) $\frac{25}{18}$ $\frac{37}{25}$ $\frac{7}{24}$ $\frac{73}{90}$ $\frac{23}{27}$ $\frac{5}{7}$ $\frac{7}{36}$ $\frac{38}{120}$ $\frac{59}{24}$

d) $11\frac{14}{33}$ $2\frac{13}{21}$ $1\frac{29}{41}$ $4\frac{11}{16}$ $25\frac{9}{11}$ $6\frac{14}{72}$ $8\frac{3}{7}$

$\frac{5}{6} =$ ■

```
5 : 6 = 0,833...
0
50
48
 20
 18
  2
 ...
```

$\frac{5}{6} = 0{,}833\ldots = 0{,}8\overline{3}$

reinperiodisch

gemischt periodisch

Periodische Dezimalbrüche heißen **reinperiodische Dezimalbrüche,** wenn die Periode sofort nach dem Komma beginnt.
Periodische Dezimalbrüche heißen **gemischtperiodische Dezimalbrüche,** wenn mindestens eine Ziffer nach dem Komma nicht zur Periode gehört.

5 Setze im Heft jeweils das richtige Zeichen (>, <, =) ein.

a) $0{,}\overline{5}$ ■ $0{,}55$ b) $4{,}35$ ■ $4{,}3\overline{46}$ c) $0{,}\overline{4}$ ■ $\frac{4}{9}$ d) $\frac{7}{20}$ ■ $0{,}35$

$2{,}3\overline{7}$ ■ $2{,}377$ $0{,}75$ ■ $0{,}\overline{7}$ $\frac{5}{16}$ ■ $0{,}312$ $5\frac{7}{11}$ ■ $5{,}6\overline{3}$

$0{,}756$ ■ $0{,}\overline{7}$ $3{,}\overline{18}$ ■ $3{,}189$ $4\frac{3}{11}$ ■ $4{,}\overline{2}$ $20{,}\overline{5}$ ■ $20\frac{4}{7}$

6 Ordne die Dezimalbrüche der Größe nach. Beginne mit dem größten Dezimalbruch.

a) $0{,}\overline{4}$ $0{,}42$ $0{,}\overline{42}$ $0{,}4\overline{2}$ $0{,}44$ b) $0{,}\overline{9}$ $0{,}9$ $0{,}99$ $0{,}09$ $0{,}0\overline{9}$

c) $16{,}16$ $16{,}\overline{16}$ $16{,}061$ $16{,}160$ d) $0{,}77$ $\frac{7}{9}$ $\frac{8}{11}$ $0{,}73$ $\frac{3}{4}$

7 Runde die periodischen Dezimalbrüche auf die zweite Stelle nach dem Komma.

a) $0{,}\overline{6}$ b) $0{,}5\overline{3}$ c) $4{,}\overline{28}$ d) $1{,}\overline{72}$ e) $0{,}2\overline{36}$ f) $7{,}04\overline{9}$ g) $11{,}9\overline{16}$ h) $0{,}\overline{1}$ i) $5{,}\overline{9}$

8 Durch die Primfaktorzerlegung des Nenners kannst du leicht die Art des zugehörigen Dezimalbruches feststellen.

$\frac{3}{8} = \frac{3}{2 \cdot 2 \cdot 2} = 0{,}375$ $\frac{7}{20} = \frac{7}{2 \cdot 2 \cdot 5} = 0{,}35$	Du erhältst einen **endlichen Dezimalbruch,** wenn bei der Primfaktorzerlegung des Nenners nur die Faktoren 2 oder 5 auftreten.
$\frac{4}{9} = \frac{4}{3 \cdot 3} = 0{,}\overline{4}$ $\frac{7}{33} = \frac{7}{3 \cdot 11} = 0{,}\overline{21}$	Du erhältst einen **reinperiodischen Dezimalbruch,** wenn bei der Primfaktorzerlegung des Nenners weder der Faktor 2 noch der Faktor 5 auftritt.
$\frac{5}{6} = \frac{5}{2 \cdot 3} = 0{,}8\overline{3}$ $\frac{3}{55} = \frac{3}{5 \cdot 11} = 0{,}0\overline{545}$	Du erhältst einen **gemischtperiodischen Dezimalbruch,** wenn bei der Primfaktorzerlegung des Nenners außer den Faktoren 2 oder 5 noch ein weiterer Faktor auftritt.

Zerlege den Nenner in Primfaktoren. Gib die Art des Dezimalbruches an.

a) $\frac{11}{300}$ b) $\frac{4}{125}$ c) $\frac{25}{165}$ d) $\frac{49}{180}$ e) $\frac{86}{198}$

Umwandeln periodischer Dezimalbrüche in Brüche

9 Forme die Brüche jeweils in Dezimalbrüche um. Was stellst du fest?

a) $\frac{1}{9}$ $\frac{2}{9}$ $\frac{3}{9}$ $\frac{4}{9}$ b) $\frac{1}{99}$ $\frac{2}{99}$ $\frac{3}{99}$ $\frac{4}{99}$

c) $\frac{1}{999}$ $\frac{2}{999}$ $\frac{3}{999}$ $\frac{4}{999}$

$\frac{7}{9} = 0{,}\overline{7}$ $\frac{85}{99} = 0{,}\overline{85}$

$\frac{5}{999} = 0{,}\overline{005}$ $\frac{431}{999} = 0{,}\overline{431}$

$0{,}\overline{3} = \frac{3}{9} = \frac{1}{3}$

$0{,}\overline{27} = \frac{27}{99} = \frac{3}{11}$

10 Verwandle die periodischen Dezimalbrüche jeweils in einen Bruch. Kürze, wenn möglich.

a) $0{,}\overline{6}$ $0{,}\overline{2}$ $0{,}\overline{7}$ $0{,}\overline{12}$ $0{,}\overline{75}$

b) $0{,}\overline{030}$ $0{,}\overline{297}$ $0{,}\overline{009}$ $0{,}\overline{066}$

c) $2{,}\overline{06}$ $4{,}\overline{48}$ $0{,}\overline{990}$ $7{,}\overline{054}$

d) $0{,}\overline{333}$ $4{,}\overline{126}$ $8{,}\overline{63}$ $7{,}\overline{005}$

11 Erläutere, wie die gemischtperiodischen Dezimalbrüche jeweils in einen Bruch umgewandelt werden. Formuliere eine allgemein gültige Regel.

$1{,}41\overline{6} =$

$$\begin{aligned} 1{,}41\overline{6} &= 141{,}\overline{6} : 100 \\ &= 141\tfrac{6}{9} : 100 \\ &= \tfrac{1275}{9} : 100 \\ &= \tfrac{1275}{900} = \tfrac{17}{12} \\ 1{,}41\overline{6} &= \tfrac{17}{12} \end{aligned}$$

$0{,}3\overline{87} =$

$$\begin{aligned} 0{,}3\overline{87} &= 3{,}\overline{87} : 10 \\ &= 3\tfrac{87}{99} : 10 \\ &= \tfrac{384}{99} : 10 \\ &= \tfrac{384}{990} = \tfrac{64}{165} \\ 0{,}3\overline{87} &= \tfrac{64}{165} \end{aligned}$$

Verwandle jeweils in Brüche oder in eine gemischte Zahl. Kürze wenn möglich.

a) $0{,}3\overline{6}$ $0{,}41\overline{6}$ $0{,}3\overline{18}$ $0{,}1\overline{3}$ $0{,}1\overline{6}$

b) $0{,}9\overline{81}$ $0{,}83\overline{45}$ $0{,}7\overline{72}$ $5{,}9\overline{81}$

1 Berechne und vergleiche.

a) $\frac{3}{4} + \frac{5}{6}$ b) $\frac{5}{12} + \frac{3}{5}$ c) $1{,}6 + 5{,}9$ d) $\frac{5}{7} \cdot \frac{14}{15}$ e) $0{,}5 \cdot 2{,}8$

$\frac{5}{6} + \frac{3}{4}$ $\frac{3}{5} + \frac{5}{12}$ $5{,}9 + 1{,}6$ $\frac{14}{15} \cdot \frac{5}{7}$ $2{,}8 \cdot 0{,}5$

2 a) Wähle zwei verschieden große Brüche (Dezimalbrüche). Führe mit ihnen eine Subtraktion aus. Vertausche anschließend die Brüche (Dezimalbrüche) und versuche noch einmal zu rechnen.
b) Wiederhole die Rechnung mit anderen Brüchen (Dezimalbrüchen). Was stellst du fest?

3 Berechne und vergleiche.

a) $\frac{4}{7} : \frac{3}{5}$ und $\frac{3}{5} : \frac{4}{7}$ b) $\frac{8}{9} : \frac{5}{7}$ und $\frac{5}{7} : \frac{8}{9}$

c) 2,4 : 1,2 und 1,2 : 2,4 d) 4,8 : 0,6 und 0,6 : 4,8

Kommutativgesetz

Kommutativgesetz der Addition

$\frac{3}{5} + \frac{1}{2} = \frac{1}{2} + \frac{3}{5}$

$3{,}8 + 4{,}9 = 4{,}9 + 3{,}8$

Für alle a, b $\in \mathbb{Q}_0^+$ gilt:
$a + b = b + a$

Kommutativgesetz der Multiplikation

$\frac{3}{13} \cdot \frac{7}{5} = \frac{7}{5} \cdot \frac{36}{13}$

$1{,}9 \cdot 0{,}2 = 0{,}2 \cdot 1{,}9$

Für alle a, b $\in \mathbb{Q}_0^+$ gilt:
$a \cdot b = b \cdot a$

4 Übertrage die Tabellen in dein Heft und fülle sie aus. Was fällt dir auf?

a)

a	b	c	a+(b+c)	(a+b)+c	a+b+c
$\frac{2}{5}$	$\frac{7}{10}$	$\frac{11}{20}$			
$\frac{1}{4}$	$\frac{5}{12}$	$\frac{3}{8}$			
4,2	3,9	5,7			

b)

a	b	c	(a · b) · c	a · (b · c)	a · b · c
$\frac{25}{48}$	$\frac{16}{35}$	$\frac{7}{10}$			
$\frac{35}{36}$	$\frac{12}{55}$	$\frac{33}{49}$			
6,8	0,5	2,6			

Assoziativgesetz

Assoziativgesetz der Addition

$\left(\frac{1}{2} + \frac{2}{3}\right) + \frac{1}{3} = \frac{1}{2} + \left(\frac{2}{3} + \frac{1}{3}\right) = \frac{1}{2} + \frac{2}{3} + \frac{1}{3}$

$(9{,}6 + 5{,}7) + 8{,}9 = 9{,}6 + (5{,}7 + 8{,}9)$
$= 9{,}6 + 5{,}7 + 8{,}9$

Für alle a, b, c $\in \mathbb{Q}_0^+$ gilt:
$(a + b) + c = a + (b + c) = a + b + c$

Assoziativgesetz der Multiplikation

$\left(\frac{3}{2} \cdot \frac{2}{7}\right) \cdot \frac{5}{6} = \frac{3}{2} \cdot \left(\frac{2}{7} \cdot \frac{5}{6}\right) = \frac{3}{2} \cdot \frac{2}{7} \cdot \frac{5}{6}$

$(1{,}4 \cdot 1{,}2) \cdot 3{,}5 = 1{,}4 \cdot (1{,}2 \cdot 3{,}5)$
$= 1{,}4 \cdot 1{,}2 \cdot 3{,}5$

Für alle a, b, c $\in \mathbb{Q}_0^+$ gilt:
$(a \cdot b) \cdot c = a \cdot (b \cdot c) = a \cdot b \cdot c$

5 Vergleiche.

a) $\left(\frac{8}{9} - \frac{1}{2}\right) - \frac{1}{5}$ und $\frac{8}{9} - \left(\frac{1}{2} - \frac{1}{5}\right)$ b) $\left(\frac{9}{4} - \frac{2}{3}\right) - \frac{7}{12}$ und $\frac{9}{4} - \left(\frac{2}{3} - \frac{7}{12}\right)$

c) $\frac{3}{4} : \left(\frac{2}{5} : \frac{1}{2}\right)$ und $\left(\frac{3}{4} : \frac{2}{5}\right) : \frac{1}{2}$ d) $\frac{9}{10} : \left(\frac{6}{15} : \frac{1}{3}\right)$ und $\left(\frac{9}{10} : \frac{6}{15}\right) : \frac{1}{3}$

e) $\left(2{,}75 - \frac{1}{3}\right) + 1{,}2$ und $2{,}75 - \left(\frac{1}{3} + 1{,}2\right)$ f) $\frac{1}{4} : (2 : 0{,}4)$ und $\left(\frac{1}{4} : 2\right) : 0{,}4$

6 Berechne vorteilhaft im Kopf.

a) $\frac{4}{11} + \frac{3}{10} + \frac{7}{11}$ b) $\frac{2}{7} + \frac{5}{8} + \frac{5}{7}$ c) $\frac{8}{13} + \frac{7}{12} + \frac{5}{12}$ d) $\frac{13}{20} + \frac{4}{8} + \frac{27}{20}$

e) $\frac{11}{5} + \frac{11}{49} + \frac{19}{5}$ f) $\left(\frac{11}{13} + \frac{4}{5}\right) + \frac{15}{13}$ g) $\left(2\frac{3}{8} + 1\frac{9}{10}\right) + \frac{5}{8}$ h) $\frac{2}{9} \cdot \frac{3}{8} \cdot \frac{9}{2}$

i) $2{,}45 + 8{,}96 + 1{,}55$ k) $\left(\frac{1}{4} + \frac{3}{5}\right) + 0{,}75$ l) $\frac{1}{2} \cdot 0{,}9 \cdot 6$ m) $(4{,}5 \cdot 0{,}8) \cdot \frac{1}{3}$

7 Übertrage in dein Heft und fülle die Lücken aus. Vergleiche die Ergebnisse.

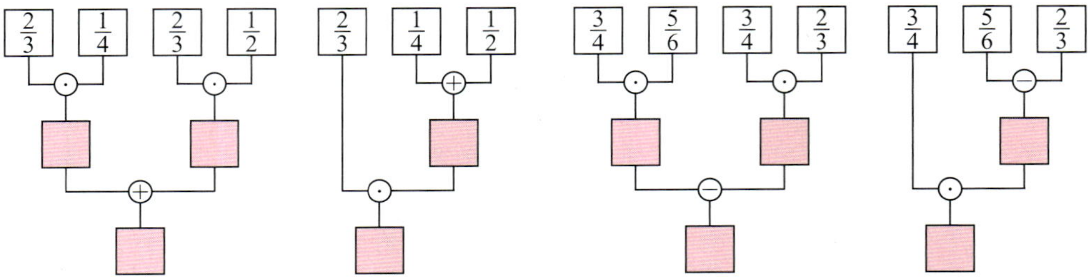

$\frac{2}{3} \cdot \frac{1}{4} + \frac{2}{3} \cdot \frac{1}{2}$ $\frac{2}{3} \cdot \left(\frac{1}{4} + \frac{1}{2}\right)$ $\frac{3}{4} \cdot \frac{5}{6} - \frac{3}{4} \cdot \frac{2}{3}$ $\frac{3}{4} \cdot \left(\frac{5}{6} - \frac{2}{3}\right)$

= ___ + ___ = ___ ___ = ___ − ___ = ___ ___

= ___ = ___ = ___ = ___

Distributivgesetz

Distributivgesetz

$\frac{2}{3} \cdot \left(\frac{5}{8} + \frac{1}{2}\right) = \frac{2}{3} \cdot \frac{5}{8} + \frac{2}{3} \cdot \frac{1}{2}$

$8{,}7 \cdot (4{,}8 + 5{,}1) = 8{,}7 \cdot 4{,}8 + 8{,}7 \cdot 5{,}1$

Für alle a, b, c $\in \mathbb{Q}_0^+$ gilt:
$a \cdot (b + c) = a \cdot b + a \cdot c$

$\frac{2}{3} \cdot \left(\frac{5}{8} - \frac{1}{2}\right) = \frac{2}{3} \cdot \frac{5}{8} - \frac{2}{3} \cdot \frac{1}{2}$

$9{,}2 \cdot (3{,}5 - 1{,}8) = 9{,}2 \cdot 3{,}5 - 9{,}2 \cdot 1{,}8$

Für alle a, b, c $\in \mathbb{Q}_0^+$ mit $b \geqq c$ gilt:
$a \cdot (b - c) = a \cdot b - a \cdot c$

8 Setze Klammern und rechne.

$\frac{3}{8} \cdot \frac{2}{5} + \frac{3}{8} \cdot \frac{1}{10} = \frac{3}{8} \cdot \left(\frac{2}{5} + \frac{1}{10}\right) = \frac{3}{8} \cdot \left(\frac{4}{10} + \frac{1}{10}\right) = \frac{3}{8} \cdot \frac{5}{10} = \frac{3}{16}$

a) $\frac{7}{4} \cdot \frac{1}{5} + \frac{7}{4} \cdot \frac{8}{15}$ b) $\frac{15}{16} \cdot \frac{6}{9} + \frac{15}{16} \cdot \frac{1}{3}$ c) $\frac{17}{25} \cdot \frac{6}{8} + \frac{17}{25} \cdot \frac{1}{4}$ d) $\frac{7}{10} \cdot \frac{1}{8} + \frac{7}{10} \cdot \frac{13}{32}$

e) $\frac{5}{36} \cdot \frac{12}{5} + \frac{5}{36} \cdot \frac{1}{5}$ f) $13 \cdot \frac{4}{13} - 13 \cdot \frac{4}{26}$ g) $1\frac{2}{3} \cdot 2\frac{1}{5} - 1\frac{2}{3} \cdot \frac{1}{5}$ h) $6 \cdot 3\frac{2}{3} - 6 \cdot \frac{1}{3}$

i) $\frac{8}{15} \cdot \frac{5}{27} + \frac{7}{15} \cdot \frac{5}{27}$ k) $\frac{3}{12} \cdot \frac{8}{47} - \frac{1}{4} \cdot \frac{8}{47}$ l) $\frac{79}{100} \cdot \frac{55}{88} + \frac{79}{100} \cdot \frac{5}{88}$ m) $\frac{21}{38} \cdot \frac{19}{39} + \frac{18}{38} \cdot \frac{19}{39}$

9 Berechne mit dem Distributivgesetz.

$$\frac{3}{4} \cdot 4\frac{3}{5} = \frac{3}{4} \cdot \left(4 + \frac{3}{5}\right) = \frac{3}{4} \cdot 4 + \frac{3}{4} \cdot \frac{3}{5} = 3 + \frac{9}{20} = 3\frac{9}{20}$$

$$\frac{3}{2} \cdot 3\frac{1}{3} = \frac{3}{2} \cdot \left(3 + \frac{1}{3}\right) = \frac{3}{2} \cdot 3 + \frac{3}{2} \cdot \frac{1}{3} = 4\frac{1}{2} + \frac{1}{2} = 5$$

a) $\frac{2}{3} \cdot 6\frac{4}{5}$ b) $\frac{4}{5} \cdot 15\frac{1}{4}$ c) $\frac{5}{6} \cdot 18\frac{3}{5}$ d) $\frac{3}{4} \cdot 8\frac{4}{9}$ e) $\frac{3}{2} \cdot 6\frac{2}{5}$

f) $\frac{3}{8} \cdot 40\frac{5}{6}$ g) $\frac{4}{3} \cdot 9\frac{5}{8}$ h) $\frac{7}{8} \cdot 16\frac{2}{5}$ i) $\frac{7}{6} \cdot 30\frac{5}{14}$ k) $\frac{6}{5} \cdot 20\frac{2}{9}$

1 Verwandle in einen Dezimalbruch.

a) $\frac{1}{10}$, $\frac{23}{10}$, $\frac{3}{1000}$, $\frac{17}{100}$, $\frac{111}{10\,000}$, $\frac{321}{100}$

b) $1\frac{13}{100}$, $97\frac{9}{10}$, $3\frac{1}{1000}$, $\frac{89}{10}$, $\frac{571}{100}$, $\frac{4308}{1000}$

2 Ordne jedem Bruch die zugehörige Dezimalzahl zu.

$\frac{2}{5}$ $\frac{5}{4}$ $\frac{7}{10}$ $\frac{3}{2}$ $\frac{3}{4}$ $\frac{11}{10}$ $\frac{7}{20}$ $\frac{26}{20}$ $\frac{3}{5}$ $\frac{11}{8}$ $\frac{4}{25}$ $\frac{1}{8}$

0,7 0,6 1,1 0,125 0,35 0,4 0,75 1,3 0,16 1,25 1,5 1,375

3 Ordne der Größe nach. Beginne mit der größten Zahl.

a) 17,003 17,030 17,041 17,033 17,401

b) 13,64 13,064 13,604 13,641 13,406

c) 9,004 9,408 9,804 9,480 9,040 9,9

d) 4,01 4,011 4,001 4,110 4,101 4,1

4 Runde die Dezimalbrüche auf eine Stelle (zwei Stellen) nach dem Komma.

a) 25,3947 5,1417 0,3559 1,948 0,8991 3,7643 8,4463

b) 66,3553 8,4841 3,4488 39,9541 149,8329 247,775 33,9948

5 Berechne.

a) 119 + 1,245 + 3,68 + 14,1
9,456 + 0,86 + 5,5 + 17,82
0,864 + 200 + 0,023 + 4,35

b) 13 + 1,14 + 0,737 + 2,4 + 0,023
400 + 0,01 + 18,232 + 14,86 + 2,509
0,679 + 0,7 + 0,84 + 0,6789

c) 300 − 0,08 − 2,64 − 8,003
35,64 − 20 − 4,708 − 3,5
0,93 − 0,7854 − 0,12 − 0,014

d) 37,6 − 0,9 − 21,11 − 0,001 − 1,0002
8,008 − 0,8008 − 0,08008 − 0,8
458 − 311,4 − 84 − 1,2345

L 17,3; 435,611; 14,5888; 2,8979; 6,32712; 138,025; 61,3655; 289,277; 0,0106; 7,432; 33,636; 205,237

6 a) 23,24 − (18,71 + 1,87)
35,99 + (46,38 − 30,15)

b) 20,347 − (9,095 + 3,816)
40,408 − (28,912 − 7,084)

c) 103,41 + (78,097 − 61,405)
954,72 − (259 + 502,5)

L 120,102; 7,436; 2,66; 52,22; 18,58; 193,22

7

Jana möchte in ihrer Freizeit gerne Inline-Skaten. Dafür will sie zunächst Inline-Skates und einen Sturzhelm kaufen.
Auf ihrem Sparbuch hat sie bereits 202,70 EUR angespart. Ihr Großvater schenkt ihr 35,00 EUR für den Kauf der Ausrüstung.
Wie viel EUR fehlen ihr, um auch noch die Knie-, Ellbogen- und Handschützer kaufen zu können?

8 Bestimme die Lösung in $\mathbb{Q}^+$.

a) $x + 2{,}75 = 3{,}1$
$9{,}81 + x = 11{,}3$
$x + 0{,}97 = 4{,}1$

b) $x - 0{,}84 = 3{,}57$
$10{,}1 - x = 2{,}98$
$x - 1{,}93 = 25{,}4$

c) $x \cdot 0{,}9 = 6{,}525$
$1{,}2 \cdot x = 2{,}88$
$x \cdot 0{,}08 = 10{,}8$

d) $x : 2{,}3 = 2{,}3$
$36{,}12 : x = 3$
$x : 1{,}04 = 3{,}2$

L 4,41; 7,25; 0,35; 5,29; 3,13; 135; 27,33; 3,328; 12,04; 2,4; 7,12; 1,49

9 a) $\frac{0{,}9}{4{,}5}$ $\quad \frac{0{,}15}{0{,}6}$

b) $\frac{1{,}7 + 1{,}8}{7}$ $\quad \frac{4 \cdot 1{,}8}{9}$

c) $\frac{7{,}8 - 6}{1{,}39 + 3{,}11}$ $\quad \frac{0{,}32 : 0{,}8}{0{,}05}$

d) $\frac{3{,}75 + 0{,}5}{2{,}5}$ $\quad \frac{4 \cdot 4{,}6}{4{,}6 : 0{,}4}$

e) $\frac{0{,}8 + 7{,}6}{8 \cdot 1{,}4}$ $\quad \frac{2{,}1 \cdot 1{,}6}{1{,}5 : 0{,}5}$

L 0,5; 8; 1,7; 0,2; 0,25; 0,8; 1,12; 0,75; 1,6; 0,4

10 Beachte die Klammern.

a) $3{,}2 \cdot (4{,}3 + 1{,}9)$
$(7{,}3 + 8{,}2) \cdot 1{,}4$
$0{,}9 \cdot (5{,}1 + 3{,}6)$

b) $(3{,}64 + 0{,}776) : 8$
$10 : (3{,}15 - 0{,}65)$
$25{,}5 : (7{,}8 - 2{,}7)$

c) $(78{,}4 - 32{,}8) : (0{,}94 - 0{,}54)$
$(25{,}6 - 2{,}34) \cdot (21{,}8 - 12{,}3)$
$(9{,}1 + 1{,}38) - (6{,}5 + 0{,}979)$

L 220,97; 4; 21,7; 3,001; 7,83; 5; 114; 0,552; 19,84

11 a) $6{,}7 + 0{,}5 \cdot 2{,}4$
$16 \cdot 0{,}55 - 3{,}5$
$0{,}85 \cdot 20{,}4 - 9{,}34$

b) $6{,}75 + 7 \cdot 0{,}75$
$187{,}5 - 52{,}5 : 0{,}3$
$28{,}9 + 2{,}31 : 0{,}7$

c) $0{,}75 : 0{,}025 - 2{,}25 \cdot 8{,}6$
$5 \cdot 0{,}04 + 0{,}15 \cdot 800$
$7 \cdot 0{,}09 + 0{,}3033 : 0{,}09$

L 12,5; 5,3; 120,2; 4; 32,2; 8; 10,65; 12; 7,9

12 Schreibe einen entsprechenden Term auf und rechne dann.

a) Multipliziere die Summe von 7,8 und 6,4 mit 0,55.
b) Dividiere die Summe von 6,5 und 1,75 durch die Differenz von 5 und 4,75.
c) Multipliziere den Quotienten von 1,2 und 0,75 mit dem Quotienten von 1,5 und 0,03.
d) Addiere das Produkt aus 0,8 und 0,6 zu dem Quotienten aus 12 und 2,5.
e) Subtrahiere von dem Produkt der Zahlen 3,68 und 2,5 die Differenz von 10,5 und 5,9.
f) Subtrahiere vom Dreifachen von 5,6 die Differenz von 20 und 7,1.

L 33; 3,9; 7,81; 80; 4,6; 5,28

13 Zoll ist ein englisches Längenmaß. Es wird zum Beispiel benutzt, um die Größe von Fahrradreifen anzugeben.
Die Angabe 26 x $1\frac{3}{8}$ bedeutet, dass der Reifen einen Durchmesser von 26 Zoll und eine Breite von $1\frac{3}{8}$ Zoll hat.
Gib für die folgenden Bezeichnungen den Durchmesser und die Breite des Reifens jeweils in Zentimeter an:

1 Zoll = 2,54 cm

a) normales Fahrrad: 28 x $1\frac{5}{8}$
b) Mountainbike: 26 x $1\frac{3}{8}$
c) Rennrad: 28 x $1\frac{1}{8}$
d) Kinderrad: 24 x $1\frac{3}{4}$

14

Alles für die Schule in unserem Schulshop!

Kollegblock 80 Blatt DIN-A4	**0,99 EUR**
Malblock 100 Blatt DIN-A4	**1,49 EUR**
Prospekthüllen 100 Stück DIN-A4	**2,50 EUR**
Farbkasten, 12 Farben	**3,95 EUR**
Schüleretui, 50-teilig	**4,95 EUR**

a) Niko kauft 3 Kollegblöcke, 2 Malblöcke, 20 Prospekthüllen und 1 Farbkasten. Er will mit einem 20-EUR-Schein bezahlen.

b) Lea kauft einen Farbkasten, ein Schüleretui und Malblöcke. Sie bezahlt mit einem 20-EUR-Schein und bekommt 5,14 EUR zurück.

c) Für den Kunstunterricht stehen den 27 Schülern der Klasse 6a 150 EUR zur Verfügung.

15 a) Auf einer Tour de France-Etappe fuhr der Sieger 189 Kilometer in 4,5 Stunden. Wie viel Kilometer legte er im Durchschnitt pro Stunde zurück?

b) Auf einer anderen Etappe legte der Sieger im Durchschnitt 48,5 km pro Stunde zurück. Für die Strecke benötigte er 5,2 Stunden. Berechne die Länge der Etappe.

c) Ausreißer Fabel fährt mit einer Geschwindigkeit von 48 Kilometer pro Stunde und hat einen Vorsprung von 3 km. Das Hauptfeld versucht 18 Minuten lang mit 54 Kilometer pro Stunde heranzufahren.

16

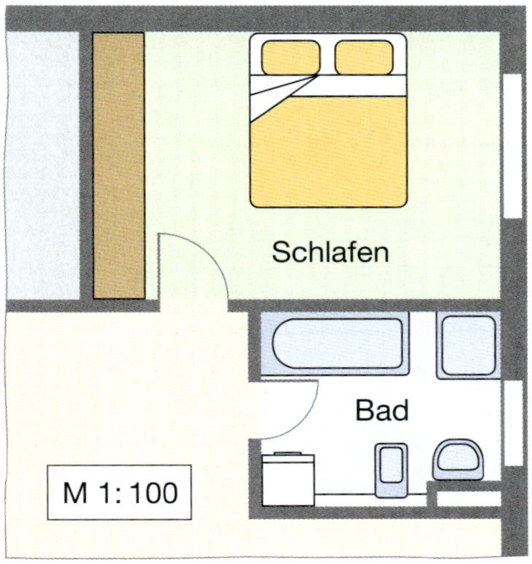

Familie Ganghofer denkt über den Kauf einer 4-Zimmer-Eigentumswohnung nach. Die Gesamtwohnfläche beträgt 98,46 m^2 und der Kaufpreis 246 150 EUR.

a) Ermittle die Wohnflächen für das Schlafzimmer und das Bad.

b) Berechne den Teil des Kaufpreises, der auf das Schlafzimmer entfallen würde.

c) Berechne den Anteil des Bades an der Gesamtwohnfläche. Runde auf Quadratmeter.

d) Wie viel EUR müssten monatlich zurückgelegt werden, um die Kaufsumme innerhalb von 20 Jahren zu sparen?

a) Welche Zahl ist um 1,5 größer als die Hälfte der Zahl?

b) Welche Zahl ist um 2,5 kleiner als das Dreifache der Zahl?

1 Die Tabelle enthält Tarifinformationen für ein Mobilfunknetz.

a) Würdest du dich für Mobile One oder Mobile Two entscheiden? Begründe.

b) Welches Angebot ist günstiger bei einer Gesprächszeit von 30 Minuten pro Monat in der Hauptzeit? Begründe.

c) Welches Angebot ist für die Nebenzeit günstiger, wenn die Telefonkosten pro Monat 25 EUR nicht überschreiten sollen?

d) Schätze die Gesprächszeit pro Monat in der Hauptzeit (Nebenzeit) für die sich die Angebote kaum unterscheiden. Überprüfe deine Schätzung durch eine exakte Berechnung.

	Mobile One	Mobile Two
Grundgebühr pro Monat	keine	10,20 EUR
Minutenpreis, Hauptzeit 8.00 – 20:00 Uhr	0,70 EUR	0,30 EUR
Minutenpreis, Nebenzeit 20:00 – 8:00 Uhr	0,40 EUR	0,20 EUR
SMS-Versand	0,20 EUR	0,20 EUR

e) Berechne die monatlichen Kosten für das Versenden von 20 SMS und 50 Minuten Gesprächszeit von 8 bis 20 Uhr bei Mobile One.

f) Welche Einsparungen sind monatlich möglich, wenn nur noch $\frac{1}{5}$ der Zeit von 8 bis 20 Uhr telefoniert und dafür $\frac{1}{5}$ mehr SMS verschickt werden?

g) Informiere dich in den Medien über aktuelle Tarife.

2 Ein Swimmingpool mit den Abmessungen $a = 5{,}8$ m, $b = 2{,}1$ m und $c = 12$ m soll für den Sommer neu hergerichtet werden.

a) Berechne die zu streichende Fläche.

b) Der Pool wird bis 30 cm unter den Rand gefüllt. Gib die Wassermenge in Litern an, die dazu benötigt wird.

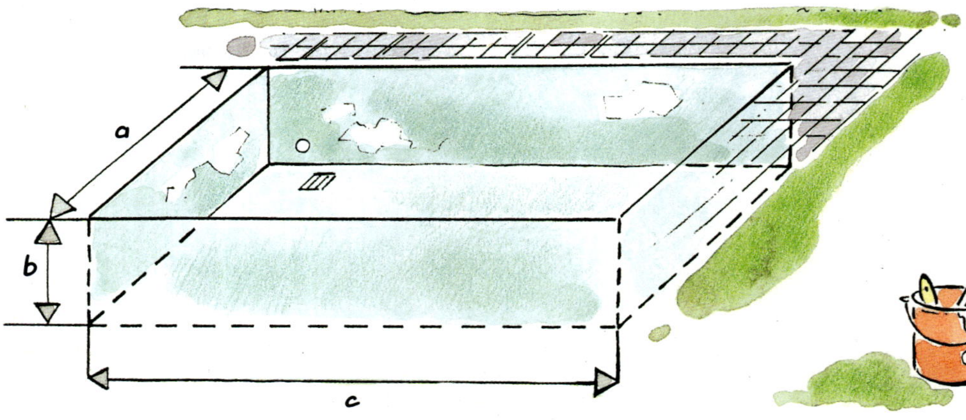

3 Die Abbildung zeigt das Netz eines Quaders ($a = 4{,}2$ cm, $b = 6{,}8$ cm).

a) Berechne den Oberflächeninhalt.

b) Berechne das Volumen.

c) Bei einem weiteren Quader ist die Länge a um 2 cm größer als die Länge a in der Abbildung.
Zeichne das Netz dieses Quaders.
Berechne sein Volumen und seinen Oberflächeninhalt.

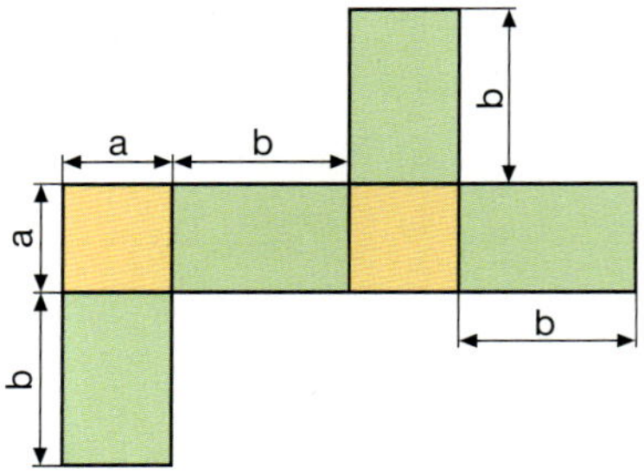

Preise: 2 Stunden	EUR 9,00
4 Stunden	EUR 12,50
Tageskarte	EUR 15,–
Sa./So.	+ EUR 1,50

Kinder bis 3 Jahre frei.

„Die machen aber ein Geschäft“ sagt Andrea am Samstag vormittag zu ihrer Freundin Paobla. „An der Kasse haben sie gesagt, dass bereits ein Drittel der 1980 Schließschränke belegt sind. Dabei ist die Kasse erst seit einer Stunde offen“. „Ich habe gehört, dass doppelt so viele Besucher im Bad sind, da bereits ein Sechstel der Schränke besetzt ist“, entgegnet Paobla.

a) Wie bewertest du die Aussage von Paobla?

b) Tatsächlich sind zwei Stunden nach Öffnung der Kassen ein Sechstel der Schließschränke von Besuchern belegt. Die Hälfte dieser Besucher hat für vier Stunden Eintritt bezahlt, ein Drittel davon für zwei Stunden und der Rest für den ganzen Tag. Welcher Bruchteil der 1980 Schränke wird von Besuchern belegt, die für den ganzen Tag bezahlt haben? Bei der Rechnung ist davon auszugehen, dass jeder Besucher einen Schrank belegt.
Gib die richtige Antwort an.
A $\frac{1}{6}$ **B** $\frac{1}{18}$ **C** $\frac{1}{36}$

c) Berechne die Gesamteinnahmen an den Kassen des Thermalbades in Aufgabe b).

d) Der *Zweckverband für Geowärme Ardeo* fördert das Thermalwasser aus 2359 m Tiefe. Dort hat es eine Temperatur von 65 °C. Mittels Wärmetauscher wird es auf den jeweiligen Bedarf abgekühlt. Mit der gewonnenen Wärmeenergie wird ein Teil der umliegenden Haushalte versorgt. Das Thermalbad muss an den *Zweckverband für Geowärme* pro Kubikmeter Thermalwasser 3,75 EUR bezahlen. Letzten Monat hat die Therme 10 480 m^3 Thermalwasser bezogen. Berechne, welcher Betrag dafür fällig wird.

e) Pro Jahr besuchen etwa 620 000 Personen die Therme Ardeo. Ca. $\frac{1}{25}$ der Besucher kommt mit dem Zug. Berechne, wie viele Personen dies sind. Runde auf Tausender.

f) Herr, Frau und Sohn Unterseer planen für Samstag Nachmittag eine Fahrt zur Therme Ardeo. Frau Unterseer meint: „Zu dritt ist es günstiger mit dem Auto zu fahren. Unser Auto braucht doch nur etwa 6 Liter auf 100 Kilometer“. Herr Unterseer widerspricht: „Bis zur Therme Ardeo sind es von hier immerhin 45 Kilometer und zwar einfach! Heute Früh habe ich beim Tanken für 60 Liter Super 69 EUR bezahlt. Wenn wir das Bahn-Ticket benutzen, wird in der Therme kein zusätzlicher Aufpreis von 1,50 EUR für das Wochenende fällig. Außerdem könnte ich im Zug meine Zeitung lesen!“ Sohn Felix rechnet nach.

1 Beate und Bastian trainieren für ein Radrennen. Die Zeit für jede Runde wird notiert.

Nach dem Training wollen sie ihre Fahrleistungen miteinander vergleichen. Zunächst bestimmt Beate ihre durchschnittliche Fahrzeit für eine Runde. Beschreibe, wie sie gerechnet hat. Wie viele Sekunden benötigt Bastian im Durchschnitt für eine Runde?

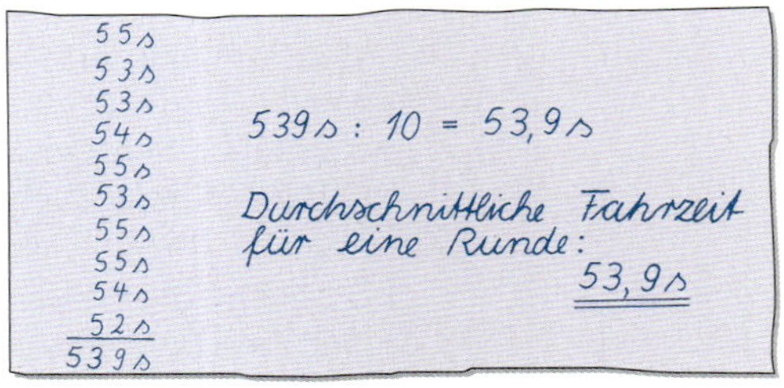

2 So kannst du das **arithmetische Mittel** berechnen:

Beispiel: Zeugnisnoten
3 2 3 3 1 4 3 2 1 2 3 3

1. Addiere die einzelnen Werte.	3+2+3+3+1+4+3+2+1+2+3+3=30
2. Bestimme die Anzahl der Werte.	12
3. Dividiere die **Summe der Werte** durch die **Anzahl der Werte.** Du erhältst das arithmetische Mittel.	30 : 12 = 2,5 **Arithmetisches Mittel: 2,5**

a) Zu den wichtigsten Klimawerten zählt die Tageshöchsttemperatur. In der Tabelle sind diese für einen Monat in Bayreuth erfasst. Berechne das arithmetische Mittel der Tageshöchsttemperaturen.

Tag	01.	02.	03.	04.	05.	06.	07.	08.	09.	10.	11.	12.	13.	14.	15.
Temp. in °C	20,0	20,8	22,3	23,4	25,6	28,0	26,5	18,1	19,5	23,9	19,0	20,7	19,1	22,4	18,8
Tag	16.	17.	18.	19.	20.	21.	22.	23.	24.	25.	26.	27.	28.	29.	30.
Temp. in °C	12,3	17,0	16,2	20,1	20,1	20,3	26,0	25,9	26,4	25,3	26,9	28,7	30,0	25,6	30,5

b) Suche in dir zur Verfügung stehenden Medien Daten, die sich für die Berechnung des arithmetischen Mittels eignen.

3

Körpergröße der Jungen (m)							
1,51	1,52	1,54	1,52	1,63	1,55	1,78	1,60
1,59	1,65	1,68	1,67	1,63			

Körpergröße der Mädchen (m)							
1,64	1,50	1,45	1,73	1,50	1,58	1,40	1,50
1,73	1,72	1,46	1,71	1,55	1,75		

a) „Die Jungen unserer Klasse sind im Durchschnitt genau so groß wie die Mädchen", behauptet Songül.
Berechne jeweils die durchschnittliche Körpergröße für Jungen und Mädchen. Überprüfe ihre Behauptung.

b) Stellt in eurer Klasse die Körpergröße (die Schuhgröße) der Mädchen und Jungen fest und bestimmt jeweils das arithmetische Mittel.

4

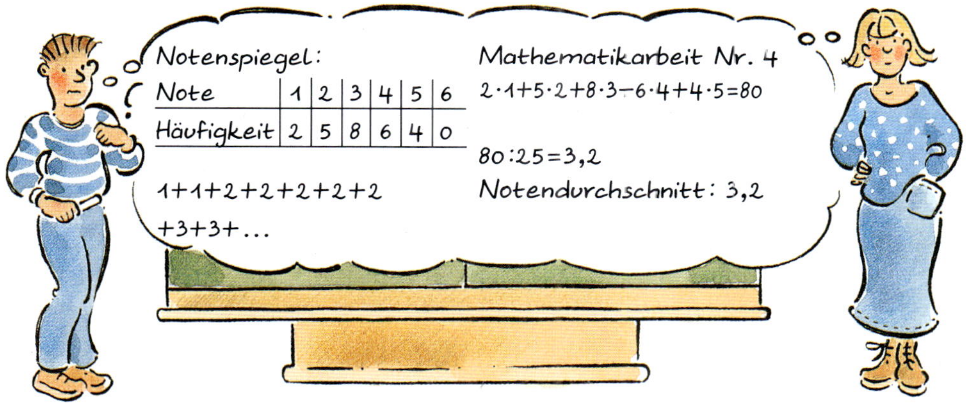

a) Die Schülerinnen und Schüler der Klasse 6b haben ihre Mathematikarbeit zurückbekommen. Tina und Marco berechnen an der Tafel den Notendurchschnitt. Erläutere, wie Tina mithilfe der Häufigkeiten den Notendurchschnitt wesentlich schneller bestimmen kann.

b) Berechne zu dem angegebenen Notenspiegel den Notendurchschnitt wie Tina.

Note	1	2	3	4	5	6
Häufigkeit	2	4	7	8	3	1

5

Bei einer Verkehrszählung wurde die Anzahl der Personen pro Pkw notiert.

a) Lege eine Häufigkeitstabelle an.

b) Berechne das arithmetische Mittel mithilfe der Häufigkeiten.

Anzahl der Personen pro Pkw												
1	1	2	1	2	1	1	1	2	3	4	5	1
1	2	1	2	2	1	1	3	4	4	1	1	2
2	2	1	1	4	1	2	1	1	1	2	2	1
1	1	2	3	4	2	2	4	1	1	2		

Station 1

a) Wie viele verschiedene Kaufmöglichkeiten gibt es?

z. B.: Tee/heiß/ ; Tee/heiß/

b) Herr Schlau betreibt den Automaten am Fußballstadion. Nach dem Spiel füllt er Pulver und leere Becher nach. Bei den kleinen Bechern braucht er genau zwei Stangen mit je 40 Stück. Berechne, wie viel große Becher der Automat ausgegeben hat, wenn Herr Schlau 262,50 EUR Tageseinnahmen zählt.

Station 5

Die Firma Öko-Tec ist daran interessiert, in Elsenheim ein Büro mit 120 m² zu mieten. Folgende Angebote stehen in der Elsenheimer Rundschau:

Immobilienverwertung Guiseppe GmbH

Büroräume zu vermieten
85–100 m²
780 EUR pro Monat

105–130 m²
920 EUR pro Monat

Immobilien Alte Heimat

Büroräume zu vermieten
55–240 m²
93 EUR pro m²
pro Jahr

Überprüfe durch Rechnung, welches Angebot die Firma Öko-Tec annehmen sollte, um den niedrigsten Preis für ein Jahr zu bekommen.

Station 4

Superdetektiv Knödlmeier hat Schwarzgeld des Ganoven Knattermann (Geld, das dieser unrechtmäßig erworben hat) sichergestellt. Es besteht nur aus 2-EUR-Münzen. Acht Stapel 2-EUR-Münzen mit acht Münzen je Stapel liegen auf dem Tisch. Ein Stapel davon ist Falschgeld. Eine 2-Euromünze wiegt **7,5** g. Zwei Gramm weniger wiegt eine Falschgeldmünze.

a) Welcher Stapel ist auf der Waage **A** Falschgeld?
b) Welcher Stapel ist auf der Waage **B** Falschgeld?
c) Superdetektiv Knödlmeier behauptet, dass er nur durch einen einzigen Wägevorgang aus den 8 Stapeln den Falschgeldstapel herausfinden kann. Wie macht er das?

Station 2

Der Getränkeautomat 2 gibt Getränke in kleinen Bechern (200 ml) und großen Bechern (500 ml) aus. Über eine Wasserleitung läuft automatisch Wasser nach. Gemessen wird diese Menge mit einer Wasseruhr. Momentan zeigt die Wasseruhr einen Verbrauch von 17,3207 m^3 an.
Angenommen in den Getränkeautomaten laufen 500 ml (= 500 cm^3 = 0,5 dm^3 = 0,0005 m^3) Wasser nach, so ergibt sich folgender Gesamtverbrauch:

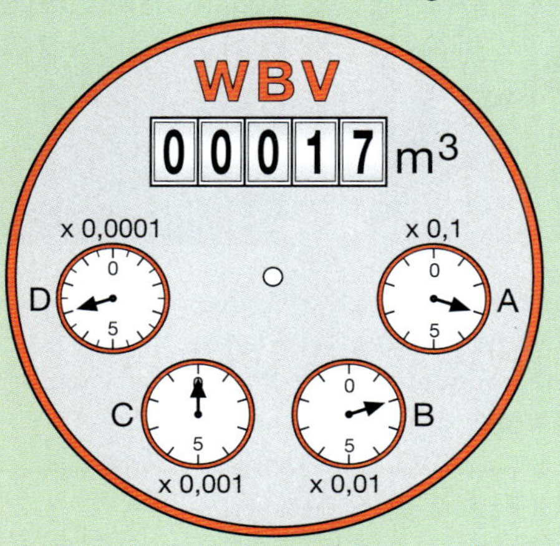

17,3207 m^3 + 0,0005 m^3 = 17,3212 m^3.
Die Zeiger bei C und D hätten dann folgende neue Positionen:

a) Zeichne die Zeigerstände, nachdem 2 kleine und zwei große Becher ausgegeben wurden.
b) Zeichne die Zeigerstände nach der Ausgabe von 20 kleinen Bechern und 36 großen Bechern.

Station 3

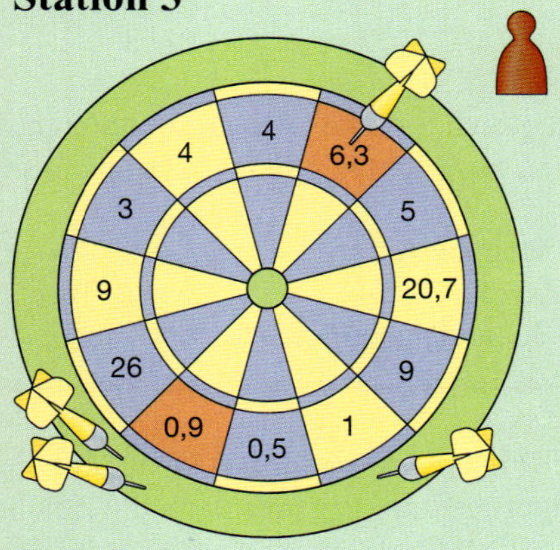

Beim „Mathe-Dart“ musst du eine vorgegebene Punktzahl auf Null verkleinern. Anstelle des Pfeiles verwendest du eine Spielfigur. Setze sie geschickt auf eine Farbe. Dabei gilt:

1. Gelbes Feld:
   Die dort angezeigten Punkte werden subtrahiert.
2. Rotes Feld:
   Die dort angezeigten Punkte werden addiert.
3. Blaues Feld:
   Die bisherige Punktzahl wird durch die Zahl auf dem blauen Feld dividiert.

Beispiel: Die vorgegebene Punktzahl ist **3,7.**

3,7 + 6,3 = 10
10 : 5 = 2
2 : 0,5 = 4
4 − 4 = 0

a) Die vorgebene Punktzahl ist **15,3.**
b) Die vorgebene Punktzahl ist **16,1.**

5 Geometrische Grundbegriffe

Punkte und Punktmengen

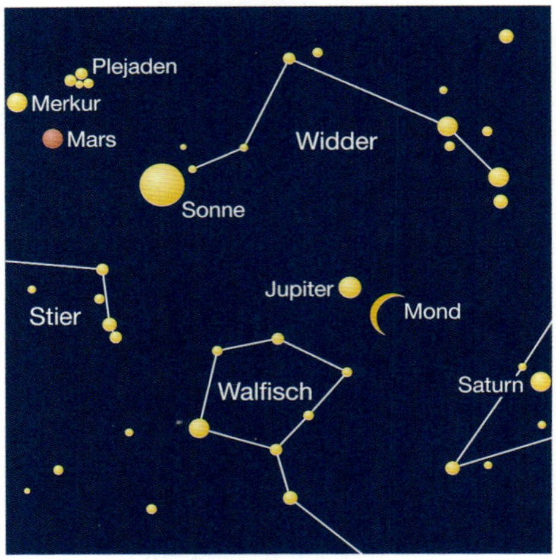

1 Im Bild ist die vermutliche Stellung der Sterne über dem Stall von Bethlehem bei der Geburt Christi zu sehen. Die Anordnung der Planeten veranlasste die Hl. Drei Könige – sie wurden als „Magoi" (Sterndeuter) bezeichnet – nach Jesus zu suchen. Welche besondere Anordnung der Planeten erkennst du?

Auf der Strecke [BC] liegen Punkte, die Elemente der Strecke [AB] und zugleich Elemente von [CD] sind. Diese grün markierte Punktmenge [BC] bildet die Schnittmenge der Strecken [AB] und [CD].

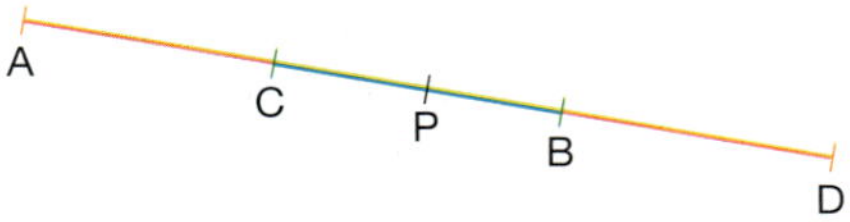

Schnittmenge

Man schreibt: [BC] = [AB] ∩ [CD]
Lies: Die Strecke [BC] ist gleich Strecke [AB] geschnitten mit Strecke [CD]
Beispiel: P ∈ [AB] und zugleich P ∈ [CD]. Daraus folgt P ∈ [BC]

Die **Schnittmenge** S zweier Mengen A und B enthält nur die Elemente, die zur Menge A **und zugleich** zur Menge B gehören.

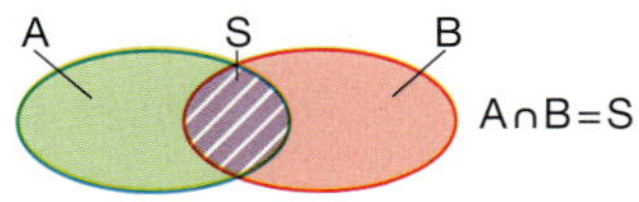

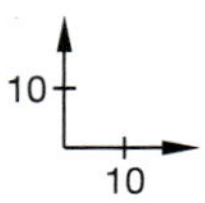

2 Zeichne die Gerade g durch die Punkte A (0|6) und B (8|1) und einen beliebigen Punkt P, der nicht auf g liegt, in ein Gitternetz ein. Ergänze dann die Zeichnung gemäß den folgenden Aufgaben.
a) h ∥ g und P ∈ h
b) P liegt auf s und s steht senkrecht auf g.
c) Die Geraden s und r schneiden sich nicht.
d) Die Schnittpunkte von g, h, s und r bilden eine Figur. Beschreibe diese. Hat dein Banknachbar oder deine Banknachbarin die gleiche Figur?

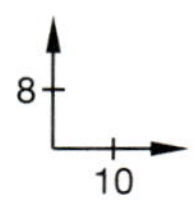

3 Die Punkte A (1|1) und B (9|1), C (9|7) und D (1,5|5,5) sind gegeben.
a) Trage die Punkte in ein Gitternetz ein und ergänze die Geraden g = AC und h = AB. Wähle auf jeder Geraden einen Punkt und gib seine x- und y-Werte an.
b) Bestimme g ∩ BD = {S} und gib die x- und y-Werte des Punktes S an.
c) Bestimme folgende Schnittmengen: [SC] ∩ g und [SC] ∩ h. Gilt DA ∩ CD = ∅?

4 Eine Gerade g ist festgelegt durch die Punkte A (1|6) und B (4|2).
a) Zeichne die Gerade g in ein Gitternetz und trage durch den Punkt P (4|5) die zu g parallele Gerade p ein.
b) Die Gerade s verläuft ebenfalls durch P und steht senkrecht auf g. Trage s in das Gitternetz ein.
c) Die Gerade s schneidet g im Punkt R. Welche x- und y-Werte hat der Punkt R? Besitzen auch g und p einen Schnittpunkt? Begründe.

Schnittmenge von Geraden

Zwei Geraden schneiden sich entweder in einem Punkt oder sie sind parallel.

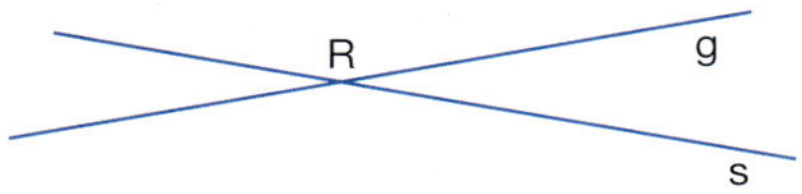

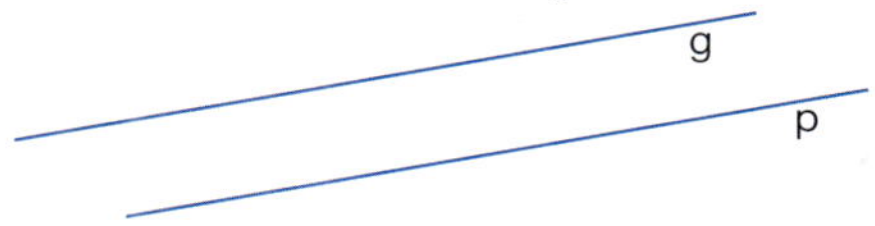

Man schreibt: $g \cap s = \{R\}$
Lies: g geschnitten mit s ist die Menge mit dem Element R

$g \cap p = \emptyset$
g geschnitten mit p ergibt die leere Menge
$\emptyset$ bedeutet „Leere Menge"
Für den Sonderfall $p = g$ gilt $g \cap p = g$

Vereinigungsmenge

Punkte, die Element der Strecke [AB] oder auch Element der Strecke [CD] sind, liegen auf der Strecke [AD]. Die Strecke [AD] bildet die Vereinigungsmenge der Strecken [AB] und [CD].

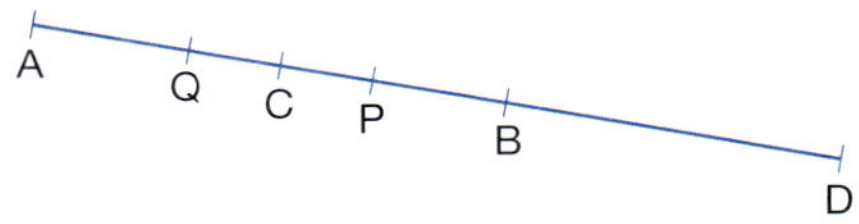

Man schreibt: $[AD] = [AB] \cup [CD]$
Lies: Strecke [AD] ist gleich Strecke [AB] vereinigt mit Strecke [CD].
Beispiele: $Q \in [AB]$ — $P \in [AB]$ oder auch $P \in [CD]$
Daraus folgt $Q \in [AD]$ — Daraus folgt $P \in [AD]$

Die **Vereinigungsmenge** V zweier Mengen A und B enthält alle Elemente, die zur Menge A **oder auch** zur Menge B gehören.

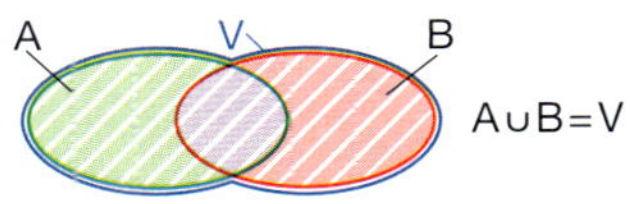

Übungen

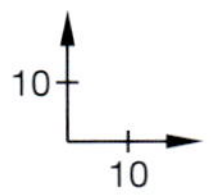

5 Trage folgende Punkte in ein Gitternetz ein: A (1|7), B (7|4), E (5|5) und G (9|3).
a) Ergänze die Zeichnung durch folgende Punktmengen: [AB] und [EG]
b) Bilde die Schnittmenge der beiden Strecken und gib die Kurzschreibweise an.
c) Trage farbig ein: $[AB] \cup [EG]$

6 a) Trage die Strecken [AB] und [EG] der Aufgabe 5 sowie die Punkte C (5|7), D (2|1) und F (3|3) in ein Gitternetz ein.
b) Setze in deinem Heft für den Platzhalter das richtige der folgenden Zeichen ein:
$\in \; \notin \; \subseteq \; \nsubseteq \; \cap \; \cup$
E ■ EC, [DF] ■ [FC], [DC] ■ [AB] = {P}, F ■ CD, [EB] ■ [AB]

Überlege, ob Satz a) eine wahre Aussage ist und ergänze Satz b).
a) Punkte mit gleichen x-Werten liegen auf einer Parallelen zur x-Achse.
b) Punkte mit gleichen y-Werten liegen auf ……

1 Erzeuge mit einem Geometrieprogramm eine Gerade und einen Kreis. Ziehe dann einen Punkt der Geraden und stelle fest, welche Lage Kreis und Gerade einnehmen können.

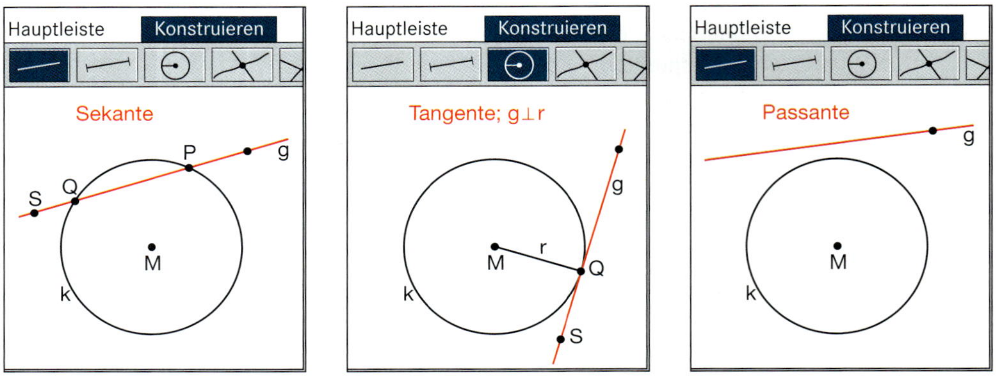

Trage im Heft für den Platzhalter die richtige Lösung ein.
$g \cap k =$ ■ $g \cap k =$ ■ $g \cap k =$ ■

2 Bestätige mit dem Geometrieprogramm, dass der Radius [MQ] nur im Fall der Tangente senkrecht auf der Geraden steht.

3 Gegeben sind ein Kreis k mit dem Mittelpunkt M(6|6) und dem Radius 5 Längeneinheiten (kurz k(M(6|6), r = 5 LE)), sowie die Punkte A(0|5), C(3|8).

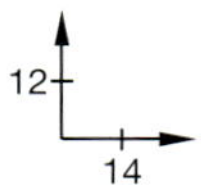

a) Zeichne den Kreis sowie die Gerade AC in ein Gitternetz ein. Bestimme die Schnittpunkte von Kreis und Gerade und gib die x- und y-Werte der Punkte an.
b) Finde weitere Punkte auf dem Kreis k, die ganzzahlige x- und y-Werte haben. Hast du alle gefunden?
c) Die Punkte B_1 und B_2 mit dem x-Wert 10 liegen auf dem Kreis und sind die Berührpunkte von zwei Tangenten t_1 und t_2. Trage diese Punkte ein und ergänze die Tangenten.
d) Bestimme den Schnittpunkt der Tangenten. Gibt es einen Schnittpunkt für jedes Paar von Punkten B?

4 Übertrage die Zeichnung in dein Heft.

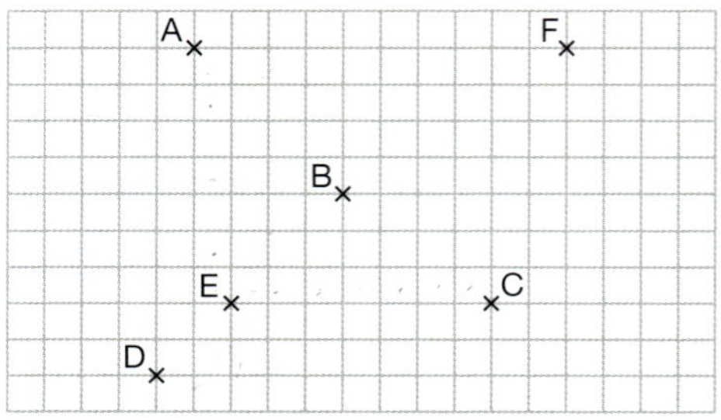

a) Überprüfe im Heft, welche der folgenden Aussagen wahr ist:
A $C \in AB$ **B** $DE \cap AB = \{B\}$
C $[DE] \cap AB = \emptyset$ **D** $[AB] \cup [DB] = \{B\}$
b) Trage in deine Zeichnung ein:
$[BC] \cap [EF]$;
$[AB] \cup [BC]$;
$[AD] \cup [DE] \cup [AE]$

5 Die Punkte A(3|8), B(5|2), und C(8|5) sind Mittelpunkte von Kreisen.

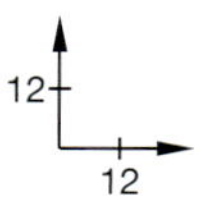

a) Wie viele Schnittpunkte der drei Kreise gibt es, wenn der Radius aller Kreise 3 LE beträgt?
b) Wähle nun für den Kreis um C einen neuen Radius so, dass ein Schnittpunkt weniger entsteht. Finde mehrere Möglichkeiten.
c) Überlege, wie sich für andere Radien die Anzahl der Schnittpunkte ändert. Fertige dann eine neue Zeichnung an mit möglichst wenig Schnittpunkten.

6 Erzeuge zunächst mit einem Geometrie-Programm zwei Strecken. Verschiebe dann im Zugmodus die Punkte und Strecken so, dass folgende Punktmengen dargestellt werden.

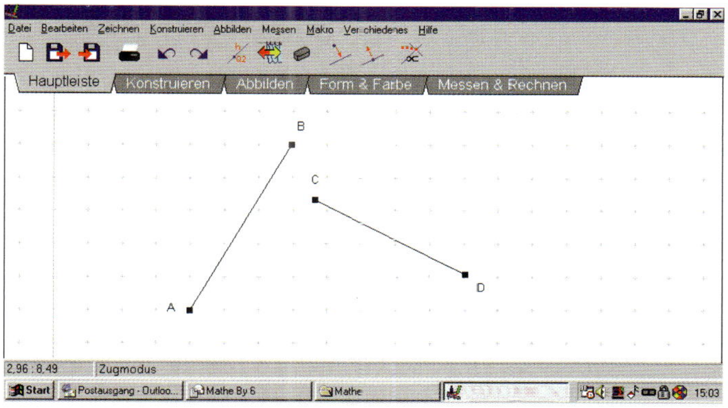

a) [AB] ∩ [CD] = {B}
b) [AB] ∪ [CD] = [AB]
c) [AB] ∩ [CD] = [CD]
d) [AB] ∪ [CD] = [CB]

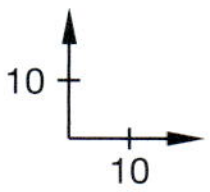

7 a) Trage die Punkte A (4|3), B (5|4), C (8|7), D (2|5), E (4|8), F (2|7), G (0|3), H (4|7) in ein Gitternetz ein. Ergänze die Punktmengen g = AB, h = HD, s = EF, [BC], [HB]

b) Formuliere Aussagen wie: „Die Geraden … schneiden sich im Punkt …, die Strecke … ist Teilmenge von …, der Punkt … liegt auf …“ und trage diese in dein Heft ein.

8 Vier Geraden g_1 … g_4 können unterschiedliche Lage zueinander haben. Hier siehst du zwei Beispiele.

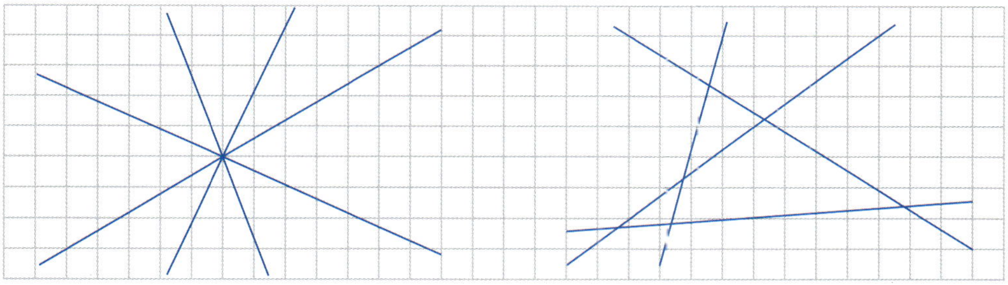

Links schneiden sich die Geraden in einem einzigen Punkt. Sie gehören zu einem **Geradenbüschel.** Rechts gibt es 6 verschiedene Schnittpunkte.

a) Zeichne in dein Heft zwei Beispiele für vier Geraden mit einer anderen Anzahl von Schnittpunkten.

b) Zwei verschiedene Geraden haben höchstens einen Schnittpunkt, drei Geraden höchstens drei. Führe in deinem Heft die Tabelle fort bis zu 10 Geraden. Findest du einen Weg, um die größtmögliche Anzahl der Schnittpunkte bei 20 Geraden zu bestimmen?

Geraden	Schnittpunkte
2	1
3	3
4	6
5	
6	
..	

Zusammenhängende Strecken bilden einen „Streckenzug“. Übertrage die Punkte in dein Heft und versuche, mit einem einzigen Streckenzug das „Haus vom Nikolaus“ zu bauen.

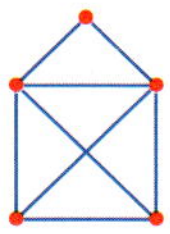

Jessica und Sebastian wollen für ein Basketballspiel anstelle der Freiwurflinie nur einen Freiwurfpunkt markieren. Wie werden sie vorgehen?

1 In der Abbildung ist der Punkt P jeweils mit den Punkten A, B, C, D und E der Geraden g verbunden.
Bestimme die kürzeste Verbindungsstrecke und beschreibe ihre Lage zur Geraden g.

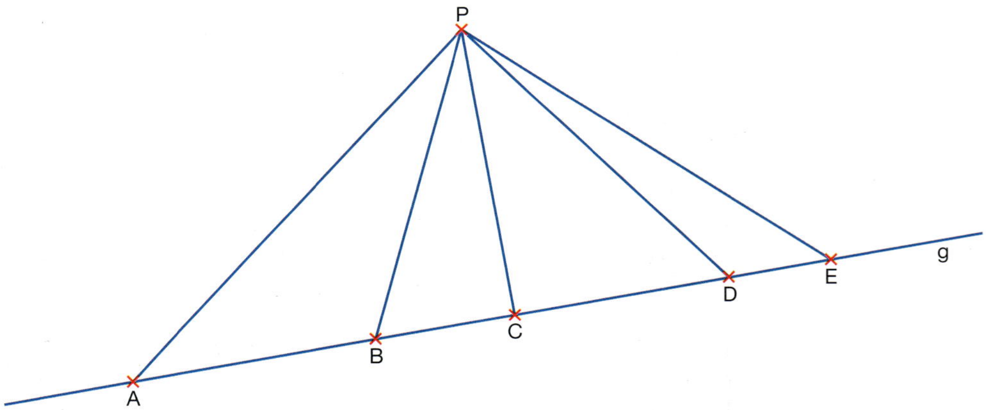

2 Zeichne eine Gerade g in dein Heft. Die Gerade soll nicht auf einer Gitterlinie liegen. Markiere drei Punkte A, B und C, die nicht auf g liegen. Zeichne anschließend die kürzeste Verbindungsstrecke jeweils von A, B und C zu g und miss ihre Länge.

Abstand

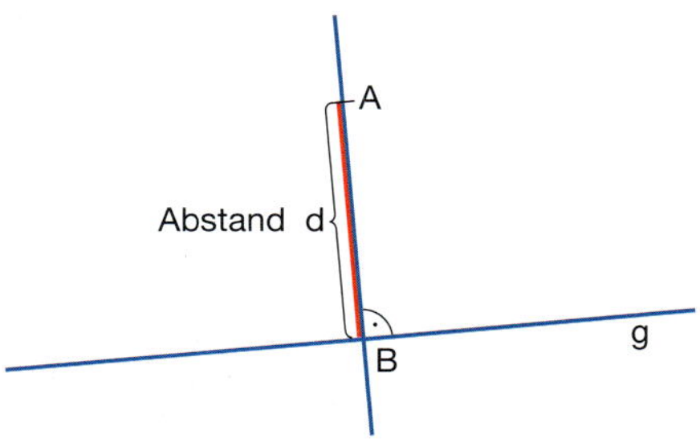

Der **Abstand** d ist die kürzeste Entfernung von A zu einem Punkt der Geraden g und wird auf der Senkrechten zu g durch den Punkt A gemessen. Die Gerade AB heißt **Lotgerade** oder **Lot** von A auf g. Der Punkt B heißt Lotfußpunkt.
Man schreibt: d (A; g)
Lies: Abstand von A auf g

3 Bestimme mithilfe des Geodreiecks, wie viel Millimeter Abstand die einzelnen Punkte P, Q und R (auf der Geraden p) und S, T, U von der Geraden g haben.

Ergänze die Tabelle im Heft.

	P	Q	R	S	T	U
Abstand in mm						

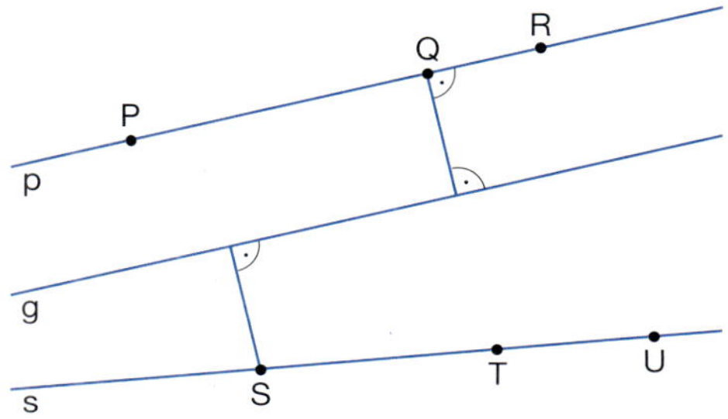

parallele Geraden

Zwei **parallele Geraden** haben überall den gleichen Abstand.

Übungen

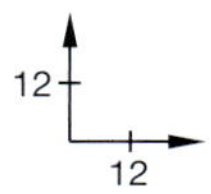

4 Trage die Gerade g und die Punkte A, B, C bzw. D in ein Gitternetz ein. Bestimme anschließend jeweils den Abstand der Punkte von der Geraden g bzw. den Abstand der Geraden g und h.

a) g = PQ mit Q (3|4) und P (10|10)
A (4|9), B (8|7)

b) Gerade g durch die Punkte Q (4|8) und P (11|5)
A (6|3), B (1|7), C (9|8)

c) g = PQ mit P (7|4) und Q (8|0) und h = RS mit R (1|6), S (2|2)

d) Gerade g durch A (1|0) und B (6|3), Gerade h durch C (0|2) und D (5|5)

5 Die Punkte P (1|3) und Q (8|4) legen die Gerade g fest. Zeichne g in ein Gitternetz ein. Markiere fünf Punkte A, B, C, D und E so, dass der Punkt A 4,5 cm, Punkt B 38 mm, C 2,8 cm, D 54 mm und der Punkt E 1,8 cm Abstand von der Geraden g hat.

6 Die Geraden g = PQ und h = RS sind durch P (1|4), Q (10|7), R (10|4) und S (0|10) bestimmt. Trage g und h in ein Gitternetz ein. Zeichne anschließend zwei Punkte A und B ein, die von g und h jeweils 2 cm Abstand haben.

7 Steffi hat bei der Schwimmprüfung drei Ringe vom Boden des Schwimmbeckens geholt und möchte nach dem anstrengenden Tieftauchen möglichst schnell an den Beckenrand. Wie wird sie schwimmen?

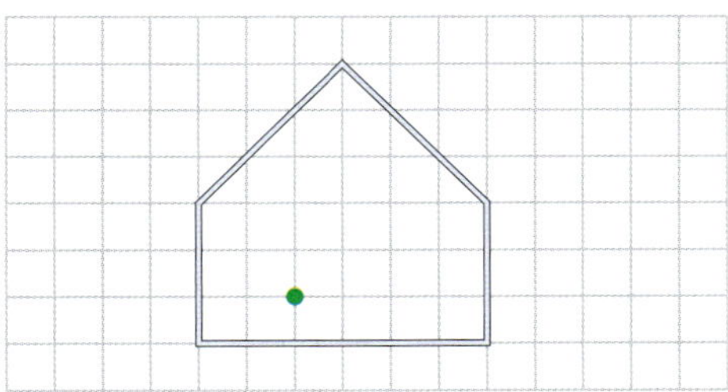

Knödlmeier befindet sich in einem Raum mit Spiegelwänden. Er läuft stets senkrecht auf die Wand zu und dann wieder senkrecht auf eine andere usw.
Kommt er von seinem markierten Standort zu allen Wänden? Gibt es einen Punkt, von dem aus dies möglich ist?

Du weißt sicher noch, dass wir unser Heft oder die Tafel nach allen Seiten unendlich weit zu einer **Ebene** fortsetzen können. Eine Gerade g teilt diese Ebene in zwei **Halbebenen** H_1 und H_2. Die Gerade g ist **Randgerade** dieser Halbebenen.
Legen wir die Halbebenen mit parallelen Randgeraden übereinander, so erhalten wir als Schnittmenge einen **Streifen** oder als Vereinigungsmenge wieder die **ganze Ebene** (siehe Bild).

Halbebenen | **Streifen** Schnittmenge | **ganze Ebene** Vereinigungsmenge

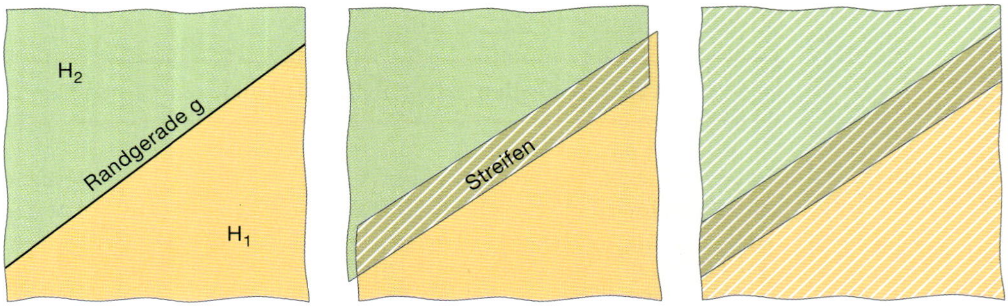

1 Führe zur Veranschaulichung folgende Aufgaben aus:
a) Zeichne zwei beliebige Punkte A und B auf ein Blatt Papier und falte dann das Blatt so, dass beide Punkte
– in verschiedenen Halbebenen,
– auf der Randgeraden liegen.
b) Zeichne diesmal drei Punkte A, B und C auf ein Blatt. Sie dürfen nicht auf einer Geraden liegen. Falte dann das Blatt so, dass der Punkt A auf der Randgeraden und die Punkte B und C in der gleichen (in verschiedenen) Halbebenen liegen.
c) Falte ein Blatt so, dass ein Streifen entsteht.

2 Die Geraden g und h begrenzen zwei Halbebenen H_1 und H_2. Die Gerade g gehört zur Halbebene H_1. Deshalb heißt H_1 **abgeschlossen**.
Die Gerade h gehört aber nicht mehr zur Halbebene H_2. Eine solche Halbebene nennt man **offen**.
Setze in deinem Heft für den Platzhalter das richtige der folgenden Zeichen ein:
$\in \notin \subseteq \nsubseteq$
A ■ H_1 [AB] ■ H_1 C ■ H_1 D ■ H_1
D ■ H_2 E ■ H_1 E ■ H_2 [CD] ■ H_2

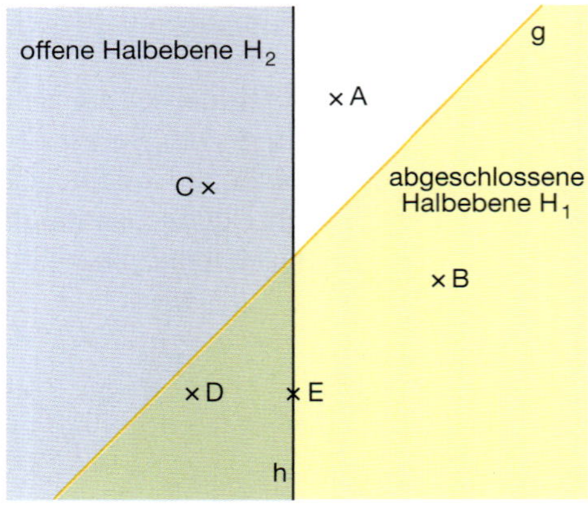

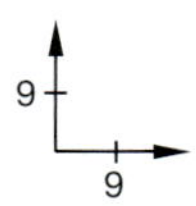

3 Die Geraden g = AB und h begrenzen einen Streifen. A (2|1), B (8|4), der Punkt P (6|6) liegt auf h, der Punkt S (1|7) in der abgeschlossenen Halbebene H_1, die von g begrenzt wird.
a) Zeichne die Halbebenen H_1 und H_2 in ein Gitternetz.
b) Die Gerade s durch S und T (7|1) begrenzt die abgeschlossene Halbebene H_3 mit O (0|0) $\in H_3$. Suche für C (4|y) alle möglichen y-Werte aus der Menge {3; 4; 5; 6} für folgende Fälle: $C \in H_1$ $C \in H_2$ $C \in H_2$ und $C \in H_3$.

1 Besorge dir zwei unterschiedliche Farbfolien. Mit diesen kannst du auf dem Tageslichtprojektor Schnitt- und Vereinigungsmengen von Halbebenen legen. Welche Farbe hat die Schnittmenge, welche Farben die Vereinigungsmenge?

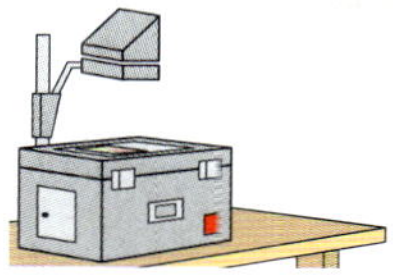

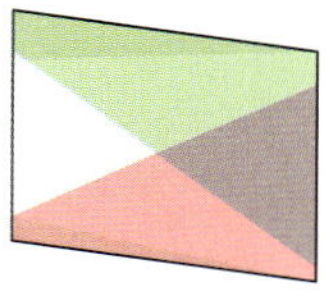

Winkel
Scheitelpunkt
Schenkel

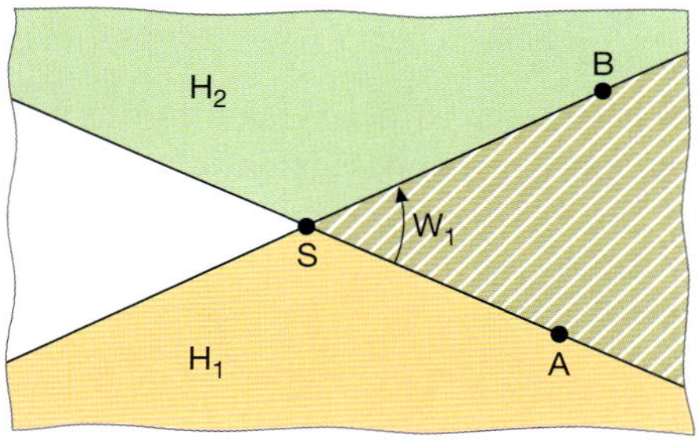

Die Schnittmenge der beiden Halbebenen H_1 und H_2 legt einen Winkel W_1 fest. $H_1 \cap H_2 = W_1$

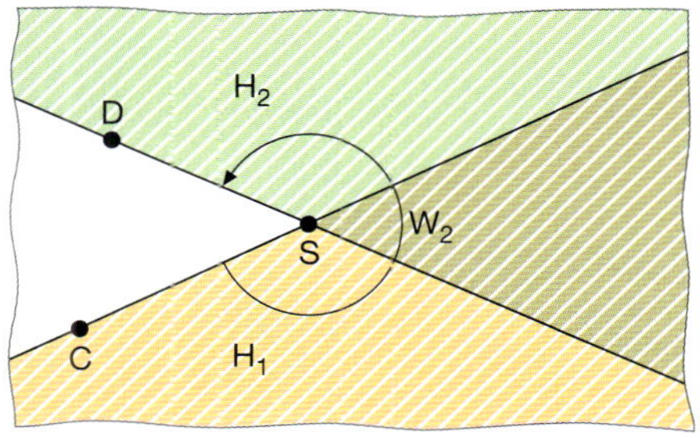

Die Vereinigungsmenge der beiden Halbebenen H_1 und H_2 legt einen Winkel W_2 fest. $H_1 \cup H_2 = W_2$

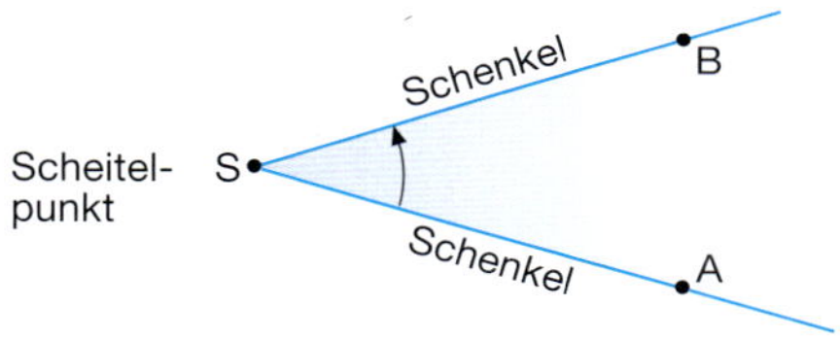

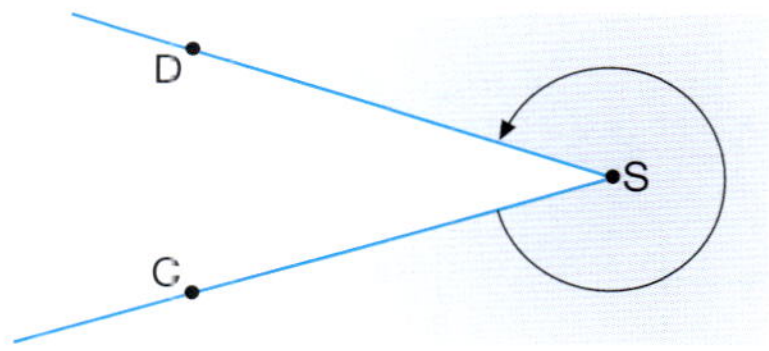

Ein **Winkel** wird von zwei Halbgeraden gebildet, die einen gemeinsamen Anfangspunkt haben. Dieser Punkt heißt **Scheitelpunkt** des Winkels.
Die Halbgeraden heißen **Schenkel** des Winkels.

Übungen

2

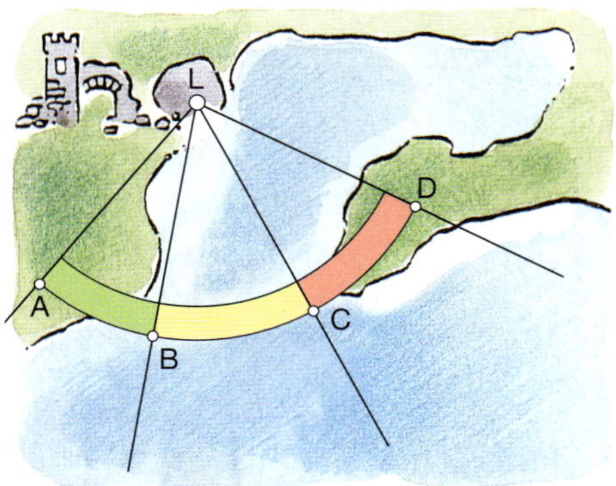

Die verschieden farbigen Lichtbündel eines Leuchtfeuers helfen den Seeleuten, sich auf dem Meer zu orientieren. Gelbes Licht zeigt den gefahrlosen Weg. Rote und grüne Lichtbündel warnen vor flachen Stellen und zeigen, auf welcher Seite des Weges sich das Schiff befindet.

Wie viele farbig markierte Winkel kannst du auf der abgebildeten Karte erkennen?

Nenne jeweils die Schenkel der Winkel.

3 a)

b)

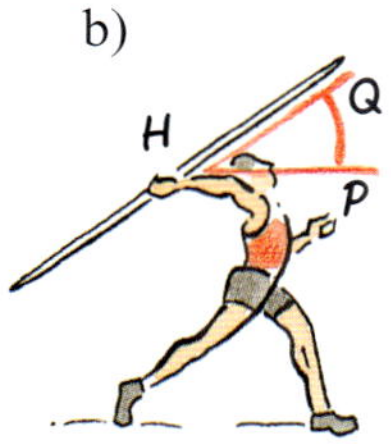

Nenne jeweils den Scheitelpunkt und die Schenkel der markierten Winkel.

c)

4 „Bayerische Uhr“

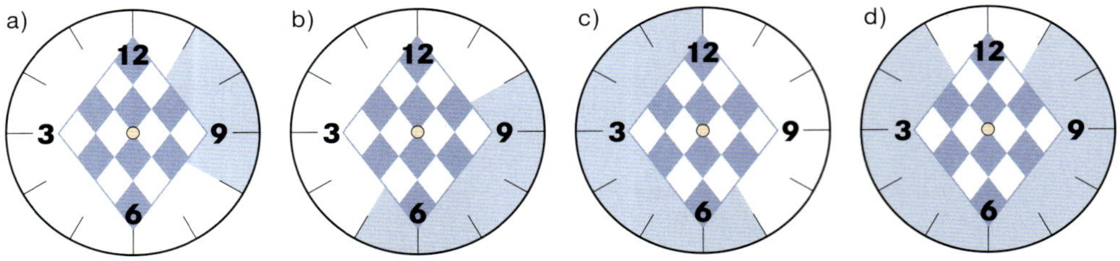

Auf dem Zifferblatt der abgebildeten Uhr ist der Winkel farbig markiert, den der große Zeiger während einer bestimmten Zeitspanne überstrichen hat. Gib die Anzahl der Minuten an.

5 Der rot gefärbte Winkel entsteht, wenn der Schenkel a entgegen dem Uhrzeigersinn (linksherum) auf b gedreht wird. Beschreibe, wie der grün gefärbte Winkel entsteht.

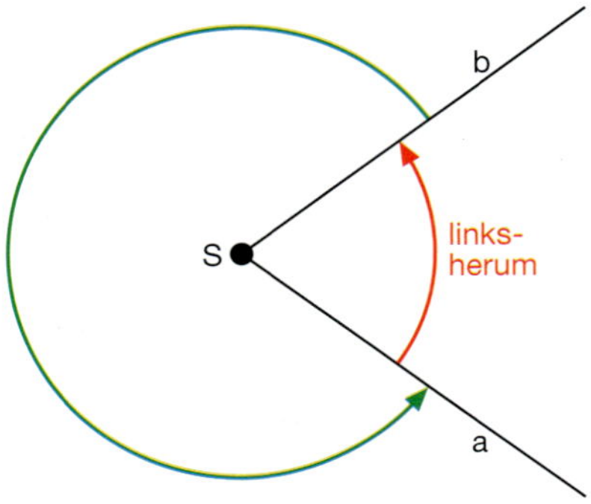

Winkel bezeichnen

Wird eine Halbgerade um ihren Anfangspunkt links herum gedreht, so entsteht ein **Winkel**.

Winkel werden stets gegen den Uhrzeigersinn bezeichnet.

Man schreibt: ∢ ASB oder ∢ (a, b) ∢ BSA oder ∢ (b, a)

Halbgerade AS] Scheitel S Halbgerade [SB

Lies: Winkel ASB Winkel BSA

Winkel werden oft auch mit kleinen griechischen Buchstaben bezeichnet:
α (Alpha), β (Beta), γ (Gamma), δ (Delta), ε (Epsilon)

Übung

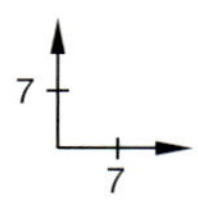

6 Zwei Halbgeraden [SA und [SB legen stets zwei Winkel fest. Trage die Halbgeraden in ein Gitternetz ein und kennzeichne durch einen Kreisbogen jeweils den angegebenen Winkel.

a) S (1|3) A (4|2) B (2|7) ∢ ASB
b) S (4|7) A (1|4) B (4|1) ∢ BSA
c) S (3|3) A (1|2) B (7|5) ∢ BSA
d) S (5|5) A (7|0) B (1|5) ∢ ASB

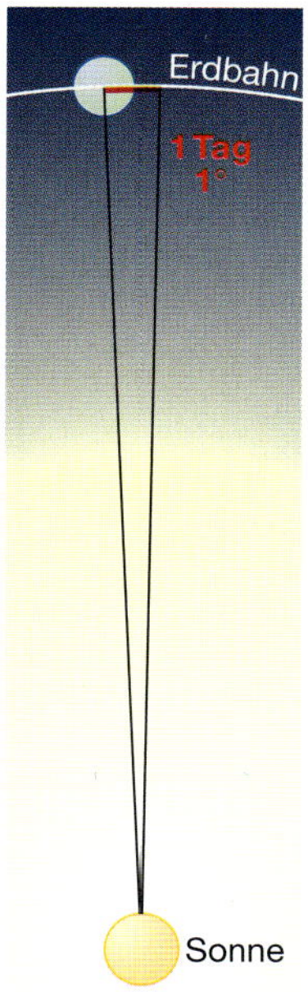

Zum Messen eines Winkels wird ein Vollwinkel in 360 gleiche Teile geteilt.

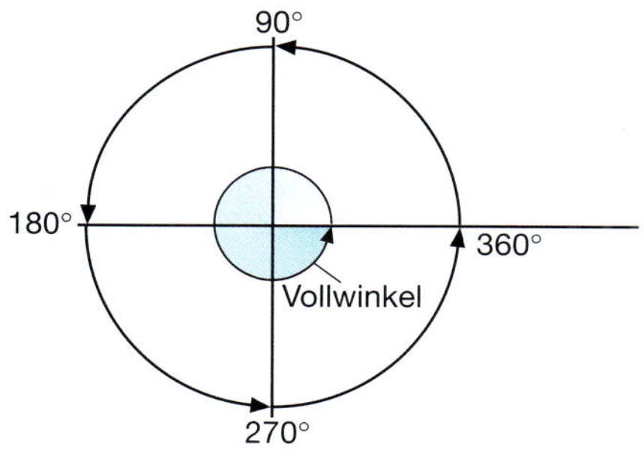

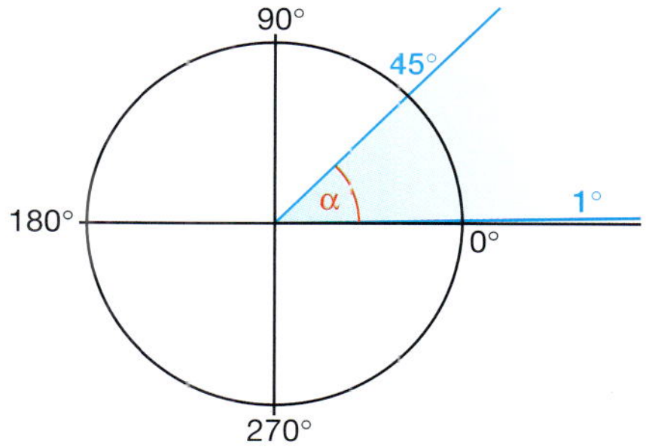

Das Maß eines Winkels wird in der Einheit **Grad** angegeben. 1 Grad (1°) ist der 360. Teil eines Vollwinkels. Unterteilung: 1° = 60' (Minuten).
Man sagt: α ist 45 Grad groß. *Man schreibt:* $\alpha = 45°$

Es ist nicht klar, woher diese Einteilung kommt. Eine Vermutung ist, dass unsere Vorfahren bei rund 360 Tagen im Jahr den Weg der Erde an einem Tag so festlegen.

Übungen

1 Welches Maß hat der Winkel, den die Wetterfahne bei einer Winddrehung von

a) W nach S, b) SO nach NW,
c) W nach SW, d) NO nach N,
e) S nach O, f) NW nach SW

überstrichen hat?

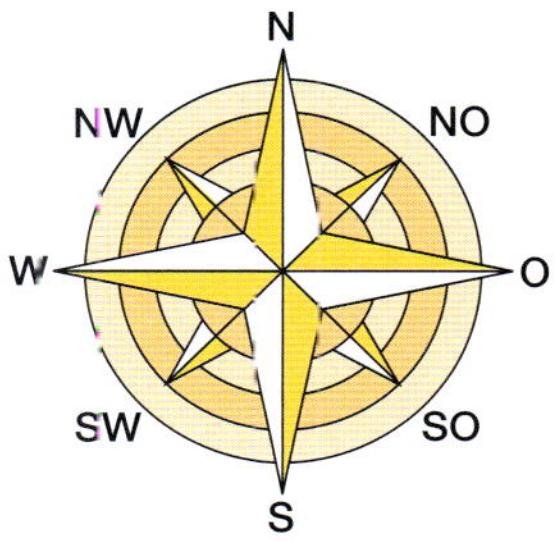

2 Fertigt in Partnerarbeit eine Winkelscheibe aus dünnem Karton an.

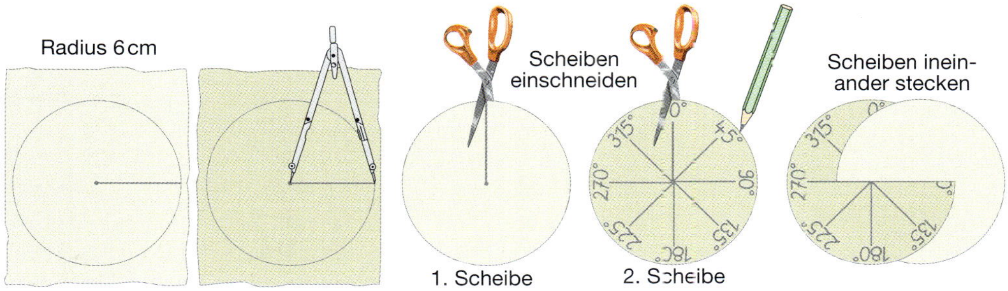

Stellt durch Drehen der einen Scheibe in der anderen einen beliebig großen Winkel ein.
Schätzt sein Maß (Beispiel: Das Winkelmaß liegt zwischen 90° und 135°).
Dreht anschließend die Scheibe um und überprüft eure Aussage.

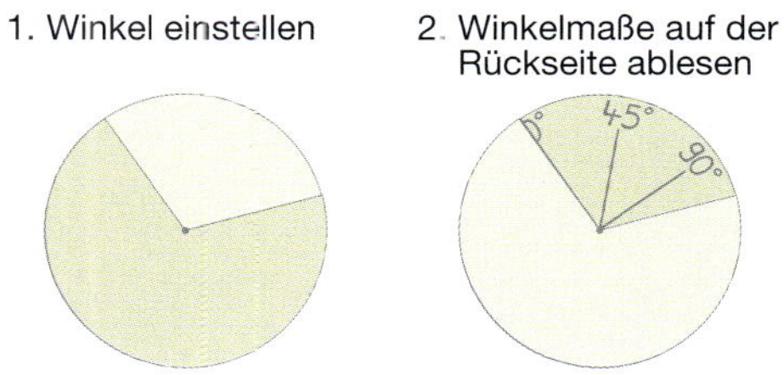

1 Mithilfe des Geodreiecks kannst du das Maß eines Winkels bestimmen.

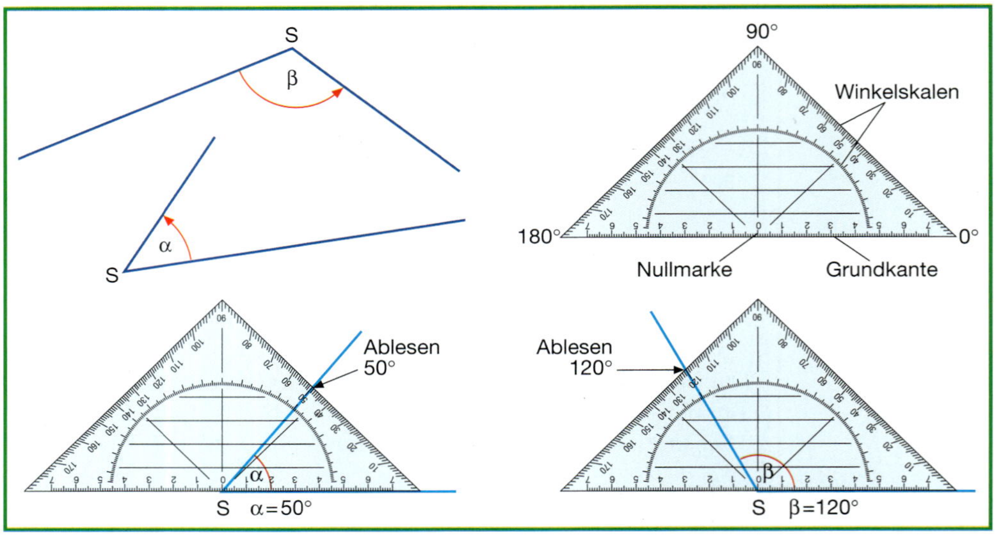

Beschreibe, wie du das Geodreieck zum Messen eines Winkels anlegen musst.

Übungen

Griechischer Buchstabe: phi (φ)

2 Bestimme mit dem Geodreieck die Maße der abgebildeten Winkel. Schätze zunächst.

Winkel	α	β	...
geschätzt	65°		
gemessen			

a)

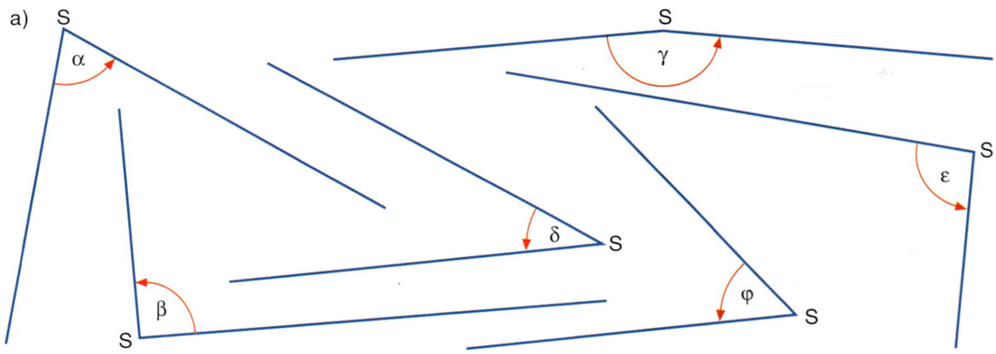

b)

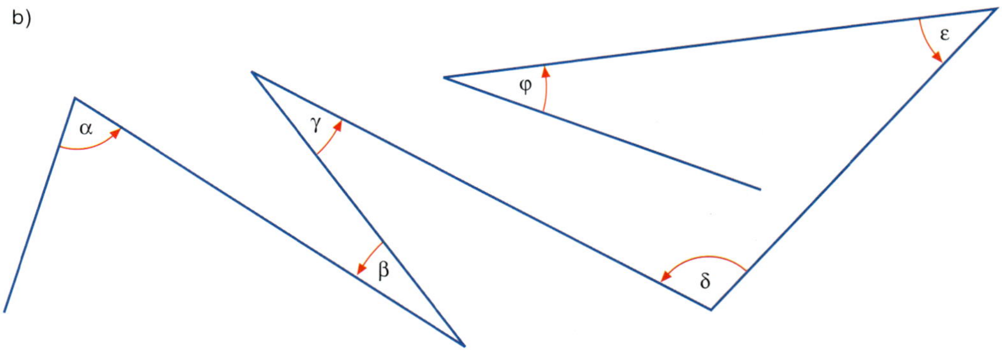

L 90°; 105°; 70°; 20°; 95°; 40°; 35°; 75°; 170°; 25°; 53°; 27°

3 In den Abbildungen sind zwei Verfahren dargestellt, einen 130° großen Winkel zu zeichnen. Beschreibe die beiden Verfahren.

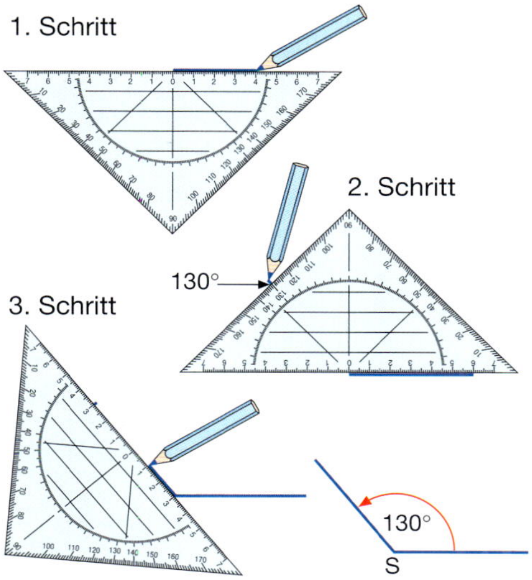

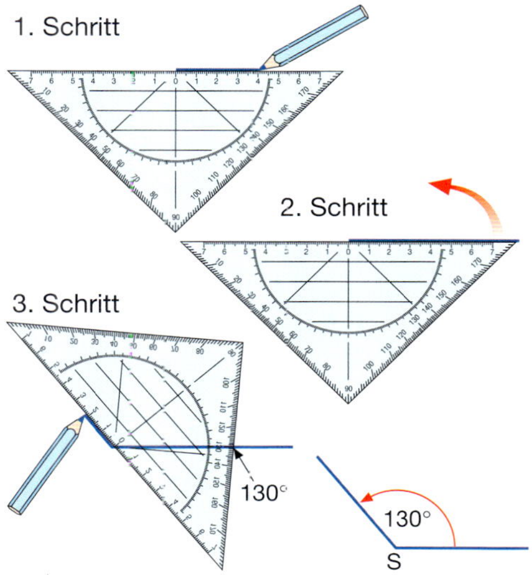

4 Zeichne jeweils einen Winkel mit den vorgegebenen Maßen. Markiere den Winkel mit einem Kreisbogen.

a) 40° 80° 25° 15° 100° 165°

b) 175° 180° 70° 45° 105° 90°

c) 153° 93° 18° 114° 66° 144°

d) 8° 107° 133° 155° 34° 123°

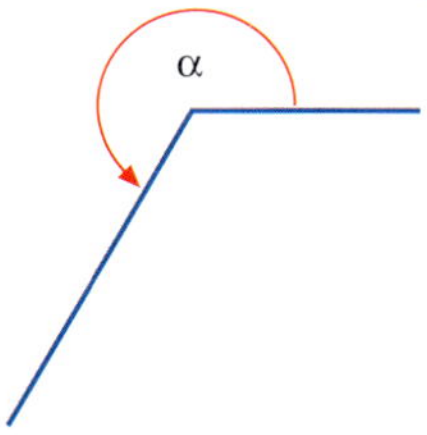

5 Das Maß des abgebildeten Winkels α liegt zwischen 180° und 360°.

a) Erläutere, wie mithilfe des Geodreiecks das Winkelmaß bestimmt wird.

b) Finde einen zweiten Lösungsweg. Begründe ihn.

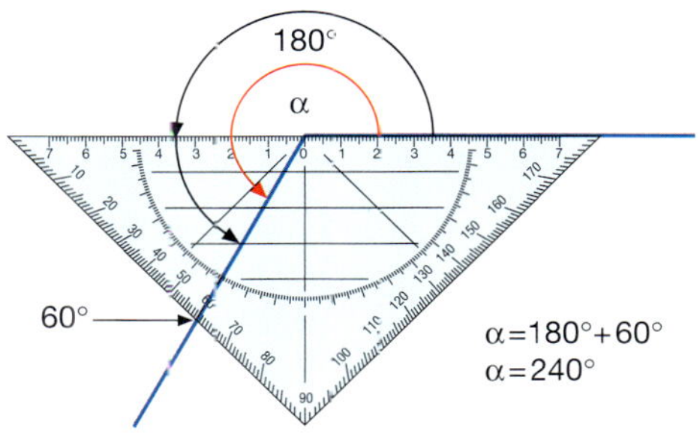

c) Bestimme die Maße der abgebildeten Winkel. Schätze zunächst.

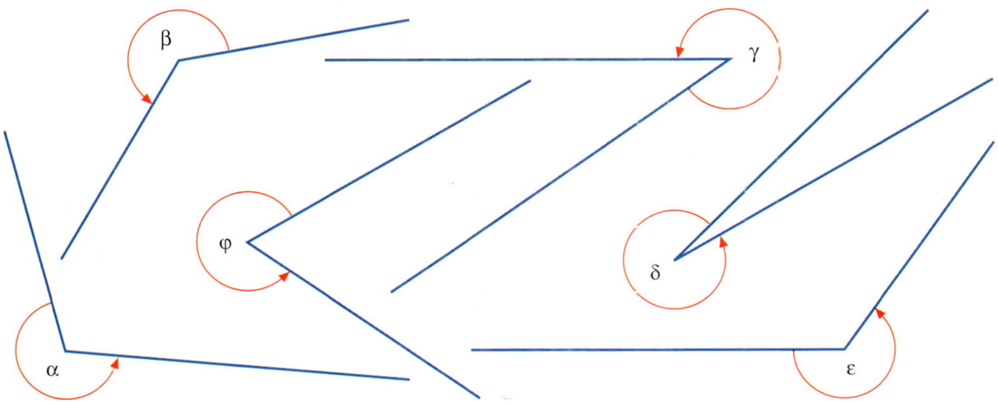

L 345°; 235°; 250°; 295°; 230°; 325°

6 Zeichne einen Winkel mit dem angegebenen Maß. Markiere den Winkel mit einem Kreisbogen.

a) 240° 210° 270° 320° 190° 350°
b) 195° 285° 305° 205° 315° 345°
c) 208° 186° 314° 293° 344° 197°
d) 332° 227° 206° 318° 188° 353°

7 a) In der folgenden Übersicht siehst du, wie die Winkel ihrer Größe nach eingeteilt werden. Von welcher Art ist ein 122° (90°, 47°, 235°, 180°) großer Winkel?

Winkelarten

Spitze Winkel sind kleiner als 90°.

$0° < \alpha < 90°$

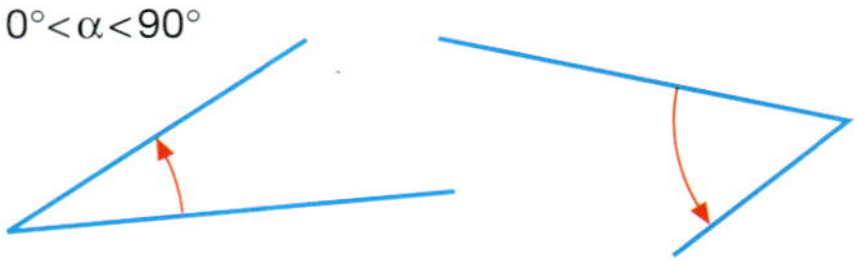

Ein **rechter Winkel** ist 90° groß.

$\alpha = 90°$

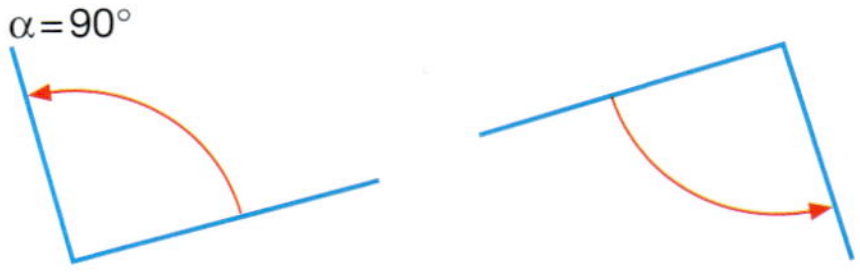

Stumpfe Winkel sind größer als 90° und kleiner als 180°.

$90° < \alpha < 180°$

Ein **gestreckter Winkel** ist 180° groß.

$\alpha = 180°$

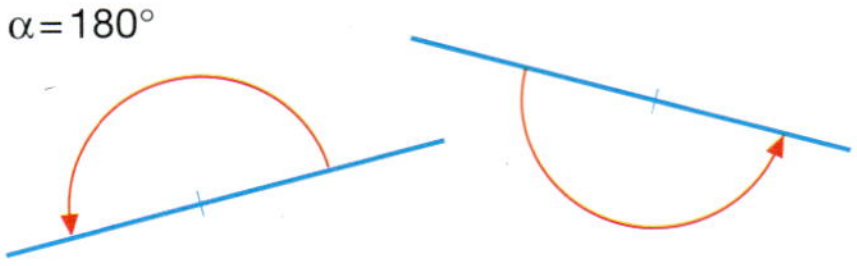

Überstumpfe Winkel sind größer als 180°.

$180° < \alpha < 360°$

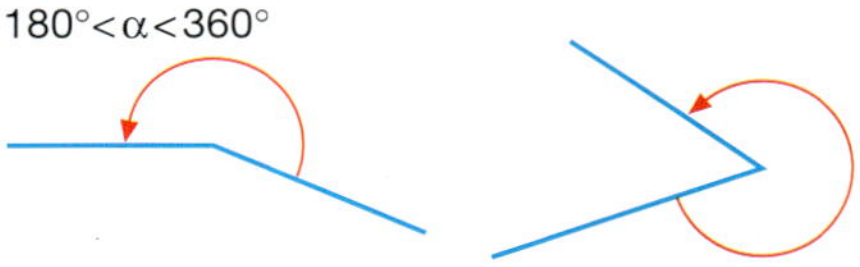

Ein **Vollwinkel** ist 360° groß.

$\alpha = 360°$

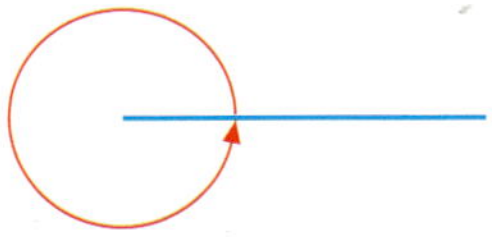

b) Bestimme die Maße der unten markierten Winkel.
Ergänze die Tabelle im Heft.

c) Welche Sitzhaltung wählst du? Begründe!

Winkel	α	...
Winkelart	spitzer W.	
geschätzt	40°	
gemessen		

Griechischer Buchstabe: omega (ω)

8 Zeichne eine waagerechte Halbgerade mit dem Anfangspunkt S. Trage an dieser Halbgeraden mit S als Scheitel einen Winkel von 60° an. An den entstehenden Schenkel zeichnest du nun einen Winkel von 35°. Fahre so fort mit den Winkel 15° und 70°. Welches Maß hat der gesamte Winkel?

9 Welche Winkelarten kannst du in der Skizze des Segelschiffes entdecken? Wähle von jeder Art einen Winkel aus und bestimme jeweils das Winkelmaß.

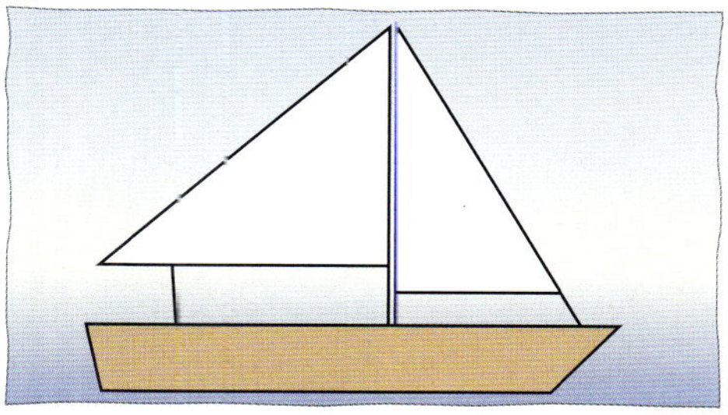

10 In einem Gitternetz sind folgende Punkte festgelegt:
S (6|4), A (3|0), B (12|5), C (4|3), D (2|3), E (4|10), F (11|6), G (7|10), H (9|2), I (10|8), K (8|12), L (3|6), M (1|6), N (11|3), P (0|5), Q (8|1), R (3|2), Z (12|4)

Die Halbgerade [SZ ist Schenkel von Winkeln mit dem Scheitel S, der zweite Schenkel verläuft durch einen der Punkte A bis R. Wenn du folgende Winkel richtig einzeichnest, erhältst du den Namen eines berühmten Einwohners von Nürnberg.
10° 108° 326° 233° 45° 158°

11 Ein Baum wirft einen Schatten von 12 m Länge. Die Sonne steht dabei 40° hoch (siehe Skizze). Fertige eine maßstabsgerechte Zeichnung (1 : 100) an und bestimme die Höhe des Baumes.

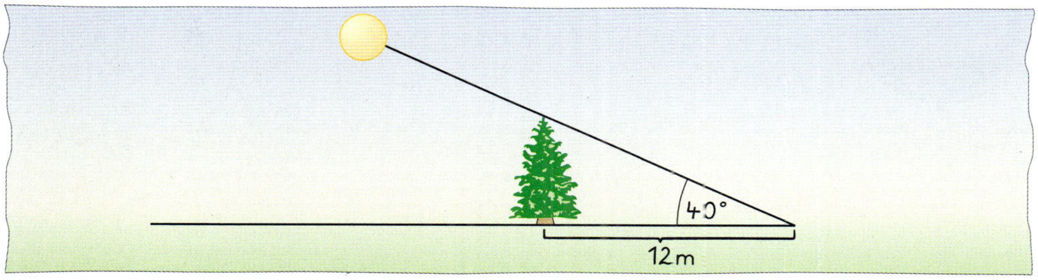

12 Der Strafraum eines Fußballfeldes hat die Maße wie in der Skizze.
Wie groß ist der Schusswinkel auf das Tor
a) bei einem Elfmeter?
b) bei einem Freistoß von der linken Strafraumecke?
Fertige eine Zeichnung im Maßstab 1 : 200 an und miss die Winkel.

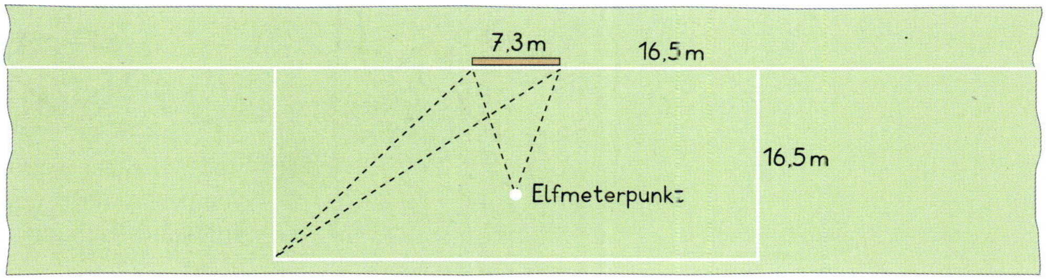

1

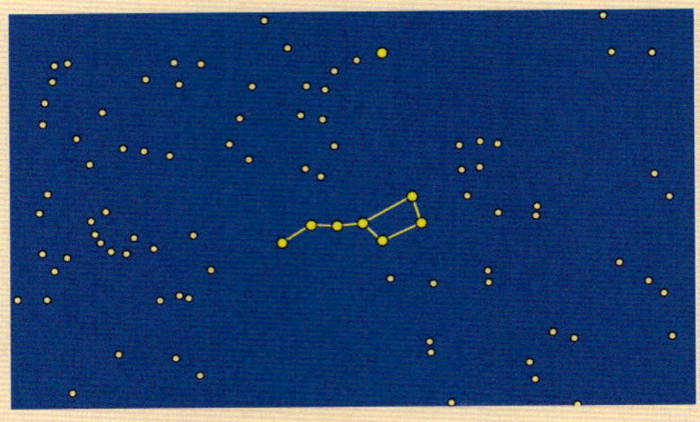

Wie kannst du vom Sternbild des Großen Wagens ausgehend die Richtung Nord bestimmen?

2 Um ein Schiff sicher an sein Ziel zu bringen, benötigen die Seefahrer neben anderen Hilfsmitteln vor allem einen Kompass.

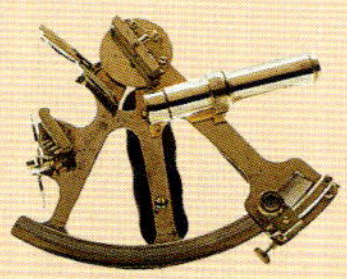

Die Abbildung zeigt dir die Vollkreisrose eines Kompasses. Sie ist von Nord über Ost im Uhrzeigersinn in 360° unterteilt.

Welche Himmelsrichtung gehört zu der Gradzahl 90° (270°, 0°, 135°)?
In welcher Gradzahl kannst du die Himmelsrichtung Süd (Nordost, Südwest) angeben?

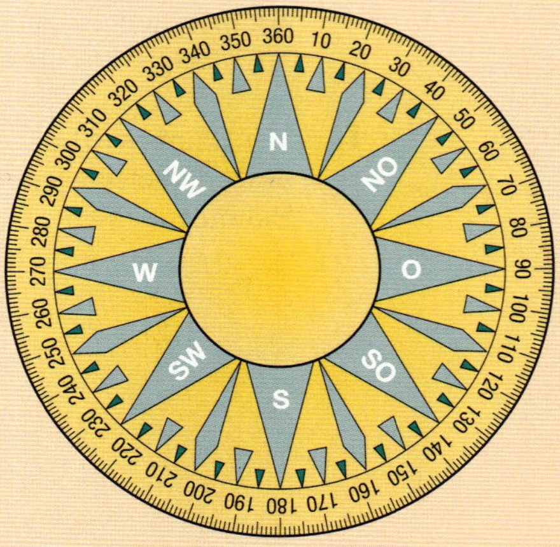

3

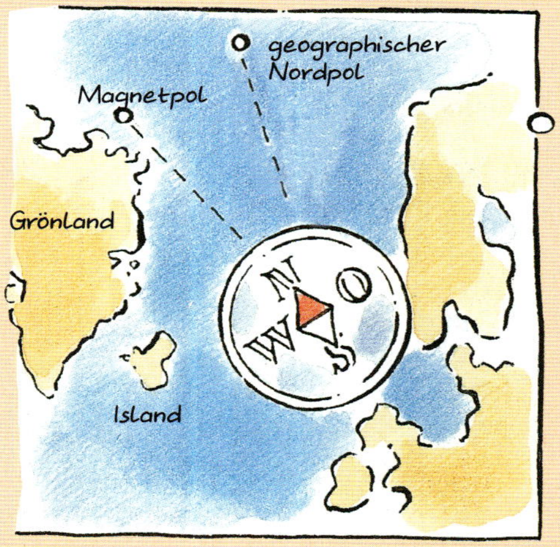

Finde heraus, warum die Spitzen der Kompassnadel etwas von der eigentlichen Nord-Süd-Richtung abweichen.

4 Ein Schiff will an der Tonne T8 seine Fahrtrichtung ändern, um das Feuerschiff anzulaufen.
Der Kapitän muss deshalb mithilfe der Seekarte einen neuen Kurs festlegen.
Dafür misst er auf der Karte den Winkel zwischen der Nordrichtung und der zukünftigen Fahrtrichtung.
Welchen Kurs kann der Kapitän der Karte entnehmen, wenn er an der Tonne T8 seine Fahrt in Richtung der Tonne T3 (H9) ändern will?

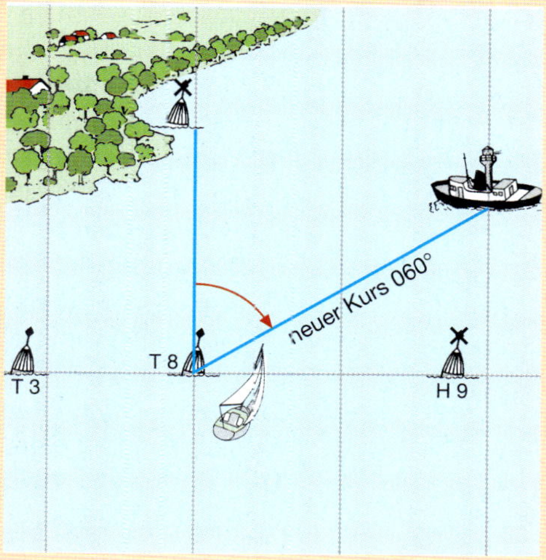

5

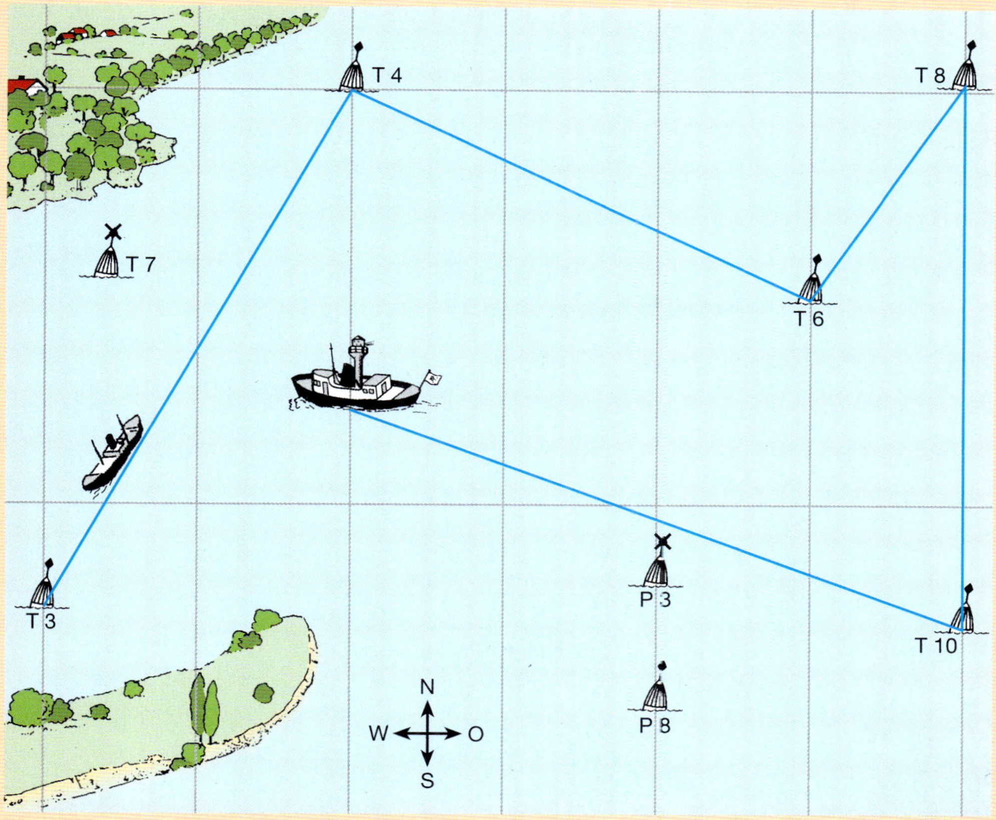

a) Das Wartungsschiff „Elbvogel“ steht an der Tonne T3. Es soll nacheinander die Tonnen T4, T6, T8, T10 und das Feuerschiff anlaufen. Bestimme anhand der abgebildeten Seekarte die einzelnen Kurse.

b) Der „Elbvogel“ steuert anschließend vom Feuerschiff aus die Tonne P8 an. Bestimme den Kurs.
Nach einiger Zeit kommt die Tonne P3 voraus in Sicht. Welchen Kurs ist das Schiff tatsächlich gelaufen? Kannst du die Kursabweichung erklären?

1 a) Durch die Balken des Andreaskreuzes entstehen vier Winkel. Vergleiche die Maße der einzelnen Winkel miteinander. Was vermutest du?

b) Zeichne zwei sich schneidende Geraden. Die Geraden sollen nicht senkrecht zueinander sein.
Bestimme die Maße der einzelnen Winkel am Schnittpunkt der Geraden. Was stellst du fest?

2 Gib jeweils die Maße der abgebildeten Winkel β, γ und δ an.
Überprüfe deine Lösungen. Fertige dafür eine Zeichnung an.

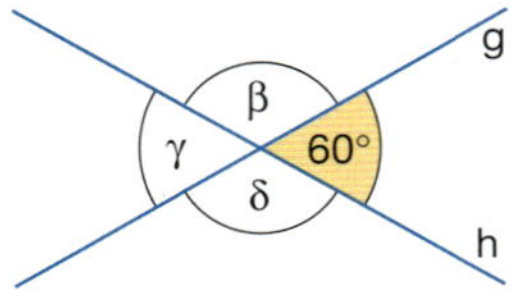

Scheitelwinkel

An zwei sich schneidenden Geraden gilt: Gegenüber liegende Winkel heißen **Scheitelwinkel;** sie sind maßgleich.

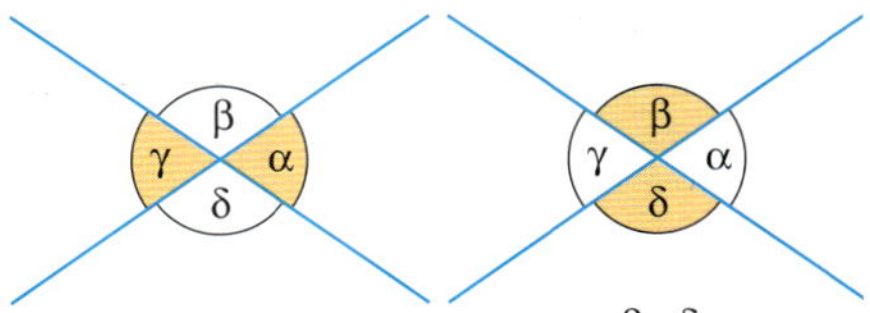

$\alpha = \gamma$ $\beta = \delta$

Die Winkel α und γ sowie β und δ sind Scheitelwinkel.

Nebenwinkel

An zwei sich schneidenden Geraden gilt: Nebeneinander liegende Winkel heißen **Nebenwinkel;** sie ergeben zusammen 180°.

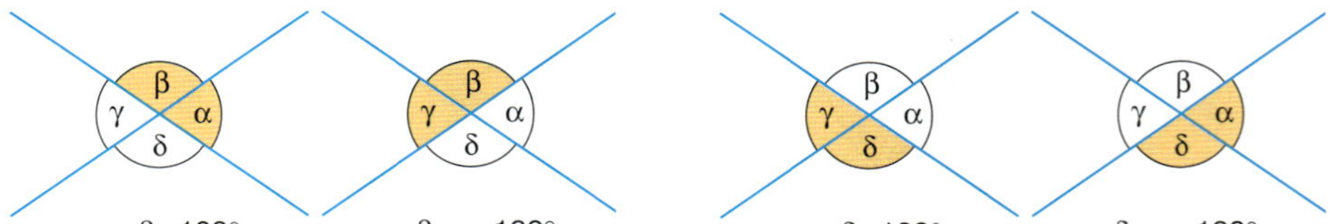

$\alpha + \beta = 180°$ $\beta + \gamma = 180°$ $\gamma + \delta = 180°$ $\delta + \alpha = 180°$

Die Winkel α und β, β und γ, γ und δ sowie δ und α sind Nebenwinkel.

Übung

3 Bestimme die fehlenden Winkelmaße.

a)

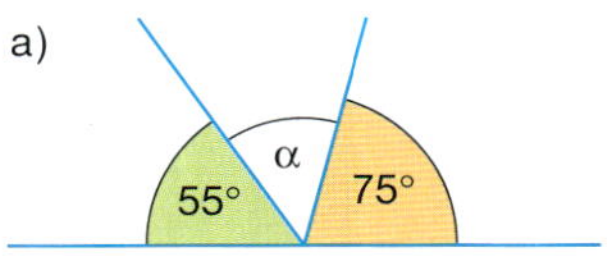

b)

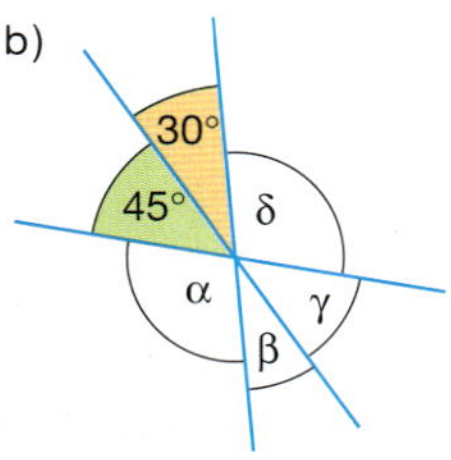

c)

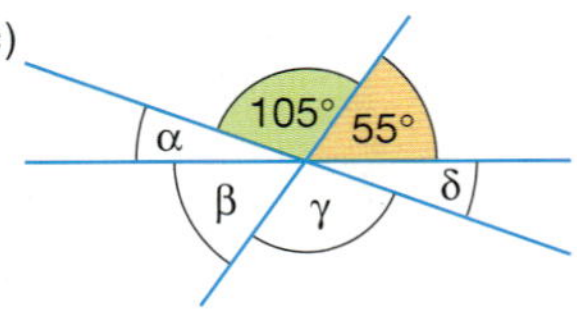

d)

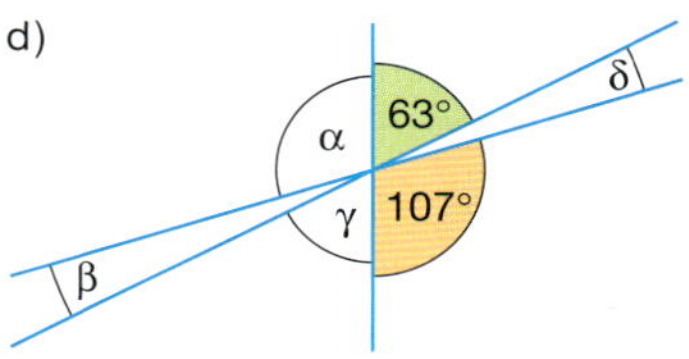

e)

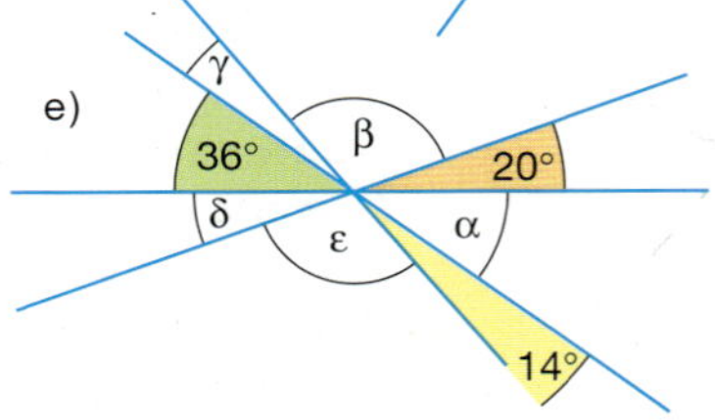

1 Die Geraden g = AB und h = CD schneiden sich im Punkt S. Zeichne die Geraden in ein Gitternetz, gib den x- und den y-Wert von S an und miss den Winkel ASC.
Benenne dann die übrigen Winkel mit dem Scheitel S (z. B. ∢ CSA) und gib ihre Maße an.
a) A (7|3), B (9|7), C (3|3), D (0|5)
b) A (3|5), B (9|2), C (6|1), D (9|7)

2 Zeichne die Gerade AB mit A (3|4) und B (19|2) sowie die Punkte P (3|14) und Q (18|4) in ein Gitternetz. Wähle als Längeneinheit ein Kästchen.
Zeichne dann jeweils das Lot von P und Q auf AB ein.
a) Gib die x- und y-Werte der Lotfußpunkte an.
b) Miss die Abstände der Punkte P und Q von AB.

3 Bestimme die fehlenden Winkelmaße.

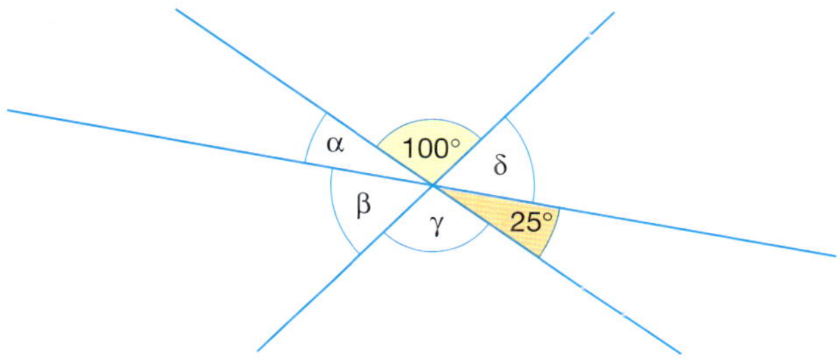

4 Zwei Geraden schneiden sich wie in der Skizze im Punkt S. Berechne das Maß des Winkels α.
A 36°
B 18°
C 72°
D 108°

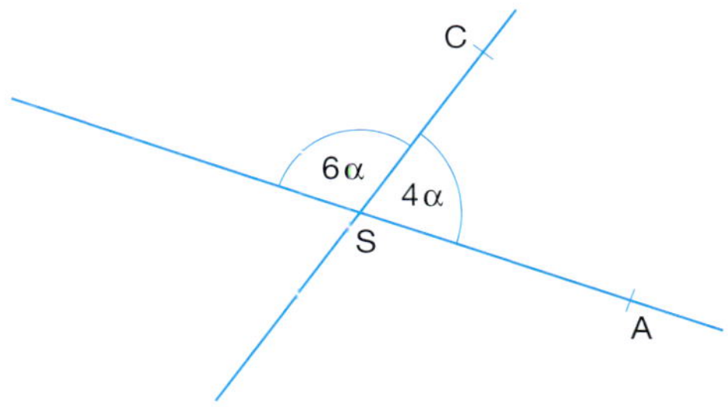

5 S ist Anfangspunkt von vier Halbgeraden. Der Winkel DSB hat das Maß 60°, weiter ist ∢ DSC = 110° und ∢ ASC = 75°. Welches Maß hat der Winkel ASB?

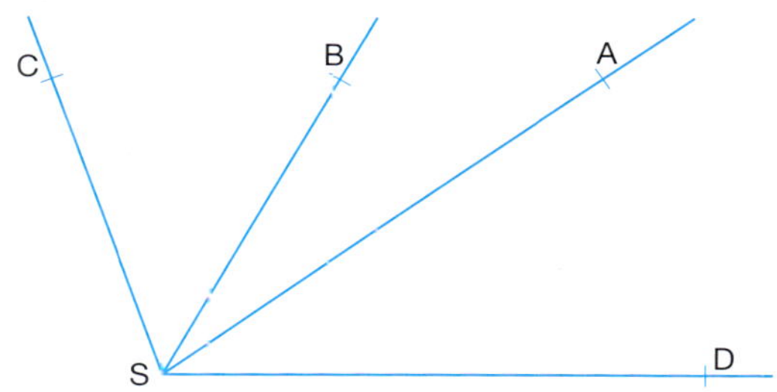

6 Ein Winkel α hat das Maß 37°. Wie groß ist sein Scheitelwinkel β und sein Nebenwinkel γ?

7 Der Winkel α ist doppelt (dreimal) so groß wie sein Nebenwinkel β. Bestimme die Maße der Winkel.

8 a) Der Winkel α ist um 40° größer als sein Nebenwinkel β.
b) Der Nebenwinkel zu α ist um 30° größer als das Doppelte des Winkels α.
c) Der Winkel α und sein Scheitelwinkel ergeben zusammen 116°.

1 Kreis und Gerade können sich in zwei Punkten schneiden.
Was kannst du über die Länge der Strecke [PQ] aussagen? Vergleiche mit der Länge von [ST].

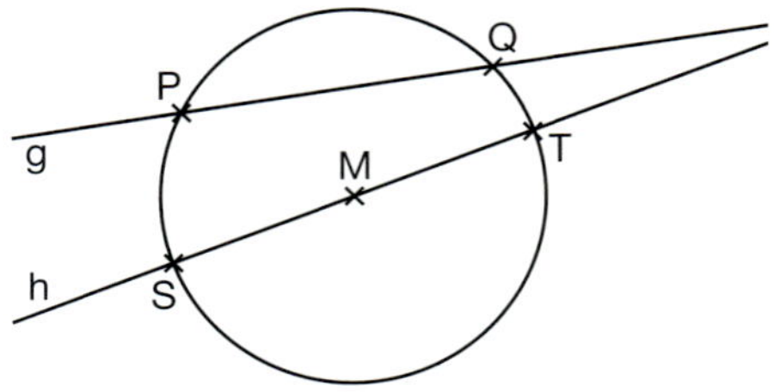

Sehne
Durchmesser

Die Gerade g schneidet den Kreis in den Punkten P und Q. Die Strecke [PQ] innerhalb des Kreises heißt **Sehne**. Die längste Sehne des Kreises geht durch den Mittelpunkt. Ihre Länge heißt **Durchmesser**.

2 Schneide von einem Kreis aus Papier wie in der Zeichnung einen Teil ab. Dieses Stück heißt Segment (Abschnitt) des Kreises.
Der Teil der Kreislinie zwischen den Punkten P und Q ist ein **Kreisbogen.**

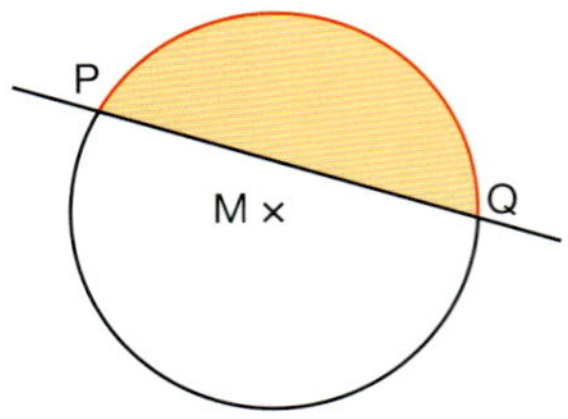

3 a) Schneide aus einem Blatt Papier einen Kreis mit 4 cm Radius aus. Trage wie im Bild zwei beliebige Radien ein. Schneide dann das Stück zwischen den Radien aus. Du erhältst zwei Kreisausschnitte oder **Sektoren.**

b) Informiere dich, wo im täglichen Leben oder in der Technik Sektoren vorkommen. Nenne drei Beispiele.

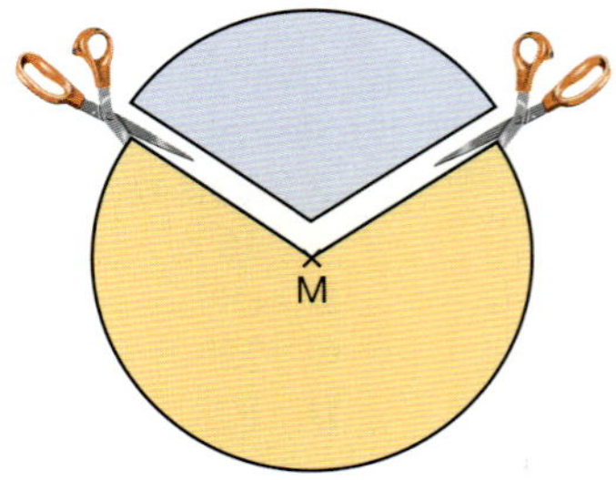

Segment
Sektor

Bogen
Mittelpunkts-winkel

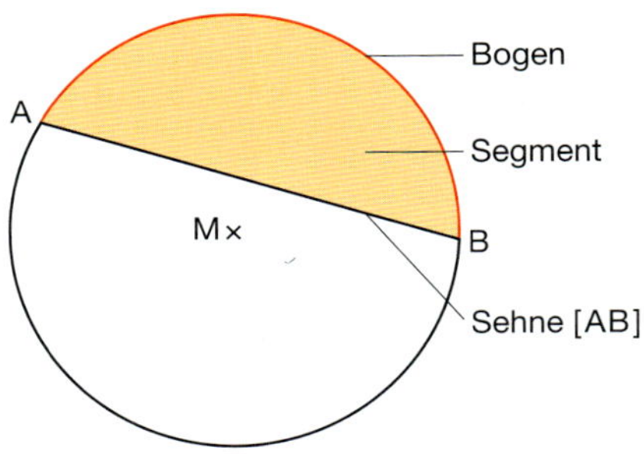

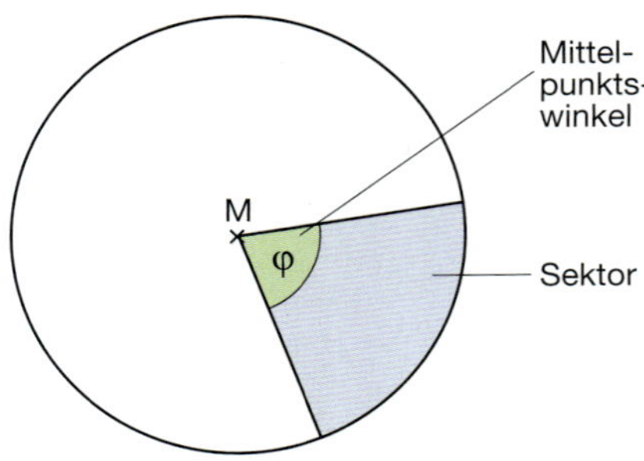

Übungen

4 Zeichne einen Kreis mit 3 cm Radius. Der Punkt A liegt auf der Kreislinie.
a) Trage eine Sehne [AB] mit 5 cm Länge und eine Sehne [AC] mit 3 cm Länge ein.
b) Ist auch die Strecke [BC] eine Sehne? Wie lang ist sie?
c) Gibt es eine Sehne mit 2 cm (7 cm) Länge in diesem Kreis?

5 Schneide von einem Kreis mit 10 cm Durchmesser ein Segment ab, dessen Sehne 7 cm lang ist.

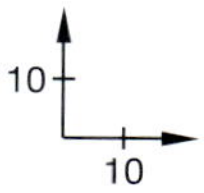

6 Zeichne den Kreis k um M (4|4) mit r = 5 cm in ein Gitternetz. Der Kreis schneidet die Achsen in insgesamt 4 Punkten. Benenne diese Punkte mit A, B, C und D und verbinde sie mit M. Es entstehen 4 Sektoren. Wie groß sind ihre Mittelpunktswinkel? Schreibe so: $\sphericalangle$ AMB = …

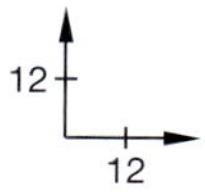

7 M (6|5) ist Mittelpunkt eines Kreises mit r = 5 cm. Der Kreis berührt die x-Achse im Punkt A. Zeichne den Kreis in ein Gitternetz und trage die Sektoren mit den Mittelpunktswinkeln AMB = 37° und DMA = 80° ein.

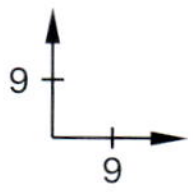

8 a) Zeichne einen Kreis k um M (4|3) mit r = 3 cm. Die Gerade g verläuft durch die Punkte A (0|7) und B (8|3) und schneidet den Kreis in den Punkten P und Q.
b) Trage in die Zeichnung den Sektor und das Segment farbig ein, die du erhalten hast.
c) Miss die Länge der Sehne [PQ] und das Maß des Mittelpunktswinkels φ.

9 Auch mit einem Geometrieprogramm kannst du Sehnen und Sektoren zeichnen.

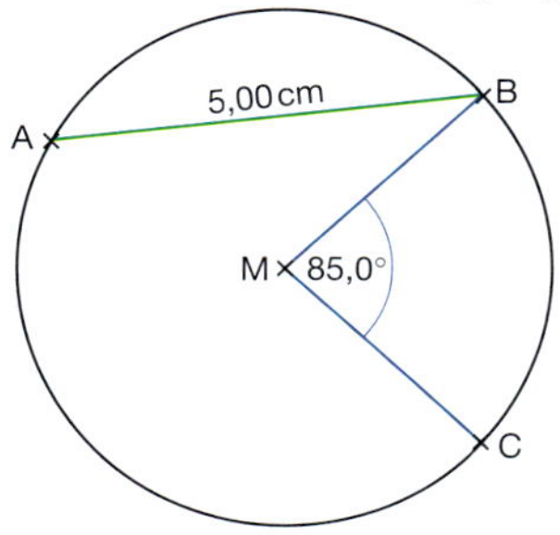

Versuche eine solche Zeichnung mit den angegebenen Maßen anzufertigen. Wähle einen sinnvollen Radius! Achte darauf, dass die Punkte A, B und C genau auf der Kreislinie liegen. Die Maße kannst du im Menü „Messen“ ermitteln. Mit gedrückter Maustaste kannst du Winkelmaß und Sehnenlänge verändern.

10 a) Zeichne einen Kreis mit beliebigem Radius und teile diesen Kreis in 6 (16) gleich große Sektoren ein. Welches Maß hat jeweils der Mittelpunktswinkel der Sektoren? Hat dein Banknachbar oder deine Banknachbarin den gleichen Winkel?
b) Verbinde die Punkte der Kreislinie, die die Sektoren begrenzen, durch Strecken. Du erhältst ein **reguläres Sechseck** (Sechzehneck). Zeichne dann ein reguläres Achteck. Überlege dir zuerst die Maße des Mittelpunktswinkels!

11 Beim Diskuswerfen wird die Weite vom Aufschlagpunkt bis zur Innenkante des Abwurfbalkens gemessen. Das Maßband wird dabei an der Mitte des Abwurfkreises gehalten.
a) Der Diskus von Fritz Flink schlägt bei F und der von Stefan Schlau bei S auf. Vergleiche die beiden Weiten und begründe deine Antwort
b) Michael Meister wirft 57,5 m. Uwe Ungeheuer möchte unbedingt gewinnen. Fertige eine Zeichnung im Maßstab 1 : 500 und trage den Bereich farbig ein, wo sein Diskus auftreffen muss.

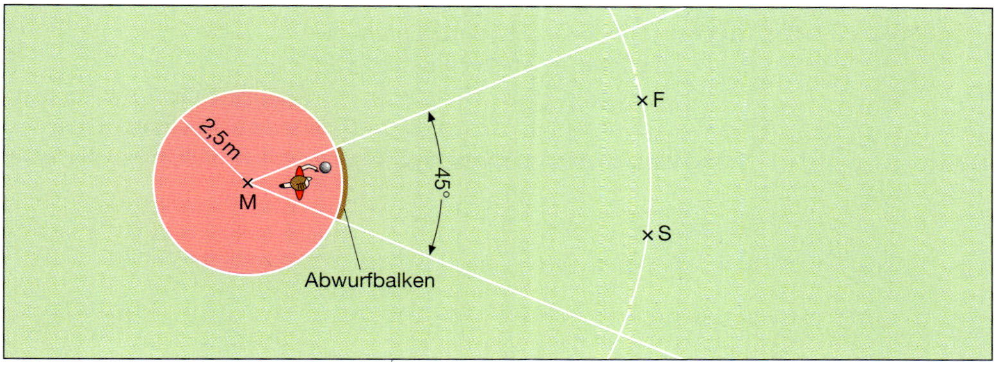

Station 1

Die Firma Bau & Tief schließt das Reiheneckhaus A der Familie Gais an den Abwasserkanal der Gemeinde an. Der Anschluss muss im Punkt P der Planskizze in das Haus eingeführt werden. Die Firma verlangt einen Grundpreis von 1550 EUR, wenn die Hausanschlussleitung nicht länger als zehn Meter ist. Für jeden weiteren Meter Anschlussleitung müssen zusätzlich 225 EUR bezahlt werden.

a) Ermittle, wie viel Familie Gais im Vergleich zum geplanten Vorschlag sparen könnte.

b) Familie Giornato möchte das Reihenhaus B erwerben. Die Grundfläche beträgt 6,75 m² weniger als die des Hauses A. Berechne die Breite vom Haus B.

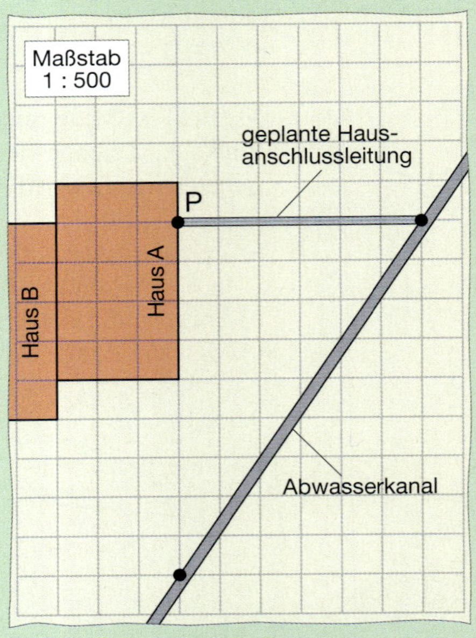

Station 4

a) Übertrage die Zeichnung in dein Heft.

b) Die Schnittmenge der beiden Halbebenen H_1 und H_2 legt einen Winkel W_1 und die Vereinigungsmenge der beiden Halbebenen einen Winkel W_2 fest.
$H_1 \cap H_2 = W_1$.
Gib das Maß α des Winkels W_1 an.
$H_1 \cup H_2 = W_2$.
Gib das Maß β des Winkels W_2 an.

c) Der Punkt P_3 liegt auf der Geraden h. Der Winkel P_2SP_3 hat ein Maß von 135°. Ermittle durch Zeichnung die Koordinaten des Punktes P_3.

d) Die Halbebene H_3 wird durch die Randgerade g_3 abgeschlossen. Der Punkt P_3 liegt in der Halbebene H_3. Kennzeichne diese Halbebene H_3 farbig.

e) $H_1 \cap H_2 \cap H_3 = F$. Welche Figur F entsteht als Schnittmenge der drei Halbebenen?

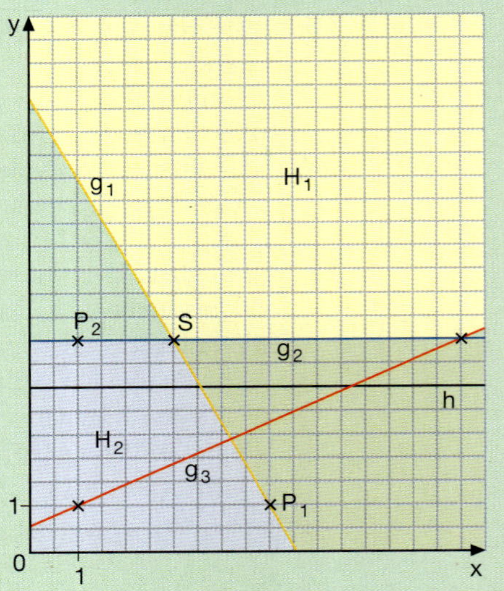

Station 2

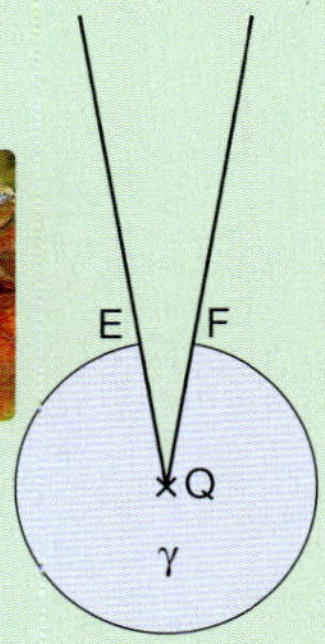

Oben siehst du die Gesichtsfelder von Herrn Hell, seinem Hund Rex und seinem Frosch Quak, der sich im Garten von Herrn Hell recht wohl fühlt.

a) Was versteht man unter der Bezeichnung „Gesichtsfeld“?
b) Bezeichne die dargestellten Winkel mit Großbuchstaben. Schreibe so: $\alpha = \sphericalangle$ ■■■
Bestimme anschließend die Maße der Winkel.
c) Ein Krokodil hat ein Gesichtsfeld von 290 °. Zeichne dieses Gesichtsfeld.

Station 3

A

B

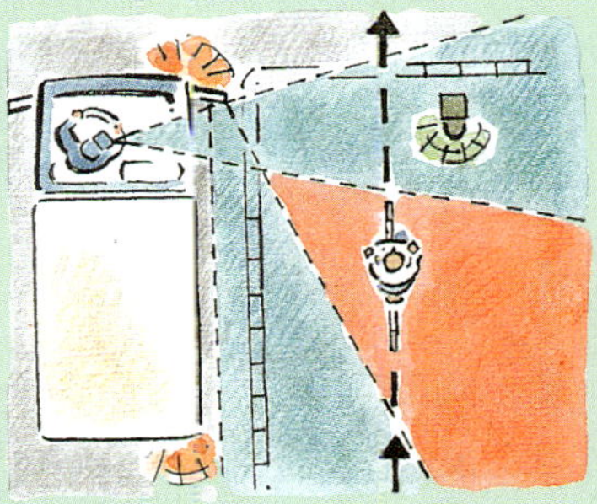

Markus fährt auf dem Radweg neben der Oberburger Hauptstraße auf eine Kreuzung zu. Links neben ihm auf der Hauptstraße befindet sich ein Lkw, der nach rechts abbiegen will. Der Lkw-Fahrer kann Markus momentan nicht sehen, da sich Markus im sogenannten „toten Winkel“ befindet (siehe Skizze A und Skizze B).

a) Bestimme das Maß des „toten Winkels“.
b) Die Skizze B ist im Maßstab 1 : 200 dargestellt. Markus fährt vorsichtig. Er legt 2 m pro Sekunde (ca. 7 km pro Stunde) zurück. Ermittle, wie lange Markus sich im „toten Winkel“ befindet, wenn der Lkw steht und Markus im Abstand von 3 m zum Lkw durch den „toten Winkel“ fährt. Gib die richtige Antwort an.
A vier Sekunden **B** eine Sekunde **C** zwei Sekunden
c) Wie lange würde sich Markus im Vergleich zu b) im „toten Winkel“ befinden, wenn der Lkw ebenfalls langsam fährt? Gib die richtige Antwort an. Begründe.
A länger **B** kürzer **C** genau so lang

1. An Kreuzungen und Einmündungen vor dem Überqueren auf rechts abbiegende Fahrzeuge, vor allem auf Lkws achten.
2. Vor einer roten Ampel lieber hinter einem Lkw warten als neben ihm.

6 Gleichungen und Ungleichungen

Terme

1 a) Ein IC-Zug der Deutschen Bahn besteht aus einer elektrischen Lokomotive der Baureihe 101 und IC-Reisezugwagen. Erkläre, wie du die Gesamtlänge eines IC-Zuges berechnen kannst.

b)

Mithilfe des **Terms 19 + 26 · x** kannst du die Länge verschiedener Züge berechnen. Begründe.

Länge der Lok (in m):	19
Länge eines Wagens (in m):	26
Anzahl der Wagen:	x
Länge des Zuges (in m):	$19 + 26 \cdot x$

So kannst du den Termwert von $\mathbf{19 + 26 \cdot x}$ für $x = 4$ berechnen

Term:	$19 + 26 \cdot x$
Einsetzen:	$19 + 26 \cdot \mathbf{4} =$
Termwert:	123

Der Termwert 123 gibt in diesem Fall die Länge des IC-Zuges in Metern an, wenn 4 Wagen an die Lok angehängt werden.

c) Berechne die Länge eines IC-Zuges mit 12 Wagen.

Grundmenge

Man bezeichnet als Terme
- Alle Zahlen z. B. 4; 3,45; $\frac{2}{3}$; …
- Variable (Platzhalter) z. B. x; y; …
- alle sinnvollen Verknüpfungen von Zahlen und Variablen z. B. $19+26 \cdot x$

Die Menge der Zahlen, deren Elemente man für die Variablen eines Terms einsetzt heißt **Grundmenge $\mathbb{G}$.**

2 So kannst du die Termwerte des Terms **19 + 26 · x** in der Grundmenge $\mathbb{G} = \{0; 1;2; 3\}$ darstellen:

Numerische und grafische Wertetabelle

Numerische Wertetabelle

x (Anzahl der Wagen)	0	1	2	3
19 + 26 · x (Zuglänge in m)	19	45	71	97

Grafische Wertetabelle

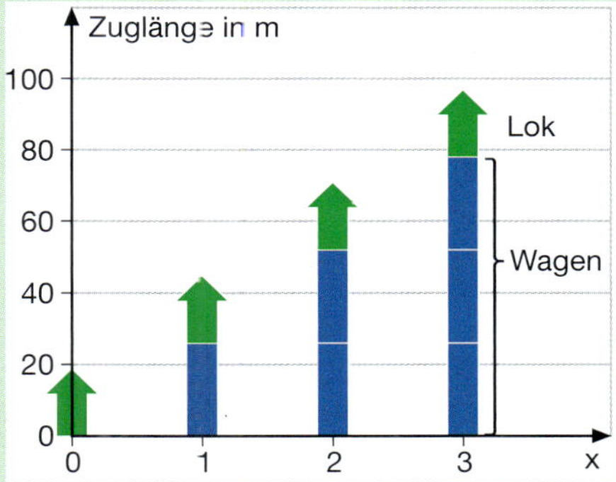

Erstelle eine numerische und grafische Wertetabelle für den Term 19 + 26 · x in $\mathbb{G} = \{4; 5; 6\}$.

3 In einer Mathematikstunde soll die Klasse 6a zu dem Term $\frac{4}{3-x}$ eine Wertetabelle in $\mathbb{G} = \{0; 1; 2; 3\}$ erstellen. Bei der Einsetzung für x = 3 entsteht Unruhe.
Xaver rechnet: $\frac{4}{3-3} = 4$; Hela rechnet: $\frac{4}{3-3} = 0$. Was meinst du dazu?

Definitionsmenge

Termwerte lassen sich in numerischen und grafischen Wertetabellen darstellen.
Tritt bei einer Einsetzung in einen Term eine Division durch Null auf, so muss man die Grundmenge einschränken.
Die so eingeschränkte Grundmenge bezeichnet man als **Definitionsmenge** $\mathbb{D}$.

Beispiel: Gegeben ist der Term $\frac{5}{6-x}$ in der Grundmenge $\mathbb{G} = \{0; 1; 2; \dots; 6\}$.

Für die Einsetzung x = 6 hat der Nenner den Wert Null. Deshalb ist die Definitionsmenge hier $\mathbb{D} = \{0; 1; 2; \dots; 5\}$

Übungen

4 a) Ermittle einen Term zur Berechnung der Maßzahl des Gesamtgewichts des IC-Zuges (vgl. S. 98 Aufgabe 1). Wähle wieder x als Variable für die Anzahl der Wagen. Gib eine sinnvolle Grundmenge $\mathbb{G}$ an.
b) Fertige eine numerische und grafische Wertetabelle für deinen Term in $\mathbb{G} = \{3; 4; 5; 6\}$ an.
c) Welche Definitionsmenge hat der Term?

5 Bestimme die Definitionsmengen und erstelle eine numerische und grafische Wertetabelle in $\mathbb{G} = \{0; 1; 2; 3; 4\}$.

a) $\frac{12}{x}$ b) $\frac{18}{x^2}$ c) $\frac{3 \cdot y}{8}$ d) $\frac{6}{4-x}$ e) $\frac{12-a}{4+a}$ f) $\frac{z+4}{z \cdot (4-z)}$

6 Finde zu jedem Term die passende Definitionsmenge. $\mathbb{G} = \{0; 1; 2; 3; 4; 5; 6\}$

a) $\frac{z+3}{2 \cdot z}$ b) $\frac{x}{17}$ c) $\frac{3}{x \cdot (6-x)}$

A $\mathbb{D}_1 = \{1; 2; 3; 4; 5\}$ **B** $\mathbb{D}_2 = \{1; 2; 3; 4; 5; 6\}$ **C** $\mathbb{D}_3 = \mathbb{G}$

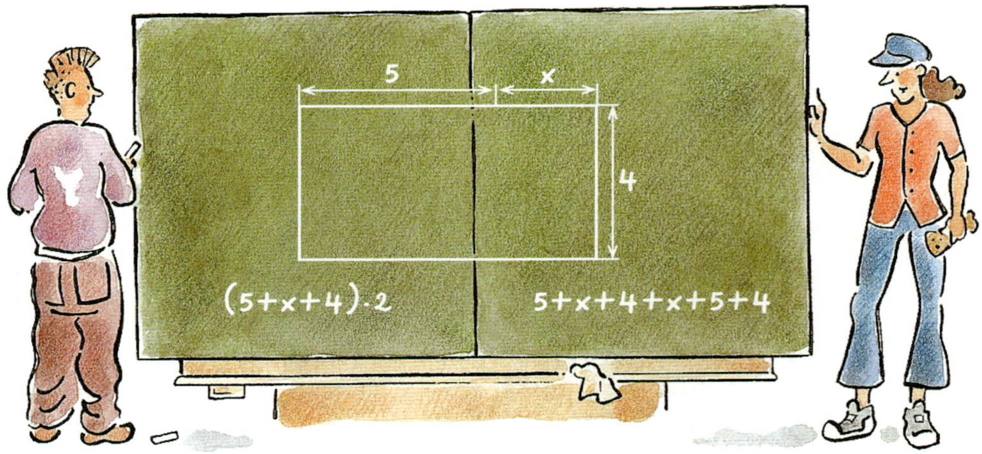

1 Josef und Karin berechnen den Umfang eines Rechteckes. Sie notieren nur die Maßzahlen. Sind die Terme richtig?

a) Erstelle eine Wertetabelle für die beiden Terme und stelle die Termwerte grafisch dar. $\mathbb{G} = \{1; 2; 3; \ldots 6\}$. Wähle geeignete Längeneinheiten auf den Gitterachsen. Orientiere dich an den Wertetabellen.
Was stellst du fest?
Können Josef und Karin ihre Terme auch kürzer schreiben?

b) Für das gleiche Rechteck lassen sich auch Terme für den Flächeninhalt finden. Welcher der folgenden Terme beschreiben die Maßzahl des Flächeninhalts?
Begründe deine Entscheidung.

A $20 + x$ **B** $20 + 4 \cdot x$ **C** $5 + 4 \cdot x$ **D** $(5 + x) \cdot 4$

äquivalent

Terme sind **äquivalent,** wenn sie bei allen Einsetzungen aus der Grundmenge $\mathbb{G}$ jeweils die gleichen Termwerte haben.
Die Terme $20 + 4 \cdot x$ und $(5 + x) \cdot 4$ sind äquivalent, z. B. bezüglich $\mathbb{G} = \{1; 2; \ldots 6\}$
Man schreibt kurz: $20 + 4 \cdot x = (5 + x) \cdot 4$

Übungen

2 Überprüfe die Äquivalenz der Terme in $\mathbb{G} = \{0; 1; 2; \ldots; 5\}$.

a) $2 \cdot x + 2 \cdot x$; $4 \cdot x$ b) $5 \cdot x + 3$; $3 \cdot x + 5$ c) $48 - 4 \cdot x$; $4 \cdot (12 - x)$
d) $4 \cdot x^2$; $2 \cdot x + 2 \cdot x$ e) $3 \cdot (x \cdot 4)$; $12 \cdot x$ f) $5 \cdot (x \cdot 3 \cdot x)$; $15 \cdot x \cdot x$

3 Suche zu jeder Wertetabelle geeignete Terme.

a)

x	0	1	2	3
?	2	5	8	11

b)

x	1	2	3	4
?	0	3	8	15

c)

x	0	1	2	3
?	3	5	7	9

4 Hubert berechnet die Termwerte mit einem Tabellenkalkulationsprogramm. Für die Einsetzung von x erhält er sofort die Termwerte. Gib einen Term an, den Hubert verwendet haben könnte.
Erstelle auf dem PC eine grafische Wertetabelle (Diagramm) zu den Termwerten.

	A	B
1	x	Termwert
2	1	2
3	2	5
4	3	10
5	4	17

1 Ein Güterzug besteht aus Schiebewandwagen und einer elektrischen Lokomotive der Baureihe 152. Der Zug ist 163 m lang.

a) Wie viele Wagen hat er?
Erkläre, wie du die Anzahl der Wagen berechnen kannst.

b) Ein anderer Zug mit Schiebewandwagen und der Lokomotive der Baureihe 152 ist 130 m lang. Um auszurechnen, wie viele Wagen er hat, musst du den Term für die Berechnung der Zuglänge gleich 130 setzen. Du erhältst eine **Gleichung.**
Wie viele Wagen hat der Zug?

1. Term: 130
2. Term: $11 \cdot x + 20$
Gleichung: $11 \cdot x + 20 = 130$
Lösung durch Umkehrrechnung

$x \xrightarrow{\cdot 11} \square \xrightarrow{+20} 130$

$x \xleftarrow{:11} \square \xleftarrow{-20} 130$

Gleichung

> Verbindet man zwei Terme durch das Gleichheitszeichen, so erhält man eine **Gleichung.** Alle Zahlen aus der Grundmenge $\mathbb{G}$, die beim Einsetzen zu einer **wahren Aussage** führen, fasst man zur **Lösungsmenge** $\mathbb{L}$ der Gleichung zusammen.

Übungen

2 a) Ein Zug aus Schiebewandwagen und einer Lokomotive der Baureihe 152 ist 141 m (119 m; 207 m) lang. Stelle eine Gleichung auf und löse sie.

b) Warum kann ein Zug aus Schiebewandwagen und der Lokomotive der Baureihe 152 nicht genau 100 m lang sein?

c) Stelle einen Term zur Berechnung des Gesamtgewichtes eines CARGO-Güterzuges auf. Wähle x als Variable für die Anzahl der Wagen.

d) Bestimme jeweils das Gewicht dieses Zuges mit 1, 2, 3, … 10 Wagen.

e) Ein Zug wiegt insgesamt 141,2 t (181,1 t, 221 t). Wie viele Wagen hat er?

3 Ein Kleintransporter darf mit 960 kg beladen werden.
Zwei Kisten, die jeweils 120 kg schwer sind, stehen schon auf der Ladefläche.
Überlege dir passende Aufgaben.

Markus bekommt jeden Monat sein festes Taschengeld. Einen Teil davon gibt er aus, der Rest wird gespart. Wenn Markus 20 EUR ausgibt, kann er 5 EUR sparen. Kann er, wenn er nur die Hälfte ausgibt, das Doppelte sparen?

1 Auf einer eingleisigen Strecke darf ein Zug aus Kesselwagen und der Lokomotive der Baureihe 140 wegen der Länge der Ausweichgleise nicht länger als 150 m sein.

Um auszurechnen, wie viele Wagen der Zug **höchstens** haben darf, muss der Term für die Berechnung der Zuglänge **kleiner oder gleich** 150 sein. Man erhält eine **Ungleichung.** Die Lösung der Ungleichung findet man durch Probieren. $\mathbb{G} = \mathbb{N}$

1. Term	150
2. Term	$9 \cdot x + 16$
Ungleichung:	$9 \cdot x + 16 \leqq 150$
Lösung:	$9 \cdot 1 + 16 \leqq 150$ (w)
	$9 \cdot 2 + 16 \leqq 150$ (w)
	… … …
	$9 \cdot 14 + 16 \leqq 150$ (w)
	$9 \cdot 15 + 16 \leqq 150$ (f)

Der Zug darf also höchstens aus 14 Kesselwagen bestehen. Als Lösungsmenge kann man angeben: $\mathbb{L} = \{1; 2; 3; \dots; 14\}$ oder in einer anderen Schreibweise: $\mathbb{L} = [1; 14]$

Intervall

[1; 14] bezeichnet man als abgeschlossenes **Intervall.** Es enthält für $\mathbb{G} = \mathbb{N}$ alle natürlichen Zahlen von 1 bis 14.
Das Intervall kann man auch auf der Zahlengeraden darstellen:

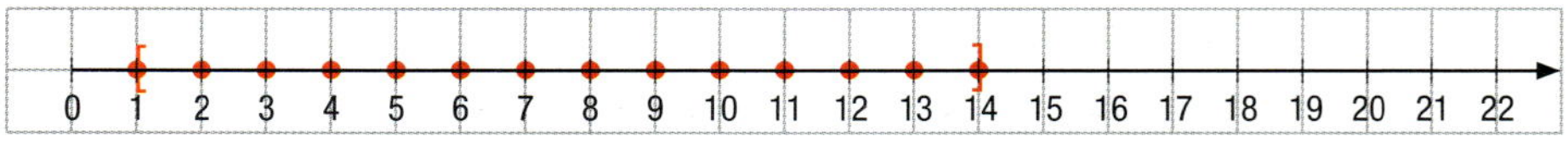

$]1; 14[= \{2; 3; 4; \dots; 13\}$ offenes Intervall ohne die Grenzen 1 und 14.
$[1; 14[= \{1; 2; 3; \dots; 13\}$ halboffenes Intervall mit der Grenze 1 aber ohne 14.
$]1; 14] = \{2; 3; 4; \dots; 14\}$ halboffenes Intervall ohne die Grenze 1 aber mit 14.

Übungen

2 Stelle die Grundmenge auf der Zahlenhalbgeraden dar. Löse die Ungleichungen durch probieren.

a) $x + 4 < 7$ $\quad \mathbb{G} = [0; 5]; x \in \mathbb{N}_0$
b) $x - 15 > 5$ $\quad \mathbb{G} = \{5; 10; 15; \dots; 30\}$
c) $5 \cdot x \geqq 20$ $\quad \mathbb{G} =]4; 12[; x \in \mathbb{N}$
d) $x : 2 < 0$ $\quad \mathbb{G} = [0; 3[; x \in \mathbb{N}_0$
e) $x - 4 > 18$ $\quad \mathbb{G} = \{5; 10; 15; \dots\}$
f) $x + 1 \leqq 2$ $\quad \mathbb{G} = \mathbb{N}_0$
g) $y - 7 > 20$ $\quad \mathbb{G} = \mathbb{N}$
h) $y - 9 < 11$ $\quad \mathbb{G} = [10; 25]; y \in \mathbb{N}$

3 Wie viele Schiebewandwagen mit der Lokomotive der Baureihe 152 (vgl. Seite 101) könnte der Zug auf dieser eingleisigen Strecke haben? Stelle eine Ungleichung auf, löse sie durch Probieren und kennzeichne die Lösung auf der Zahlenhalbgeraden.

4 Ein Schulheft kostet 47 Cent. Wie viele Schulhefte kannst du für 3 EUR höchstens kaufen? Stelle eine passende Ungleichung auf, löse diese und formuliere eine sinnvolle Antwort.

1 Für welchen Wert von x hat die Fläche des Rechtecks von Seite 100 Nr. 1 die Maßzahl 80?

Horst löst die Gleichung durch Probieren, Steffi durch Umkehrung

$(5 + x) \cdot 4 = 80$	$20 + 4 \cdot x = 80$
$(5 + 10) \cdot 4 = 80$ (f)	$4 \cdot x = 60$
$(5 + 13) \cdot 4 = 80$ (f)	$x = 15$
$(5 + 15) \cdot 4 = 80$ (w) $\mathbb{L} = \{15\}$	$\mathbb{L} = \{15\}$

Die beiden Gleichungen $(5 + x) \cdot 4 = 80$ und $20 + 4 \cdot x = 80$ haben in $\mathbb{G}_2 = \mathbb{Q}_0^+$ jeweils die gleiche Lösungsmenge $\mathbb{L} = \{15\}$.

2 Dennis hat die Lösungsmengen der folgenden Ungleichungen in $\mathbb{G} = \{3; 6; 9; 12\}$ bestimmt. Überprüfe, ob Dennis richtig gerechnet hat:

a) $2 \cdot x + 5 \leqq 17$ $\mathbb{L} = \{3;6\}$
b) $x + x < 13$ $\mathbb{L} = \{3;6\}$
c) $18 - x > 11$ $\mathbb{L} = \{3;6\}$

äquivalente Gleichungen und Ungleichungen

Gleichungen (Ungleichungen), die bei gleicher Grundmenge dieselbe Lösungsmenge haben, heißen **äquivalent**.

Beispiele: $(5 + x) \cdot 4 = 80$ ist äquivalent zu $20 + 4 \cdot x = 80$ in $\mathbb{G} = \mathbb{Q}_0^+$
da beide Gleichungen die Lösungsmenge $\mathbb{L} = \{15\}$ haben.

$2 \cdot x + 5 \leqq 17$ ist äquivalent zu $18 - x > 11$ in $\mathbb{G} = \{3;6;9;12\}$
da beide Ungleichungen die Lösungsmenge $\mathbb{L} = \{3; 6\}$ haben.

Übungen

3 Überprüfe, ob die angegebenen Gleichungen und Ungleichungen über den Grundmengen $\mathbb{N}$ und $\mathbb{Q}_0^+$ äquivalent sind.

a) $5 \cdot x = 65$	$x - 5 = 17 + 43$	$(2 + 3) \cdot x = 87 - 22$
b) $y \cdot 4{,}3 > 30{,}1$	$10{,}8 > y + 3{,}75$	$3{,}2 + y > 10{,}4$
c) $a + 0{,}4 - 0{,}2 \cdot 2 = 0$	$a + 1 = 1$	$2 \cdot 0{,}8 = a + 1{,}6$

4 Gib zu der gegebenen Gleichung bzw. Ungleichung eine weitere äquivalente Gleichung bzw. Ungleichung an.

a) $7 + y = 22$ $\mathbb{G} = \mathbb{N}$	b) $x - 2{,}3 \leqq 12{,}6$ $\mathbb{G} = \{3; 6; 9\}$
c) $x \cdot 2{,}7 = 14{,}31$ $\mathbb{G} = \mathbb{Q}_0^+$	d) $27 - z > 14$ $\mathbb{G} = \{2;4;6;...\}$
e) $3 + a + 2 = 9$ $\mathbb{G} = \mathbb{N}_0$	f) $2{,}5 + y - 1 > 5$ $\mathbb{G} = \mathbb{Q}_0^+$

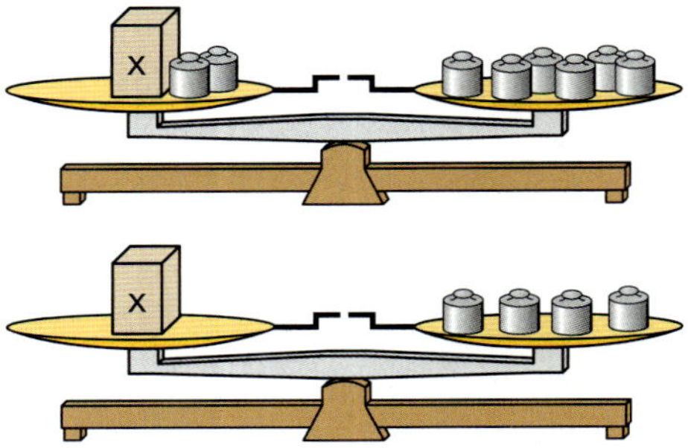

$$x + 2 = 6$$

$-2 \downarrow \qquad \downarrow -2$

$$x + 2 - 2 = 6 - 2$$

$$x = 4$$

$$\mathbb{L} = \{4\}$$

1 a) Wie viele Gewichtsstücke halten dem Quader das Gleichgewicht?
b) Erkläre die Umformung der Gleichung.
c) Löse die Gleichung **x + 3 = 5** durch Umformen. Zeichne dazu die entsprechenden Waagen.

Übungen

2 Zeige durch Einsetzen, dass die beiden Gleichungen äquivalent sind. Forme um wie im Beispiel.

	Gleichung	Gleichung
a)	$x + 4 = 10$	$x = 6$
b)	$x + 2 = 8$	$x = 6$
c)	$12 + x = 28$	$x = 16$
d)	$10 + x = 10$	$x = 0$

Gleichungen: $x + 2 = 5$ $\quad x = 3$
$3 + 2 = 5$ $\quad 3 = 3$
Lösungsmengen: $\mathbb{L} = \{3\}$ $\quad \mathbb{L} = \{3\}$
Umformung: $x + 2 = 5 \quad | -2$
$x + 2 - 2 = 5 - 2$
$x = 3$

3 Zeige durch Einsetzen, dass die beiden Gleichungen dieselbe Lösungsmenge haben. Forme die erste Gleichung so um, dass du die zweite erhältst.

	Gleichung	Gleichung
a)	$x - 4 = 3$	$x = 7$
b)	$x - 12 = 8$	$x = 20$
c)	$x - 8 = 15$	$x = 23$

Äquivalenzumformung

$x + 1 = 5 \quad | -1 \qquad \mathbb{G} = \mathbb{N}$

$x + 1 - 1 = 5 - 1$

$x = 4$

$\mathbb{L} = \{4\}$

Die Lösungsmenge bleibt unverändert, wenn auf beiden Seiten der Gleichung **die gleiche Zahl subtrahiert** wird.

$x - \frac{1}{3} = 5 \quad | +\frac{1}{3} \qquad \mathbb{G} = \mathbb{Q}^+$

$x - \frac{1}{3} + \frac{1}{3} = 5 + \frac{1}{3}$

$x = 5\frac{1}{3}$

$\mathbb{L} = \{5\frac{1}{3}\}$

Die Lösungsmenge bleibt unverändert, wenn auf beiden Seiten der Gleichung **die gleiche Zahl addiert** wird.

Die Umformung einer Gleichung in eine andere Gleichung, die dieselbe Lösungsmenge hat, heißt **Äquivalenzumformung.**

4 Bestimme die Lösungsmenge mithilfe von Äquivalenzumformungen. $\mathbb{G} = \mathbb{Q}_0^+$
a) $x + 6{,}2 = 11{,}4$ b) $x - 5{,}5 = 6{,}2$ c) $x + 3{,}8 = 5{,}9$ d) $x + 3{,}7 = 4{,}4$
e) $x - 7{,}8 = 5{,}6$ f) $x + 2{,}6 = 4{,}5$ g) $x + 12{,}5 = 14{,}6$ h) $x - 10{,}4 = 6{,}5$
i) $x - (18 - 11) = 67$ k) $3{,}6 \cdot (4{,}3 - 3{,}8) + x = 2{,}2$

1

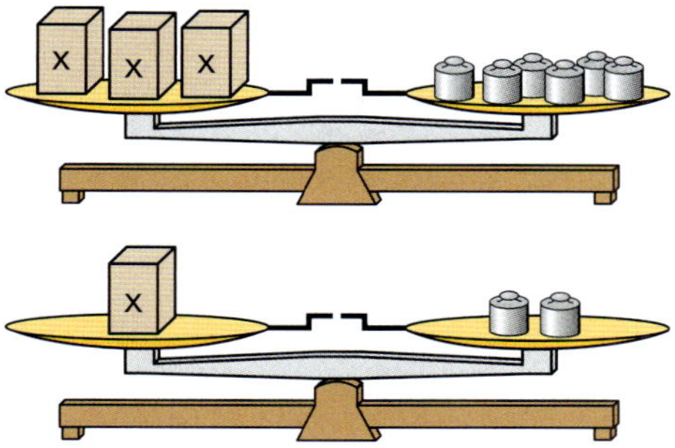

$$3 \cdot x = 6 \quad |:3$$

$$\frac{3}{3} \cdot x = \frac{6}{3}$$

$$x = 2$$

$$\mathbb{L} = \{2\}$$

a) Warum ist die zweite Waage im Gleichgewicht?
b) Erkläre die Umformung der Gleichung.
c) Löse die Gleichung **2 · x = 8** durch Umformen. Zeichne dazu die entsprechenden Waagen.

2 Zeige durch Einsetzen, dass die beiden Gleichungen dieselbe Lösungsmenge haben. Forme um wie im Beispiel.

	Gleichung	Gleichung
a)	$3x = 12$	$x = 4$
b)	$6x = 48$	$x = 8$

Gleichungen: **5x = 15** **x = 3**
$5 \cdot 3 = 15$ $3 = 3$
Lösungsmengen: $\mathbb{L} = \{3\}$ $\mathbb{L} = \{3\}$
Umformung: $5x = 15 \quad |:5$
$\frac{5}{5} \cdot x = \frac{15}{5}$
$x = 3$ $\mathbb{L} = \{3\}$

3 Zeige durch Einsetzen, dass die beiden Gleichungen dieselbe Lösungsmenge haben. Forme die erste Gleichung so um, dass du die zweite erhältst.

	Gleichung	Gleichung
a)	$\frac{1}{2}x = 7$	$x = 14$
b)	$\frac{1}{3}x = 9$	$x = 27$

4 Multipliziere beide Seiten der Gleichung $3 \cdot x = 9$ mit 3 (mit 2, mit 0). Bestimme jeweils die Lösungsmenge. Was fällt dir auf?

$\frac{1}{3}x = 6 \quad |\cdot \frac{3}{1}$
$\frac{1}{3} \cdot \frac{3}{1} \cdot x = 6 \cdot \frac{3}{1}$
$x = 18$
$\mathbb{L} = \{18\}$

$\frac{1}{4}x = 7 \quad |: \frac{1}{4}$
$\frac{1}{4} \cdot \frac{4}{1} \cdot x = 7 \cdot \frac{4}{1}$
$x = 28$
$\mathbb{L} = \{28\}$

$4x = 8 \quad |:4$
$\frac{4}{4}x = \frac{8}{4}$
$x = 2$
$\mathbb{L} = \{2\}$

Die Lösungsmenge bleibt unverändert, wenn beide Seiten der Gleichung **mit der gleichen Zahl (ungleich Null) multipliziert** werden.

Die Lösungsmenge bleibt unverändert, wenn beide Seiten der Gleichung **durch die gleiche Zahl (ungleich Null) dividiert** werden.

Übung

5 Löse die folgenden Gleichungen.

a) $5x = 65$
$7x = 91$
$2x = 53$

b) $6x = 21$
$5x = 32$
$3x = 42$

c) $3x = 93$
$4x = 29$
$0{,}1x = 45$

d) $\frac{1}{2}x = 111$
$\frac{1}{6}x = 50$
$0{,}5x = 129$

1

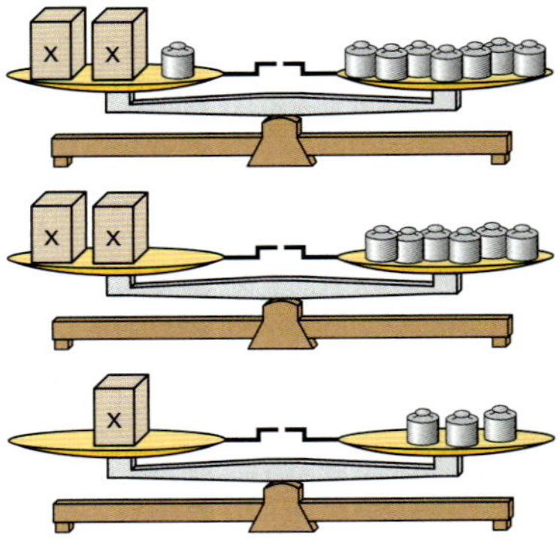

$\mathbb{G} = \mathbb{N}$

$$\begin{aligned} 2 \cdot x + 1 &= 7 && \mid -1 \\ 2 \cdot x &= 6 && \mid :2 \\ x &= 3 \\ \mathbb{L} &= \{3\} \end{aligned}$$

Erkläre die Umformung der Gleichung.

Übungen

2 Löse die Gleichungen durch Umformen.

a) $4 \cdot x + 5 = 13$
$3 \cdot x + 8 = 23$

b) $9 \cdot x + 2 = 65$
$7 \cdot x + 9 = 51$

c) $12 \cdot x + 15 = 51$
$11 \cdot x + 17 = 72$

d) $10 \cdot x + 13 = 73$
$15 \cdot x + 23 = 98$

3

$$\begin{aligned} 5x - 7 &= 23 && \mid +7 \\ 5x &= 30 && \mid :5 \\ x &= 6 \\ \mathbb{L} &= \{6\} \end{aligned}$$

a) Bei manchen Gleichungen tritt ein Minuszeichen auf. Erkläre was du beim Umformen beachten musst.

b) Löse ebenso.

$7x - 5 = 16$ $\quad 11x - 26 = 51$
$9x - 4 = 32$ $\quad 12x - 20 = 52$
$5x - 6 = 39$ $\quad 15x - 22 = 53$

4 Bestimme die Lösung in $\mathbb{G} = \mathbb{N}$ und in $\mathbb{G} = \mathbb{Q}_0^+$.

a) $17 = 4x + 9$
$22 = 6x + 7$

b) $8x - 12 = 32$
$35 = 11x - 9$

c) $12 + 4x = 19$
$17 + 8x = 25$

d) $42 = 12 + 3x$
$15x - 27 = 27$

5 Berechne die Lösungsmenge folgender Gleichung durch äquivalentes Umformen. Vereinfache zunächst die Gleichung. $\mathbb{G} = \mathbb{Q}_0^+$.

Beispiel:

$$\begin{aligned} 7 \cdot x + \tfrac{1}{2} : (4{,}1 - 3{,}9) &= 6 \\ 7 \cdot x + \tfrac{1}{2} : \tfrac{2}{10} &= 6 \\ 7 \cdot x + \tfrac{1}{2} \cdot \tfrac{10}{2} &= 6 \\ 7 \cdot x + 2{,}5 &= 6 && \mid -2{,}5 \\ 7 \cdot x &= 3{,}5 && \mid :7 \\ x &= 0{,}5 \\ \mathbb{L} &= \{0{,}5\} \end{aligned}$$

a) $2 \cdot x + 16 - 9 = 32$
b) $3 \cdot x + 10 = 3 + 2 \cdot 5$
c) $3 \cdot x + 2 \cdot (35 - 6 : 2) = 90$
d) $2 \cdot x + 6 \cdot (25 : \frac{5}{2} - 10) = 8$
e) $5 \cdot x + 2 - 20 = 12$
f) $a \cdot (2 + 16) - 9 = 3^3$
g) $0{,}3^2 + 4b + 1{,}11 = 5^3 - 3^3$
h) $4{,}5 + 0{,}5 \cdot c = 11{,}04 - 2 \cdot 1{,}36$
i) $(3{,}7 - 1{,}47) : 0{,}2 = 0{,}1 \cdot d$
k) $(\frac{3}{4} - \frac{2}{3}) + x = \frac{5}{6}$

6 Wie heißt die Zahl? Löse mithilfe einer Gleichung.

a) Der fünfte Teil einer Zahl ist $1\frac{2}{3}$.
b) Subtrahiert man von einer Zahl $\frac{3}{4}$, so erhält man $\frac{10}{21}$.

1

So kannst du das Zahlenrätsel als Gleichung schreiben:

die gesuchte Zahl:	x
mit 5 multiplizieren:	$5 \cdot x$
6 addieren:	$5 \cdot x + 6$
Ergebnis 31:	$5 \cdot x + 6 = 31$

Löse die Gleichung.

2 Ordne jedem Zahlenrätsel die richtige Gleichung zu. Bestimme jeweils die Lösung.

a)

Ⓐ Multipliziere die gesuchte Zahl mit 6 und subtrahiere 3. Das Ergebnis ist 15.

Ⓒ Multipliziere die gesuchte Zahl mit 3 und subtrahiere 6. Das Ergebnis ist 15.

Ⓑ Multipliziere die gesuchte Zahl mit 3 und addiere 6. Das Ergebnis ist 15.

Ⓓ Multipliziere die gesuchte Zahl mit 6 und addiere 3. Das Ergebnis ist 15.

① $6 \cdot x + 3 = 15$

② $6 \cdot x - 3 = 15$

③ $3 \cdot x + 6 = 15$

④ $3 \cdot x - 6 = 15$

b)

Ⓐ Multipliziere die gesuchte Zahl mit 8 und addiere 16. Du erhältst 40.

Ⓒ Addiere zu 16 die gesuchte Zahl und multipliziere die Summe mit 2. Du erhältst 40.

Ⓑ Addiere zu 16 das Doppelte der gesuchten Zahl. Du erhältst 40.

Ⓓ Multipliziere die gesuchte Zahl mit 16 und addiere 8. Du erhältst 40.

① $16 \cdot x + 8 = 40$

② $16 + 2 \cdot x = 40$

③ $(16 + x) \cdot 2 = 40$

④ $8 \cdot x + 16 = 40$

3 Schreibe jedes Zahlenrätsel als Gleichung und löse sie.

a) Multipliziere die gesuchte Zahl mit 8 und addiere 12. Das Ergebnis ist 60.
b) Multipliziere die gesuchte Zahl mit 11 und subtrahiere 9. Du erhältst 35.
c) Addiere zu 15 das Doppelte der gesuchten Zahl. Das Ergebnis ist 29.
d) Subtrahierst du vom Fünffachen einer Zahl 45, so erhältst du 12.

4 Schreibe zu jeder Gleichung ein passendes Zahlenrätsel auf und bestimme die Lösung.

a) $7 \cdot x + 9 = 30$ b) $13 \cdot x - 10 = 55$ c) $(12 + x) \cdot 6 = 90$

1 Wo ist der Fehler?

a)
$$6x + 3 = 24 \quad |:6$$
$$x + 3 = 4 \quad |-3$$
$$x = 1$$

Probe:
$6 \cdot 1 + 3 = 24$ (f)

b)
$$6x + 3 = 24 \quad |:6$$
$$x + 0{,}5 = 4 \quad |-0{,}5$$
$$x = 3{,}5$$

Probe:
$6 \cdot 3{,}5 + 3 = 24$ (w)

2 Bestimme die Lösungsmenge. $\mathbb{G} = \mathbb{Q}_0^+$

a) $\frac{2}{3}x = 8$ b) $\frac{4}{7}x = 12$

c) $\frac{5}{9}x = 15$ d) $\frac{5}{8}x = 35$

e) $\frac{3}{4}x = 21$ f) $\frac{4}{5}x = 4$

g) $\frac{2}{7}x = 13$ h) $\frac{4}{9}x = 11$

i) $\frac{2}{5}x = 7$ k) $\frac{4}{11}x = 6$

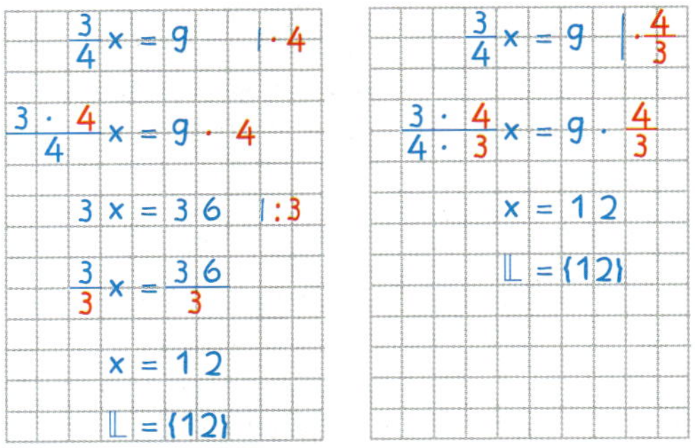

3 Bestimme die Lösungsmenge. $\mathbb{G} = \mathbb{Q}_0^+$

a) $\frac{1}{2} \cdot x + 1 = 3$ b) $\frac{2}{3} \cdot x - 2 = 8$ c) $\frac{4}{7} \cdot x - 4 = 12$ d) $\frac{3}{4} \cdot x + 5 = 26$

e) $5 \cdot x - 2 = 4{,}3$ f) $4 + 3 \cdot x = 7^2$ g) $4 \cdot x - 7 = 24{,}8$ h) $2{,}5 \cdot x - 10{,}5 = 0$

4 Ermittle mithilfe der Äquivalenzumformungen die Lösungen der Gleichungen in der Grundmenge $\mathbb{Q}_0^+$.

a) $0{,}2 \cdot x - 5{,}7 = 0{,}2$ b) $1{,}4 \cdot y + 2{,}05 = 4{,}85$

c) $x \cdot 6 - 3 \cdot 2^4 = 96$ d) $2\frac{2}{5} \cdot \left(7\frac{3}{4} - 2\frac{5}{8}\right) - 2\frac{3}{10} = 2{,}5 \cdot a$

e) $\frac{2}{7} \cdot b - (2^5 - 5^2) = 3^2$ f) $2 + x - 2\frac{4}{7} : \frac{9}{7} = 25^2 : 5^3$

5 Ermittle die Lösungsmenge über der angegebenen Grundmenge.

a) $22\frac{4}{5} \cdot x - 3\frac{3}{4} = 110\frac{1}{4}$ $\mathbb{G} = \{1; 3; 5; 7;\}$ b) $x \cdot 7{,}2 - 6{,}8 \cdot 2 = 33\frac{1}{5}$ $\mathbb{G} = \mathbb{N}$

c) $x \cdot 3\frac{4}{7} + \left(4{,}2 + 3\frac{4}{5}\right) = 2^3$ $\mathbb{G} = \mathbb{Q}^+$ d) $3 \cdot 3^2 - y = (4^3 - 2^6) \cdot 3$ $\mathbb{G} = \mathbb{Q}_0^+$

6 Ermittle die Lösungen der Gleichungen bzw. Ungleichungen in der Grundmenge $\mathbb{N}_0$. Stelle die Lösungen auf der Zahlenhalbgeraden dar.

a) $z \cdot 4\frac{2}{3} - 6\frac{5}{6} = 12 - 2 \cdot 3$ b) $0{,}02 \cdot y + 99{,}96 \leqq 10^2$

c) $x \cdot 6{,}2 - 10{,}7 > 1 + 2 \cdot 5$ d) $z + 3{,}7 + 2{,}6 = 2^6 : 2^3$

7 Die Lösung der Ungleichung $x < 4$ ist in den Bildern auf der Zahlenhalbgeraden dargestellt. Gib jeweils die passende Grundmenge an.

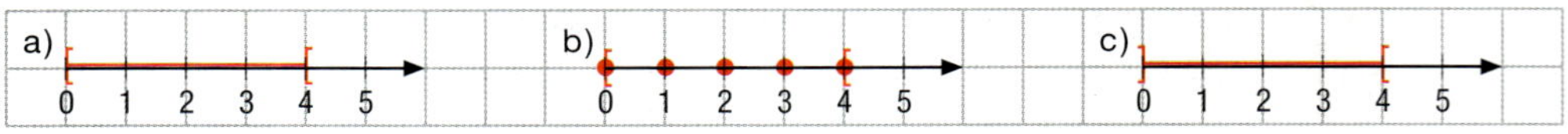

8 Stelle die Lösung auf der Zahlenhalbgeraden dar für:
$\mathbb{G} = \mathbb{N}_0$ und $\mathbb{G} = \mathbb{Q}_0^+$.

a) $3 \cdot x \leqq 24$ b) $3 \cdot x < 6$ c) $2 \cdot y > 7$ d) $8 - y \leqq 5$ mit $y \leqq 8$

1 Stelle eine Gleichung auf und bestimme die gesuchte Anzahl.

a) Dennis kauft beim Schulfest für insgesamt 4,40 EUR einen großen und mehrere kleine Aufkleber

b) Paula hat noch 3,60 EUR. Sie möchte dafür einen großen Aufkleber und mehrere kleine kaufen.

c) Herr Färber kauft für seine Kinder jeweils einen großen und einen kleinen Aufkleber. Er bezahlt 6 EUR.

2 Laura hat von ihren Eltern für das Schulfest 2 EUR mehr Taschengeld als ihr kleiner Bruder Arne bekommen. Lauras Freundin Katrin erhält von ihren Eltern doppelt so viel wie Arne. Zusammen können sie 22 EUR ausgeben.

a) Erläutere die Terme im Tabellenkopf. Gib die zugehörige Gleichung an.

b) Wie viel Taschengeld bekommt jeder? Ergänze die Tabelle in deinem Heft.

(Alle Angaben in EUR)			
Arne x	Laura x + 2	Katrin 2 · x	Summe 22
1	1 + 2	2 · 1	6
2	2 + 2	2 · 2	10
3	3 + 2	2 · 3	14
⋮	⋮	⋮	⋮

Quader I

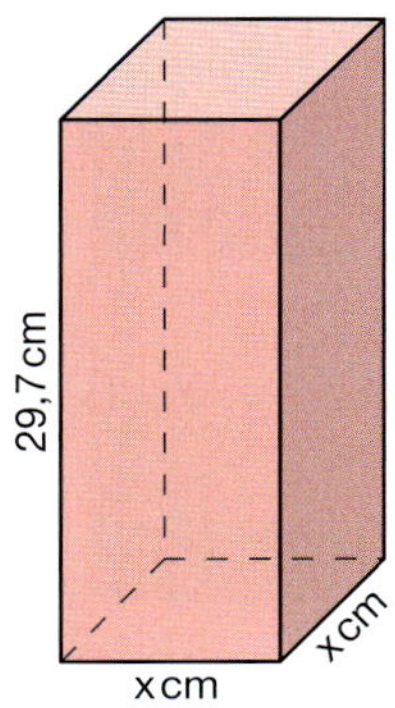

3 Gerda und Bruno haben aus farbigen DIN-A4-Blättern (21 cm x 29,7 cm) die Seitenflächen von zwei Quadern mit quadratischer Grundfläche gefaltet.
Jeder Schüler kann das Volumen der Quader schätzen. Für jede Schätzung, die sich in beiden Fällen um weniger als 10 cm^3 vom wirklichen Quadervolumen unterscheidet, gibt es als Anerkennung eine der Gummischlangen, die ein Vater für das Schulfest gestiftet hat.

a) Falte die Quader I und II.

b) Schätze das Volumen der beiden Quader.

c) Erstelle für jeden Quader eine Gleichung zur Berechnung der Seitenlänge des Quadrates der Grundfläche.

d) Berechne für jeden Quader die Seitenlänge der Grundfläche. Kontrolliere, wie genau du gefaltet hast.

e) Berechne für jeden Quader das Volumen. Runde auf ganze Kubikzentimeter. Vergleiche mit deiner Schätzung.

f) Berechne auf ganze Kubikzentimeter gerundet, um wie viel sich das Volumen des Quaders III von dem des Quaders I unterscheidet. Die Grundfläche des Quaders III ist ein Rechteck. Die Seitenfläche ist ebenfalls aus einem DIN-A4-Blatt gefaltet.

g) Beim Quader I wird jetzt so gefaltet, dass ein Streifen von 1 cm Breite zum Überkleben übrigbleibt. Erstelle eine Gleichung zur Berechnung der Seitenlänge des Quadrates der Grundfläche. Löse die Gleichung.

Quader II

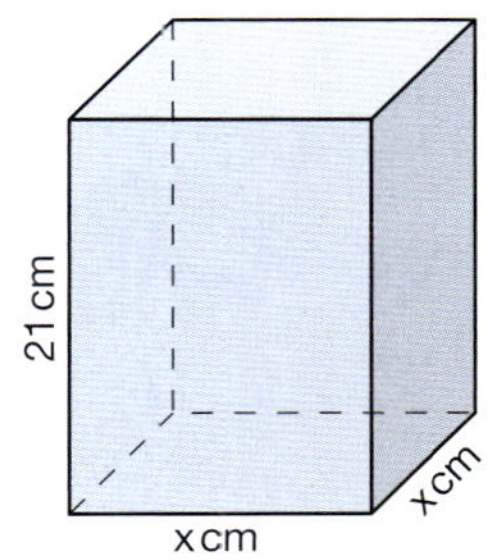

Quader III

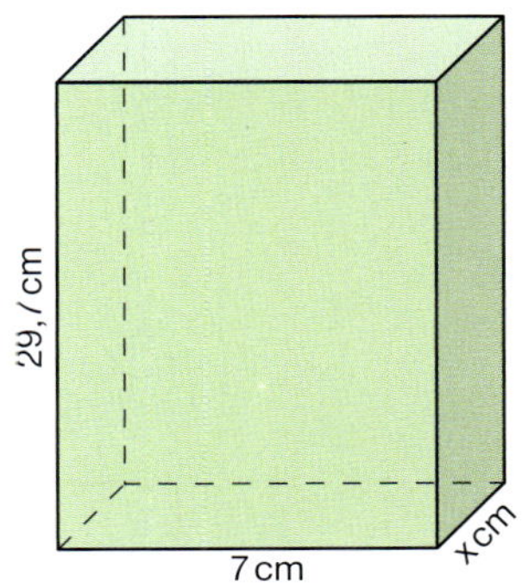

Zuordnungen und ihre Darstellungen

1 In der Biologie werden die Wirbeltiere in unterschiedliche Klassen eingeteilt. Dieser Zusammenhang ist hier in einem **Pfeildiagramm** dargestellt.

2 a) Die Zuordnung Tier – Körperlänge ist in einem **Säulendiagramm** dargestellt. Übertrage die Werte in eine Tabelle Tier → Körperlänge.

b) In der **Tabelle** ist die Zuordnung Tier → Gewicht dargestellt.

Tier	Hund	Pferd	Giraffe	Elefant
Gew. in kg	50	1000	800	3500

Zeichne dazu ein Säulendiagramm. Wähle einen geeigneten Maßstab.

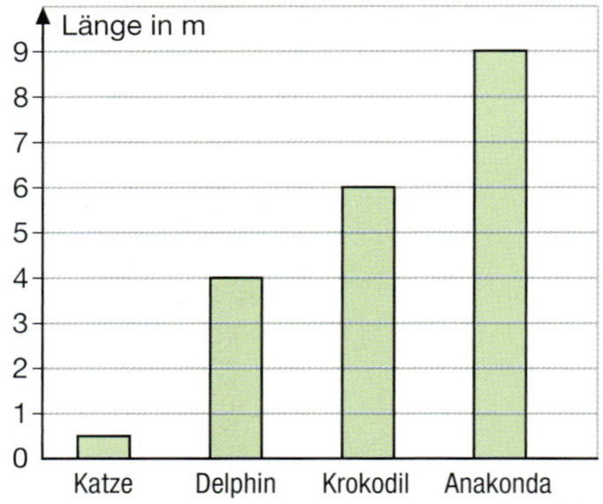

Die Zuordnung kann durch ein **Pfeildiagramm,** eine **Tabelle** oder ein **Säulen-** bzw. **Balkendiagramm** dargestellt werden.

1 Das Schaubild zeigt dir einen Querschnitt durch ein Gebirge von Kahlbach bis Rohrbach. Dabei wird der zurückgelegten Strecke die zugehörige Höhe über dem Meeresspiegel (Höhe über Normalnull) zugeordnet (Strecke ⟶ Höhe über NN).

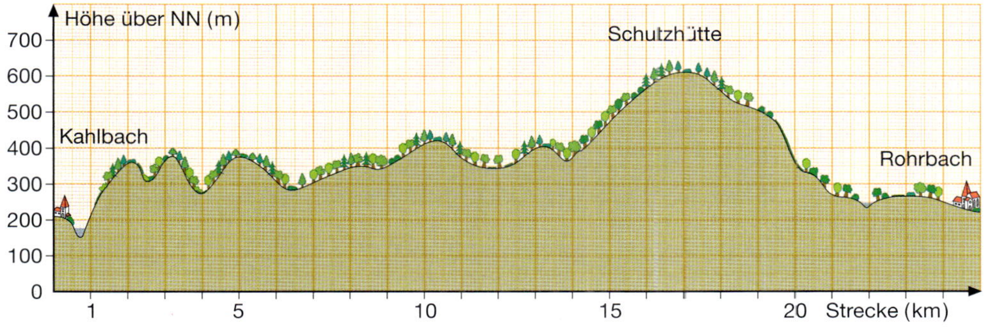

Eine Wandergruppe geht von Kahlbach nach Rohrbach.

a) In welcher Höhe befindet sie sich, wenn sie 2 km (18 km, 22 km) zurückgelegt hat?

b) Wie hoch ist der höchste Berg, den sie bis Rohrbach überwinden muss? Welche Strecke hat sie bis dahin zurückgelegt?

c) Welchen Höhenunterschied legt die Gruppe zwischen dem 2. und 5. Kilometer zurück?

2 Auf der Wanderkarte findest du eine Querschnittslinie eingezeichnet. Jennifer und Oliver gehen von A nach B.

Höhenlinie: Alle Punkte, die auf einer Höhe liegen.

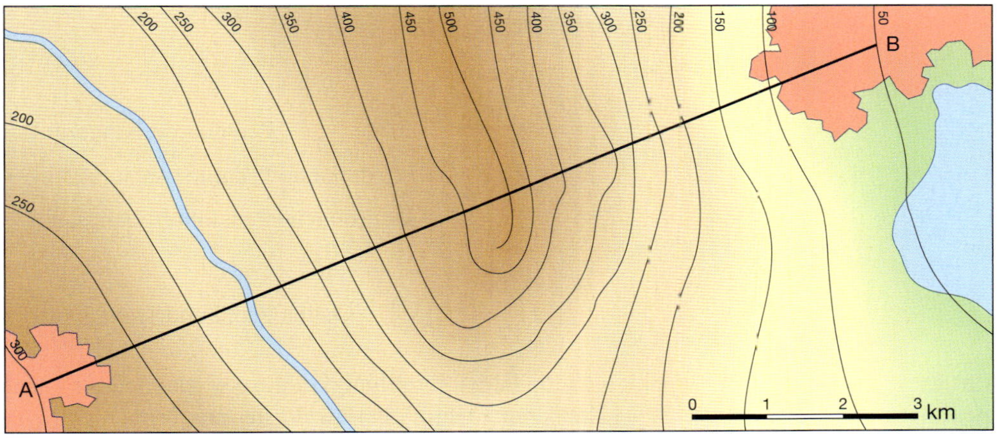

a) Übertrage die Tabelle in dein Heft und vervollständige sie. Miss dazu die Abstände von A bis zur jeweiligen Höhenlinie.

zurückgelegter Weg (km)	0	1,4	2,3
Höhe über NN (m)	300	250	200

b) Vervollständige den Querschnitt auf Millimeterpapier.

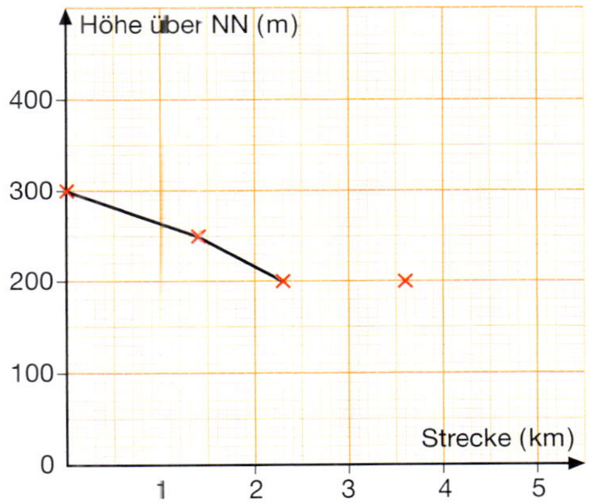

1

Hans fährt im 1. Gang. Vergleiche die Pedalumdrehungszahl mit dem zurückgelegten Weg.
Ergänze die Tabelle.

Pedalumdrehungszahl	Weg in m
1	1,7
2	3,4
3	■
4	■

2 Xaver hat zu seinem neuen Fahrrad einen Fahrradcomputer geschenkt bekommen. Unter den vielen Einstellmöglichkeiten kann er auch die Anzahl der Pedalumdrehungen anzeigen lassen und mit dem zurückgelegten Weg vergleichen.

Die Tabelle zeigt, welchen Weg er im 7. Gang der Pedalumdrehungszahl zuordnen kann.

Pedalumdrehungszahl	Weg in m
2	7
4	14
6	21
10	35
5	17,5

(2 → 4: $\cdot 2$; 2 → 6: $\cdot 3$; 7 → 14: $\cdot 2$; 7 → 21: $\cdot 3$; 10 → 5: $\cdot \frac{1}{2}$; 35 → 17,5: $\cdot \frac{1}{2}$)

Pedalumdrehungszahl → Weg
doppelte Pedalumdrehungszahl → doppelter Weg
dreifache Pedalumdrehungszahl → dreifacher Weg

halbe Pedalumdrehungszahl → halber Weg

direkt proportional

Verdoppelt sich die Pedalumdrehungszahl, so verdoppelt sich auch der Weg.
Eine solche Zuordnung nennt man **direkt proportional.**
Man sagt: „Die Pedalumdrehungszahl ist direkt proportional zum Weg."
Eine solche Zuordnung kann man auch mithilfe geordneter Zahlenpaare darstellen:
(2|7); (4|14); ...

Übungen

3 Die folgenden Zahlenpaare gehören zu einer direkt proportionalen Zuordnung. Vervollständige in deinem Heft:
a) {(2|8); (4|■); (■|2)} b) {(5|12); (■|6); (7,5|■)}

4 Zwischen x und y liegt direkte Proportionalität vor. Übertrage die Tabelle in dein Heft und ergänze die fehlenden Werte.

a)

x	6	9	■	■	40	■	■
y	1,5	■	3	5	■	24	45

b)

x	■	2,5	5	■	9,6	■	22
y	2,5	6,25	■	22	■	34	■

1 Bilde den Quotienten aus den Zahlenpaaren der Tabelle auf der Seite 112 Nr. 2. Was stellst du fest?

7 : 2 = 3,5
14 : 4 = ■
… …

quotienten-gleich

Proportionalitätsfaktor

Die Zahlenpaare (2|7); (4|14); (6|21); …; (x|y) heißen **quotientengleich**, da $\frac{7}{2} = \frac{14}{4} = \frac{21}{6} = \ldots = \frac{y}{x} = \mathbf{3{,}5.}$

Der Quotientenwert 3,5 heißt **Proportionalitätsfaktor k.** Der Proportionalitätsfaktor k = 3,5 gibt hier die Maßzahl des Weges in Metern pro Pedalumdrehung an.

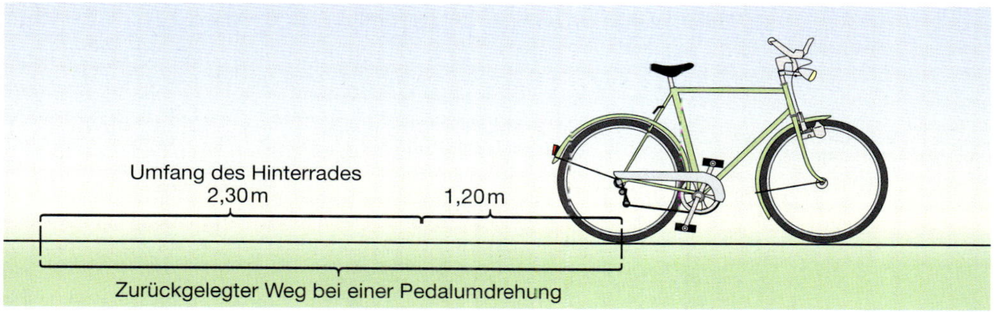

In der Technik bezeichnet man die Strecke, die bei der Pedalumdrehung zurückgelegt wird, als **Entfaltung.** In unserem Beispiel ist die Entfaltung 3,50 m.

Übungen

2 Berechne den Proportionalitätsfaktor k. Was gibt der Proportionalitätsfaktor an?

a) *Stückzahl* ⟶ *Preis*

Anzahl	Preis (EUR)
7	4,90
1	■

b) *Telefoneinheiten* ⟶ *Gebühren*

Einheiten	Gebühr (EUR)
400	21,16
1	■

c) *Personenzahl* ⟶ *Eintritt*

Anzahl	Eintritt (EUR)
4	26
1	■

d) *Stofflänge* ⟶ *Preis*

Länge (m)	Preis (EUR)
12	225,60
1	■

e) *Arbeitszeit* ⟶ *Gehalt*

Zeit (h)	Gehalt (EUR)
20	257,60
1	■

f) *Fahrstrecke* ⟶ *Benzin*

Strecke (km)	Volumen (*l*)
400	26,8
1	■

3

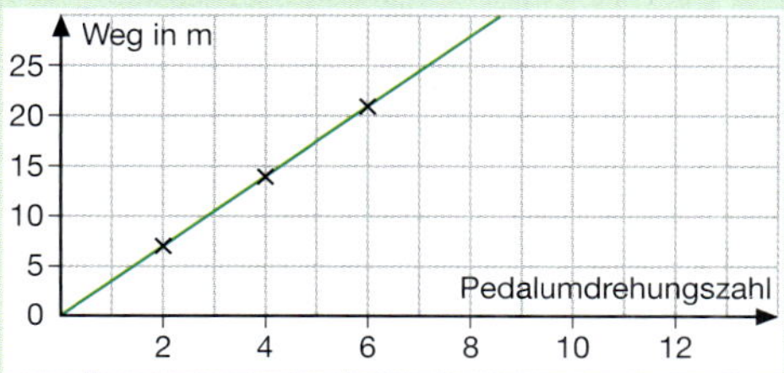

So kannst du den Zusammenhang zwischen Pedalumdrehung und Weg graphisch darstellen:

Bei der direkten Proportionalität liegen die Punkte auf einer **Halbgeraden** mit dem Anfangspunkt im Koordinatenursprung.

Stelle den Zusammenhang zwischen Pedalumdrehungszahl und Weg im 1. Gang aus Aufgabe 1, S. 112 graphisch dar. Lies aus dem Graphen die Pedalumdrehungszahl für 10 m ab.

Übungen

1 Die folgenden Zuordnungen sind proportional. Berechne die fehlenden Werte.

a)

	Anzahl	Preis (EUR)	
·5	1	4,00	·5
	5	■	

b)

	Anzahl	Preis (EUR)	
·4	3	2,50	·4
	12	■	

c)

	Anzahl	Preis (EUR)	
·8	6	1,20	·8
	48	■	

d)

	Anzahl	Preis (EUR)	
:3	12	33	:3
	4	■	

e)

	Anzahl	Preis (EUR)	
◯	21	4,20	◯
	3	■	

f)

	Anzahl	Preis (EUR)	
◯	45	6,30	◯
	5	■	

2 Übertrage die Tabellen in dein Heft und berechne die fehlenden Massen.

a)

Preis (EUR)	Masse (g)
0,90	60
2,70	■
3,60	■
5,40	■
10,80	■

b)

Preis (EUR)	Masse (g)
4,80	540
0,48	■
0,60	■
0,80	■
1,60	■

c)

Preis (EUR)	Masse (g)
6,60	450
0,66	■
1,10	■
1,32	■
2,20	■

3

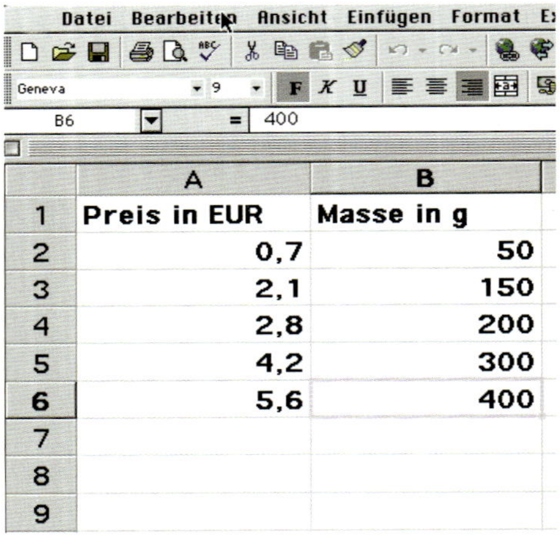

	A	B
1	Preis in EUR	Masse in g
2	0,7	50
3	2,1	150
4	2,8	200
5	4,2	300
6	5,6	400
7		
8		
9		

Maria hat zu den vorgegebenen Preisen die zugehörigen Massen mithilfe einer Tabellenkalkulation bestimmt.

a) Liegt hier eine proportionale Zuordnung vor?

b) Übertrage die Tabelle in dein Heft und berechne die fehlenden Massen.

Preis (EUR)	Masse (g)
6,30	450
0,63	■
1,05	■
2,10	■
3,15	■

4 Überprüfe, ob hier eine proportionale Zuordnung vorliegen kann.

a)

Stück	Preis (EUR)
2	3,00
10	15,00

b)

Stück	Preis (EUR)
3	1,50
12	6,00

c)

Stück	Preis (EUR)
2	1,80
6	3,60

d)

Stück	Preis (EUR)
15	9,00
3	1,80

e)

Stück	Preis (EUR)
21	14,00
3	2,50

f)

Stück	Preis (EUR)
32	6,40
8	1,80

5 Wenn eine Glühlampe 25 Stunden leuchtet, so muss man dafür 9 Cent Stromkosten bezahlen. Wie viel kostet es, wenn fünf gleiche Glühlampen 10 Stunden brennen?

6 $\frac{3}{4}$ *l* Traubensaft kosten 1 EUR und 5 Cent. Wie viel kosten $\frac{4}{10}$ *l* Traubensaft?

7 Auf dem Schulfest verkauft Heidi Orangensaft. Für 40 *l* Saft sind 200 Becher erforderlich.

a) Berechne, wie viele Becher für 50 (65; 75; 80) Liter Saft benötigt werden.

b) Der Erlös beträgt bei 20 verkauften Bechern Orangensaft 4 EUR. Wie berechnest du vorteilhaft den Erlös bei 30 (15; 24) verkauften Bechern?

8 Die folgenden Zuordnungen sind proportional. Übertrage die Tabelle in dein Heft und fülle sie aus. Trage die Zahlenpaare als Punkte in ein Gitternetz ein. Überprüfe, ob die eingetragenen Zahlenpaare auf einer Halbgeraden durch den Ursprung liegen.

a) *Zeit* ⟶ *Weg*

Zeit (h)	Weg (km)
3	240
6	
	160
9	

x-Achse: 1 cm ≙ 1 h
y-Achse: 1 cm ≙ 100 km

b) *Benzin* ⟶ *Fahrstrecke*

Volumen (*l*)	Strecke (km)
4	50
8	
	450
56	

x-Achse: 1cm ≙ 10 *l*
y-Achse: 1 cm ≙ 100 km

c) *Fläche* ⟶ *Farbmenge*

Fläche (m^2)	Masse (kg)
8	5,6
	0,7
4	
	4,2

x-Achse: 1 cm ≙ 1 m^2
y-Achse: 1 cm ≙ 1 kg

9 Die Schüler der 6. Klasse treffen sich um 10:00 Uhr und wandern bis 12:30 Uhr. Dann machen sie Rast bis 14:00 Uhr und legen danach den Rest der Strecke zurück.

a) Wie weit ist die Klasse zwischen 10 und 12 Uhr gewandert?

b) Wie viele Kilometer haben sie in den nächsten beiden Stunden zwischen 12 und 14 Uhr geschafft?

c) Warum ist die Zuordnung Weg ⟶ Zeit jetzt nicht mehr direkt proportional?

d) Welche durchschnittliche Geschwindigkeit schaffte die Klasse zwischen 10 und 11 Uhr, zwischen 11 und 12 Uhr, zwischen 12 und 13 Uhr; zwischen 14 und 15 Uhr?

e) Welche durchschnittliche Geschwindigkeit hat die Klasse zwischen 10 und 15:30 Uhr insgesamt?

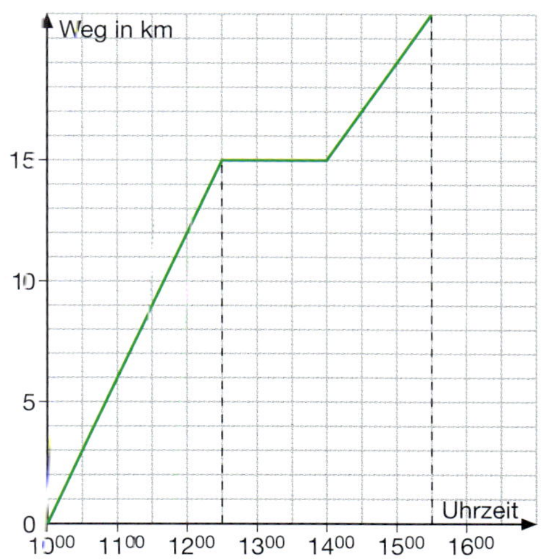

10 In der Tabelle ist der Zusammenhang zwischen x und y dargestellt. Welche Zahl könnte für das Fragezeichen stehen?

x	2	4	8	14
y	2	?	14	26

A 4 **B** 6 **C** 8 **D** 10 **E** 12

1 

Valentins Mutter tankt 50 *l* Benzin Super bleifrei für 55 EUR.

a) Wie viel EUR müsste sie das nächste Mal für 40 *l* zahlen, wenn es zwischenzeitlich keine Preisänderung gibt?

Preis in EUR	55	x
Benzin in *l*	50	40

Aus der **Quotientengleichheit** folgt für die Maßzahlen:

$$\frac{55}{50} = \frac{x}{40} \quad | \cdot 40$$

$$\frac{55}{50} \cdot 40 = x$$

$$1{,}1 \cdot 40 = x$$

$$44 = x \qquad \mathbb{L} = \{44\}$$

Mithilfe des **Dreisatzes** ergibt sich:

Benzin in *l*	Preis in EUR
50	55
1	1,1
40	44

(Schritte: $:50$, dann $\cdot 40$)

Antwort: Für 40 *l* Benzin müsste sie 44 EUR bezahlen.

b) Wie viel Liter Benzin erhält man für 71,50 EUR?

2 Bei den Halleneuropameisterschaften müssen beim 5000-m-Lauf 25 Runden zurückgelegt werden. Wie viele Runden müssen die 1500-m-Läufer zurücklegen?

3 Frau Sanders legt in ihrem Garten eine Naturwiese an. Für 200 m^2 Naturwiese sind 10 kg Samen erforderlich. Wie viel Kilogramm Samen müssen für eine Fläche von 150 m^2 (180 m^2, 130 m^2, 75 m^2) eingekauft werden?

4 500 g Rindfleisch kosten in der Frischfleischabteilung eines Geschäftes 8,50 EUR. Andreas Vater kauft ein Stück Fleisch, das 800 g wiegt. Wie viel EUR muss er bezahlen?

5 Für 6 kg Äpfel bezahlt Alexander 7,20 EUR. Wie viel EUR muss er für 4 kg (8 kg, 0,4 kg, 0,8 kg) bezahlen?

L zu Nr. 2 bis Nr. 5: 0,48; 0,96; 3; 3,75; 4,8; 4,8; 5; 6; 6,5; 7; 7,5; 7,5; 7,5; 9; 9,6; 12,5; 13,6

6 Bei den Bundesjugendspielen läuft Stefanie 100 m in 16 Sekunden. Wie viel Meter legt sie bei diesem Tempo in sieben Sekunden zurück?

7 Hans-Joachim legt mit seinem Fahrrad eine Strecke von 12,8 km in 40 Minuten zurück. Wie weit fährt er bei gleichem Tempo in 25 (30, 35, 45) Minuten?

8 Die Klasse 6b hat für das Schulfest Kuchen gebacken. Der Erlös für die Schule beträgt bei zwölf verkauften Kuchenstücken 3 EUR. Berechne vorteilhaft den Erlös bei 20 (28, 30, 50) verkauften Kuchenstücken.

9 Aus einem alten Rechenbuch:

Von Pfeffer: Item 1 Sack Pfeffer wiegt 2 1/2 Zentner minus 9 Pfund und kostet je Pfund 8 Schilling minus 3 Heller, und muß für den Sack abschlagen 3 Pfund 3/4. Was kostet das alles?

(1 Zentner = 100 Pfund = 50 kg; 1 Gulden = 20 Schilling; 1 Schilling = 12 Heller)
a) Formuliere die Aufgabe in einer heute üblichen Form.
b) Was kann berechnet werden?

Seit Mitte des 15. Jahrhunderts gab es in größeren Handelsstädten Rechenmeister. In öffentlich geförderten Rechenschulen unterrichteten sie auch im Umgang mit dem Abacus, dem ältesten bekannten Rechengerät. Besonders bekannt geworden ist Adam Ries (1492 – 1559). Er veröffentlichte insgesamt drei Rechenbücher. Allein vom 2. Rechenbuch geht man von über 100 Auflagen aus.
Die Rechenaufgaben beschäftigten sich mit der Umrechnung von Maßen, Gewinn und Verlust, Abgaben, Kalkulationen, dem Verteilungsrechnen, dem Dreisatz.

c) Suche in dir zugänglichen Medien weitere Informationen zu den Rechenmeistern des Mittelalters.

10 Vier Musiker spielen ein Musikstück in 4 min 40 s.
Benötigen drei Musiker für das gleiche Musikstück mehr Zeit? Begründe.

11 Ein einjähriges Kind hat eine Körpergröße von 75 cm. Kannst du berechnen, wie groß das Kind mit zwei Jahren (vier Jahren, zehn Jahren) sein wird?

12 In Lauras Klasse sind im 6. Jahrgang insgesamt 14 Mädchen. Kannst du berechnen, wie viele Mädchen die Klasse im 7. Jahrgang haben wird?

13 Ein Ei wird hart gekocht, wenn es zehn Minuten in kochendem Wasser liegt. Wie lange muss Ralf fünfzehn Eier in kochendem Wasser lassen, damit sie hart gekocht werden?

14 Anja hat für ihre letzte Mathematikarbeit vier Stunden geübt. In der Arbeit erhielt sie die Note 2. Für die nächste Mathematikarbeit will sie acht Stunden üben. Kannst du ihre Note vorhersagen?

15 Überlege weitere Aufgaben.

1 Zum Ende der Osterferien besucht Familie Schnellinger das große Volksfest in der 25 km entfernten Kreisstadt. Die Riesenkrake ist die Attraktion des Volksfestes. Mutter und Tochter möchten höchstens zweimal, Vater und Sohn mindestens fünfmal mit der Riesenkrake fahren.
Es ist klar, dass der Kauf von einzelnen Chips die teuerste Möglichkeit ist. Überlege und biete einen besseren Vorschlag.

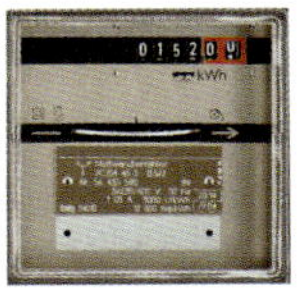

2 Beim Stromverbrauch stellt Familie Schnellinger fest, dass der Verbrauch wieder höher als im Vorjahr ist. (Hinweis: Der Stromverbrauch wird in Kilowattstunden [kWh] gemessen und jährlich am Elektrizitätszähler abgelesen).
Im Haushalt von Familie Schnellinger sind im vergangenen Jahr 4550 kWh verbraucht worden. Dafür müssen 682,50 EUR bezahlt werden. Durch verschiedene Energiesparmaßnahmen, z. B. Energiesparlampen kann der Stromverbrauch um $\frac{1}{5}$ verringert werden.

a) Wie viel EUR können dadurch in einem Jahr gespart werden?
b) Die Tochter schlägt vor, sich aus Umweltschutzgründen für den durch Wasserkraft erzeugten Strom zu entscheiden, der ja nur um drei Cent je kWh teurer ist. Reicht der in a) eingesparte Betrag für die Mehrkosten aus?

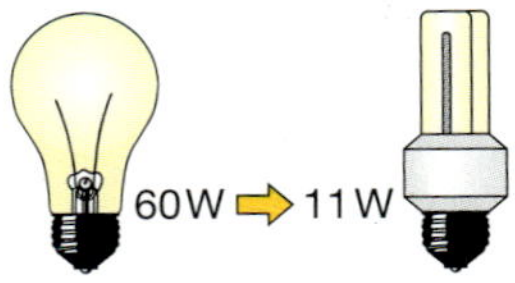

3 Mit der Post erhielt die Familie Schnellinger die Abrechnung für den Wasserverbrauch und die Beseitigung von Abwasser (Kanalgebühren). Die Abwasserrechnung hängt direkt vom Wasserverbrauch ab. Wer z. B. 50 m^3 Wasser von den Stadtwerken bezieht, muss auch für 50 m^3 Abwassergebühren zahlen. Familie Schnellinger musste im vergangenen Jahr für den Verbrauch von 130 m^3 Wasser 166,40 EUR und für Abwasser 205,40 EUR zahlen.

a) Wie viel EUR sind in diesem Jahr zu zahlen, wenn der Wasserverbrauch 144 m^3 betrug?
b) Für das nächste Jahr möchte Familie Schnellinger den Wasserverbrauch um $\frac{1}{8}$ senken. Wie viel EUR wird Familie Schnellinger bei diesem verminderten Wasserverbrauch in drei Jahren einsparen, vorausgesetzt die Gebühren bleiben gleich?

4 Auch beim Auto sollte gespart werden, schlägt Frau Schnellinger vor. Der Sohn erstellt ein Diagramm, das den Benzinverbrauch von zwei verschiedenen Autos darstellt.
(Pkw 1 ein Wagen der oberen Klasse, Pkw 2 ein Mittelklassewagen)

a) Lies aus dem Diagramm ab, wie viel Liter jedes Auto für 200 km Fahrstrecke verbraucht.
b) Wie groß ist der Unterschied im Verbrauch bei einer Strecke von 500 km?
c) Übertrage das Diagramm in dein Heft und zeichne die Halbgerade für den Verbrauch eines 3-Liter-Autos ein.
d) Wie weit kommt man mit einem 3-Liter-Auto mit einer Tankfüllung von 27 Litern höchstens? (Ein Autoatlas kann dir bei der Lösung helfen)
   A Garmisch-Partenkirchen – Nürnberg
   B Garmisch-Partenkirchen – Hamburg
   C Garmisch-Partenkirchen – Hof
e) Wie weit kommt man mit dem Pkw 1 mit einem Tankinhalt von 27 Litern?

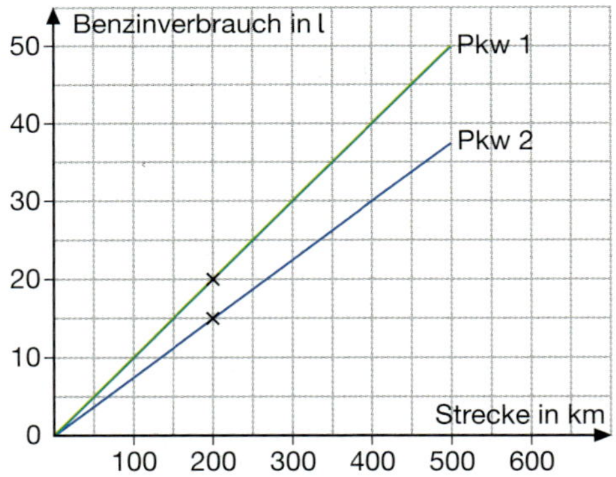

Die beliebtesten Sportarten
bei 11 – 14-Jährigen:
Befragung von 4000 Schülern

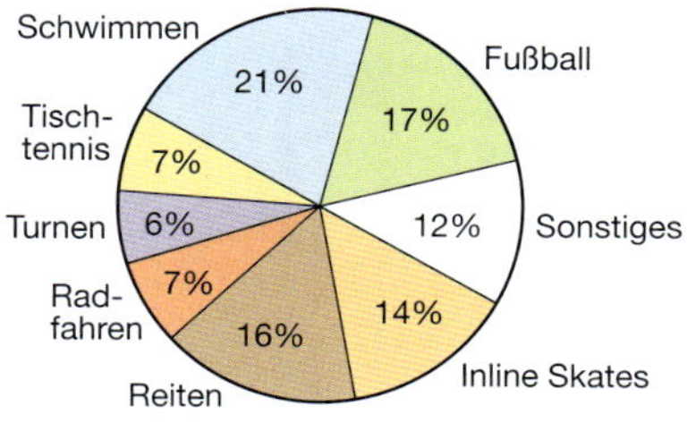

Markenbewusstsein
von je 100 Jugendlichen und Kindern
halten die Marke für wichtig bei

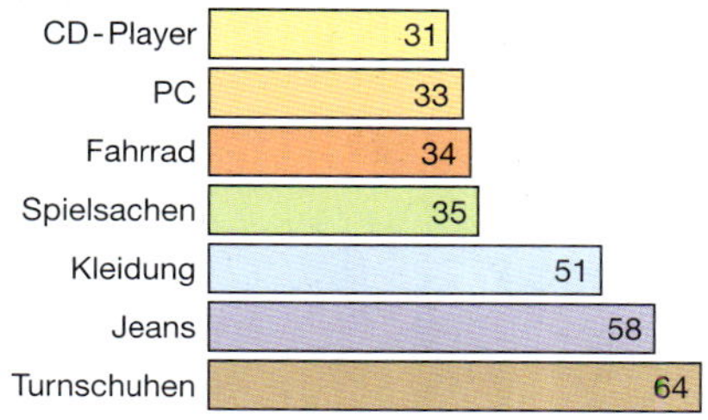

1 Nach den Klassensprecherwahlen treffen sich Tobias und Sabine.

Was sagst du zu diesem Wahlergebnis? Wer war erfolgreicher? Begründe deine Antwort.

2 Beim Basketballturnier hat Tim von 15 Freiwürfen 10 Körbe geworfen. Bernd erzielte von 12 Freiwürfen 7 Körbe.
So lässt sich entscheiden, wer der erfolgreichere Werfer war:

Tim: 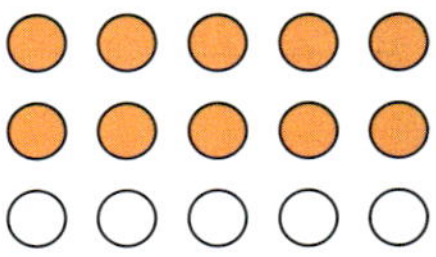

Bernd: 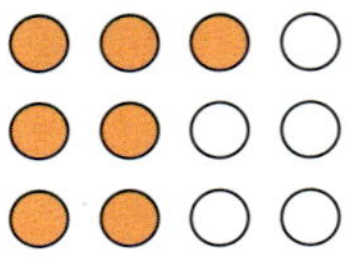

Tim verwandelte 10 von 15 Würfen.

10 von 15: $\frac{10}{15} = \frac{40}{60}$

Bernd verwandelte 7 von 12 Würfen.

7 von 12: $\frac{7}{12} = \frac{35}{60}$

$\frac{40}{60} > \frac{35}{60}$

Tim war erfolgreicher.

a) Beim letzten Punktspiel der Handballmannschaft hatte Jan 15 Torchancen und erzielte 8 Treffer. Stefan schoss bei 20 Torchancen 9 Tore. Vergleiche die Bruchteile.
b) In der ersten Halbzeit wehrte Daniela 9 von 16 Torwürfen ab, in der zweiten Spielhälfte hielt Anja 11 von 24 Torwürfen. War die Auswechslung der Torhüterinnen richtig?

3 In der Schulcafeteria werden Getränke verkauft. Bei welchem Getränk war der verkaufte Anteil am größten?

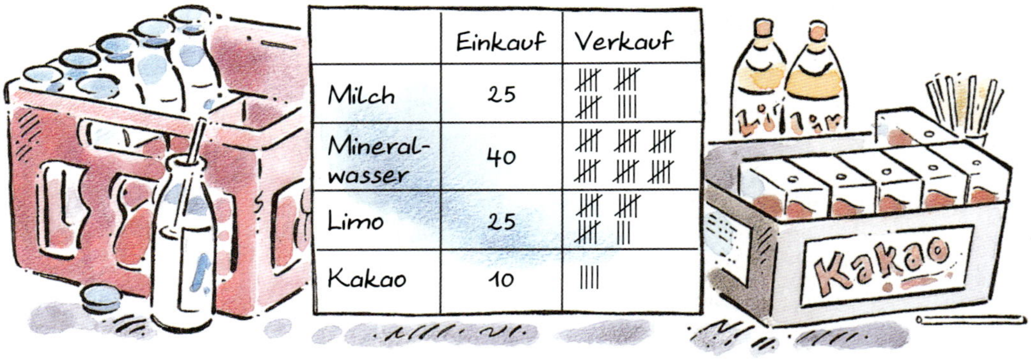

	Einkauf	Verkauf
Milch	25	卌 卌 卌 ||||
Mineralwasser	40	卌 卌 卌 卌 卌 卌
Limo	25	卌 卌 卌 |||
Kakao	10	||||

1

	Anzahl der Schüler	Theater	Werken	Hockey
6a	20	6	4	5
6b	25	7	3	5

In dem Beispiel werden die Anteile der Schüler und Schülerinnen, die in der Theatergruppe mitwirken, verglichen.

6 von 20 oder 30 von 100 oder 30 Prozent

$\frac{6}{20} = \frac{30}{100} = 30\,\%$

Theater-Gruppe 6a:

7 von 25 oder 28 von 100 oder 28 Prozent

$\frac{7}{25} = \frac{28}{100} = 28\,\%$

Theater-Gruppe 6b:

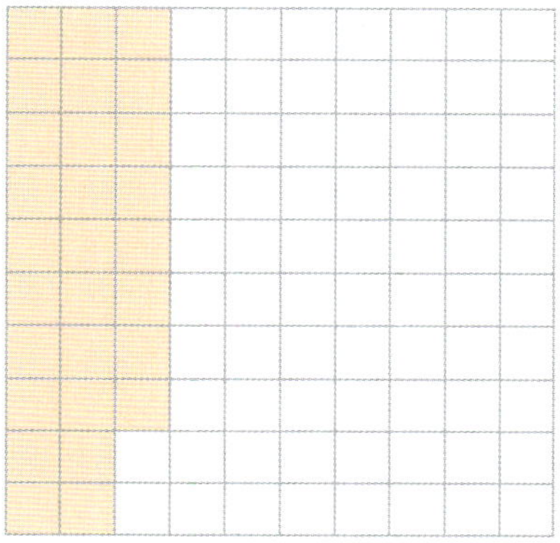

a) Vergleiche für beide Klassen jeweils die Anteile der Wahlfächer Werken und Hockey. Gib diese dazu als Hundertstelbrüche und in Prozenten an. Veranschauliche die Anteile jeweils in einem Hunderterfeld. (100 Kästchen)

b) Von den 20 Teilnehmerinnen und Teilnehmern, die sich in der Klasse 6a für die Wahlfächer entschieden haben, sind neun Mädchen. In der Klasse 6b sind es acht Jungen. Bestimme in Prozent den Anteil der Mädchen, die in den Klassen an den oben in der Tabelle aufgeführten Wahlfächern teilnehmen.

italienisch „per cento"
Cento
cto
cto
c/o
%o
%

Prozent

Bei **Prozentangaben** wird der Anteil an einer Gesamtgröße angegeben.
1 Hundertstel der Gesamtgröße nennt man 1 %.
Das Wort **Prozent** kommt vom italienischen „per cento" und bedeutet „von Hundert".

$\frac{1}{100} = 1\,\%$ $\frac{25}{100} = 25\,\%$ $\frac{100}{100} = 100\,\%$ $\frac{250}{100} = 250\,\%$

Übungen

2 Gib in Prozent an.

a) $\frac{19}{100}$ b) $\frac{27}{100}$ c) $\frac{69}{100}$ d) $\frac{73}{100}$ e) $\frac{95}{100}$ f) $\frac{120}{100}$ g) $\frac{240}{100}$ h) $\frac{550}{100}$

$\frac{35}{100}$ $\frac{85}{100}$ $\frac{91}{100}$ $\frac{45}{100}$ $\frac{5}{100}$ $\frac{200}{100}$ $\frac{325}{100}$ $\frac{825}{100}$

3 Gib als Hundertstelbruch an.

a)	b)	c)	d)	e)	f)	g)	h)
20 %	5 %	66 %	17 %	72 %	3 %	10 %	200 %
50 %	28 %	75 %	44 %	16 %	12 %	30 %	120 %
35 %	8 %	4 %	98 %	150 %	300 %	198 %	65 %

4 Schreibe als Hundertstelbruch, dann als Dezimalbruch. $25\,\% = \frac{25}{100} = 0{,}25$

a) 10 % 20 % 50 % 75 % 80 % 30 %   b) 35 % 43 % 65 % 83 % 93 % 27 %

5 Schreibe als Hundertstelbruch, dann in Prozent. $0{,}03 = \frac{3}{100} = 3\,\%$

a) 0,05 0,04 0,06 0,09 0,07 0,03   b) 0,12 0,24 0,45 0,71 0,35 0,46

6 Erweitere auf den Nenner 100 und schreibe in Prozent. $\frac{8}{50} = \frac{16}{100} = 16\,\%$

a) $\frac{1}{10}$ $\frac{6}{10}$ $\frac{4}{10}$ $\frac{7}{10}$ $\frac{15}{50}$ $\frac{35}{50}$ b) $\frac{40}{50}$ $\frac{22}{50}$ $\frac{3}{20}$ $\frac{17}{20}$ $\frac{12}{25}$ $\frac{24}{25}$

7 Kürze auf den Nenner 100 und schreibe in Prozent. $\frac{16}{200} = \frac{8}{100} = 8\,\%$

a) $\frac{48}{200}$ $\frac{126}{200}$ $\frac{234}{300}$ $\frac{123}{300}$ $\frac{168}{400}$ b) $\frac{375}{500}$ $\frac{425}{500}$ $\frac{450}{500}$ $\frac{560}{700}$ $\frac{640}{800}$

c) $\frac{880}{1000}$ $\frac{150}{1000}$ $\frac{450}{900}$ $\frac{480}{800}$ $\frac{360}{400}$ d) $\frac{297}{300}$ $\frac{194}{200}$ $\frac{60}{300}$ $\frac{16}{200}$ $\frac{195}{300}$

8 Übertrage die Tabelle in dein Heft und ergänze die fehlenden Angaben.

	a)	b)	c)	d)	e)	f)	g)	h)	i)	k)	l)
Bruch	$\frac{1}{5}$	$\frac{1}{2}$				$\frac{7}{10}$	$\frac{1}{4}$				
Nenner 100	$\frac{20}{100}$		$\frac{30}{100}$								$\frac{10}{100}$
Dezimalbruch	0,20				0,45				1,50		
Prozent	20 %			25 %				120 %		40 %	

9 Ermittle die jeweiligen Anteile der gefärbten Fläche an der Gesamtfläche. Schreibe als Bruch und in Prozent.

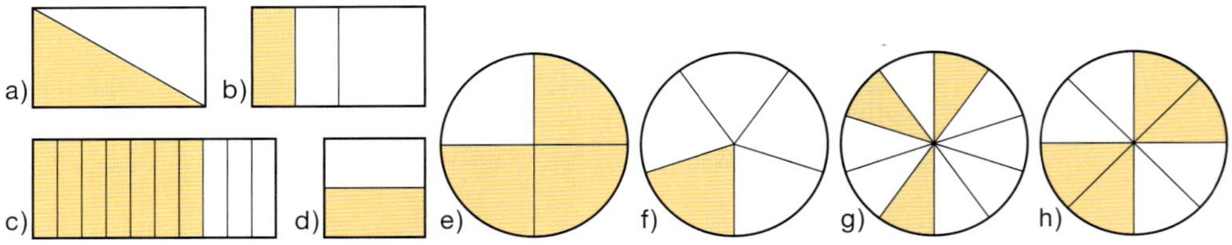

10 Übertrage die Figuren in dein Heft. Male die angegeben Anteile farbig aus.

$40\,\% = \frac{40}{100} = \frac{4}{10} = \frac{2}{5}$ 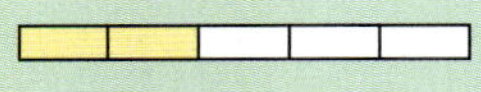

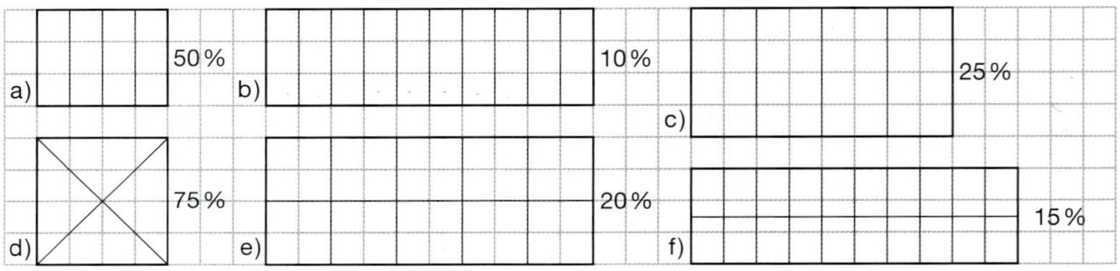

In einer Klasse sind 25 Schülerinnen und Schüler.
Von den **25** Kindern können **21** schwimmen. Das sind $\frac{21}{25} = \frac{84}{100} = \mathbf{84}\,\%$ der Klasse.

↓	↓	↓
Ganzes **Grundwert GW**	Teil vom Ganzen **Prozentwert PW**	Anteil in Hundertstel **Prozentsatz p**

1 Trage die Angaben aus jeder Aufgabe in eine Tabelle ein.

Julia bekommt 20 EUR Taschengeld. Sie gibt 6 EUR für Eis aus, das sind 30 % ihres Taschengeldes.

Grundwert GW	Prozentwert PW	Prozentsatz p %
20 EUR	6 EUR	30 %

a) Im Schwimmverein sind 60 Mitglieder. 36 Mitglieder sind Jugendliche, das sind 60%.
b) Jan hat im letzten Monat 6 EUR von 30 EUR, also 20%, sparen können.
c) 200 g Schokolade enthalten 64 g Fett, das 32%.
d) Pia gab letzten Monat 8 EUR für Comics aus, das sind 40% ihres Taschengeldes. Sie bekommt 20 EUR im Monat.
e) Ein Parkstreifen hat 40 Parkplätze. 30 Plätze, also 75%, sind besetzt.

2

Haben Sie Übergewicht?

Körpergröße (in cm)	180
–100 cm	–100
Normalgewicht (in kg)	80
–10 % des Normalgewichts	–8
Idealgewicht (in kg)	72

Das ideale Gewicht einer Person hängt von vielen Faktoren ab, z. B. vom Körperbau, aber auch vom persönlichen Wohlbefinden. Oft wird bei der Berechnung des Idealgewichts nur von einem Faktor ausgegangen, nämlich von der Körpergröße. Das oben angegebene Schema wurde in einer Zeitschrift für Männer gefunden.

a) Herr Groß hat eine Körpergröße von 2,00 m und ein Gewicht von 85 kg. Berechne sein Idealgewicht und vergleiche mit seinem tatsächlichen Gewicht.
b) Herr Klein ist 1,65 m groß und wiegt 60 kg. Schätze zuerst, ob sein Gewicht über oder unter dem Idealgewicht liegt und berechne dann.
c) Bei den Frauen wird empfohlen, zur Berechnung des Idealgewichts 15 % vom Normalgewicht abzuziehen. Überlege dir, wie man im Kopf 15 % von 60 kg berechnen kann.
d) Frau Kern ist 1,70 m groß. Berechne ihr Idealgewicht.
e) Bei Jugendlichen sollte man bei der Berechnung des Idealgewichts 20 % abziehen. Miss deine Körpergröße und berechne dein Idealgewicht.
f) Heinrich misst 1,60 m und wiegt 45 kg. Um wie viel Prozent liegt sein Gewicht unter seinem Idealgewicht?
g) Bei Rosa würden 20 % von ihrem Normalgewicht 10 kg ausmachen. Versuche ihre Körpergröße herauszufinden.

1

Das gleiche Fahrradmodell wird von zwei Händlern angeboten. Für welches Angebot soll sich Lisa entscheiden? Begründe deine Antwort.

Prozentwert berechnen

In der Rudolf-Diesel-Realschule wird eine Schulsprecherwahl durchgeführt.
Von **700** Schülern haben **33** % Xaver gewählt. Wie viele Schüler sind das?

↓ **Grundwert (GW)** ↓ **Prozentsatz (p)** ↓ **Prozentwert (PW)**

1. Möglichkeit: Dreisatz

Prozentsatz	Anteil der Schüler
100	700
1	7
33	7 · 33 = 231

(: 100, · 33)

2. Möglichkeit: Quotientengleichheit

Schüler	x	700
p	33	100

$\frac{x}{33} = \frac{700}{100}$ $\quad x = \frac{700 \cdot 33}{100}$ $\quad x = 231$

3. Möglichkeit: Formel
Formel zum Berechnen des Prozentwertes: $PW = \frac{GW \cdot p}{100}$ $\quad PW = \frac{700 \cdot 33}{100} = 231$

Antwort: 231 Schüler haben Xaver gewählt.

Übungen

2 Berechne 1 % von 400 m (3200 kg; 80 a; 520 EUR; 930 km; 1200 m^2; 2550 EUR).

3 Berechne den Prozentwert.

a) 3 % von	b) 5 % von	c) 10 % von	d) 30 % von	e) 50 % von
100 kg	700 g	720 EUR	600 km	800 m^2
400 kg	2000 g	650 EUR	220 km	1320 m^2
900 kg	1300 g	110 EUR	1400 km	180 m^2

4 Berechne den Prozentwert.

60 % von 400 kg
$PW = \frac{\overset{4}{\cancel{400}} \cdot 60}{\underset{1}{\cancel{100}}}$ kg
PW = 240 kg

a) 65 % von 700 EUR
b) 75 % von 800 kg
c) 35 % von 60 m
d) 21 % von 1200 EUR
e) 15 % von 660 g
f) 4 % von 240 m^2
g) 95 % von 550 km
h) 31 % von 700 g
i) 55 % von 32 EUR
k) 18 % von 650 kg

$50\,\% = \frac{1}{2}$

$25\,\% = \frac{1}{4}$

$20\,\% = \frac{1}{5}$

$33\frac{1}{3}\,\% = \frac{1}{3}$

$10\,\% = \frac{1}{10}$

$5\,\% = \frac{1}{20}$

5 Berechne den Prozentwert im Kopf.

a)	b)	c)	d)
50 % von 220 EUR	20 % von 350 m	25 % von 360 kg	10 % von 470 *l*
5 % von 120 EUR	1 % von 700 m	4 % von 350 kg	40 % von 200 *l*

6 Johannes hat den Prozentwert mithilfe des Taschenrechners berechnet. Lisa überprüft sein Ergebnis mithilfe eines „einfachen Prozentsatzes" und stellt fest, dass sein Ergebnis falsch sein muss.
Welche der angegebenen Ergebnisse sind mit Sicherheit falsch? Begründe deine Antwort.

a) 48 % von 197 EUR sind 114,26 EUR.
b) 27 % von 280 kg sind 75,6 kg.
c) 9 % von 1400 m sind 147,20 m.
d) 1,2 % von 1640 EUR sind 15,80 EUR.

7 Schätze den Prozentwert.

a)	b)	c)	d)
11,5 % von 560 EUR	2,5 % von 630 cm	2,4 % von 50,75 m	4,1 % von 350 g
4,5 % von 980 EUR	3,5 % von 125 *l*	6,2 % von 39,50 m	0,5 % von 13,5 *l*

8

Von 640 untersuchten Fahrrädern zeigten 40% technische Mängel. Wie viele Fahrräder sind das?

Gegeben: GW = 640 Fahrräder
p% = 40 %

Gesucht: PW = x

Lösung: $\frac{x}{40} = \frac{640}{100}$ $\quad x = \frac{640 \cdot 40}{100}$

x = 256

Antwort: 256 Fahrräder waren nicht verkehrstüchtig.

Von den 250 getesteten Fahrrädern einer Realschule wiesen 35 % Mängel auf. Wie viele Fahrräder waren dies?

9 Der Reinerlös eines Schulfestes betrug 886,50 EUR. Davon sollen 20 % für den Kindergarten gespendet werden. Wie viel EUR erhält der Kindergarten?

10 Für einen Orangensaft wird ein Fruchtgehalt von 60 % angegeben. Wie viel Kubikzentimeter reiner Fruchtsaft sind das bei folgenden Abfüllmengen? (1 Liter $\triangleq$ 1000 cm^3)
a) 1-Liter-Flasche b) 0,7-Liter-Flasche c) 0,25-Liter-Flasche

11 In einer Realschule werden die Schulwegzeiten ermittelt. Bei einer Schülerzahl von insgesamt 800 Schülern verteilen sich die Schüler wie folgt:

Zeit für Schulweg	bis 20 Minuten	über 20 bis 40 Minuten	mehr als 40 Minuten
Prozentsatz p %	35 %	42 %	23 %

Berechne die Anzahl der Schüler in den jeweiligen Gruppen.

L zu Nr. 9 bis Nr. 11: 150, 177,30; 184, 280, 336, 420, 600

1 Die Jugendherberge ist voll belegt. 20 % der Gäste kommen aus nordbayerischen Schulen. Das sind 50 Schülerinnen und Schüler.
Wie viele Gäste befinden sich insgesamt in der Jugendherberge?

Grundwert berechnen

Im Parkhaus sind **80** % der Plätze belegt, das sind **120** Stellplätze. Wie viele Stellplätze hat das Parkhaus?

80 ↓ **Prozentsatz (p)** — **120** ↓ **Prozentwert (PW)** — Wie viele ↓ **Grundwert (GW)**

1. Möglichkeit: Dreisatz

	Prozentsatz	Anteil der Stellplätze	
	80	120	
:80 ↓	1	1,5	↓ :80
·100 ↓	100	150	↓ ·100

2. Möglichkeit: Quotientengleichheit

Stellplätze	x	120
p	100	80

$\frac{x}{100} = \frac{120}{80}$ $\quad x = \frac{120 \cdot 100}{80}$ $\quad x = 150$

3. Möglichkeit: Formel
Formel zum Berechnen des Grundwertes: $GW = \frac{PW \cdot 100}{p}$ $\quad GW = \frac{120 \cdot 100}{80} = 150$

Antwort: In dem Parkhaus befinden sich insgesamt 150 Stellplätze.

Übungen

2 Berechne den Grundwert.

a)

p %	PW
1 %	4 km
2 %	50 g
5 %	31 EUR

b)

p %	PW
10 %	25 EUR
90 %	180 kg
4 %	12 m

c)

p %	PW
20 %	60 EUR
40 %	360 g
30 %	240 m^2

d)

p %	PW
50 %	1,4 m
10 %	4,5 kg
8 %	96 EUR

3 Berechne den Grundwert. Kürze, wenn möglich.

30 % ≙ 120 km
$GW = \frac{\overset{4}{\cancel{120}} \cdot 100}{\cancel{30}_1}$ km
GW = 400 km

a)	b)	c)
60 % ≙ 12 EUR	15 % ≙ 45 m	30 % ≙ 150 kg
15 % ≙ 30 EUR	45 % ≙ 18 m	40 % ≙ 168 kg
40 % ≙ 100 EUR	70 % ≙ 28 m	35 % ≙ 105 kg
30 % ≙ 480 EUR	55 % ≙ 660 m	22 % ≙ 660 kg
90 % ≙ 63 EUR	80 % ≙ 120 m	15 % ≙ 75 kg

4 Berechne den Grundwert. Runde auf eine Stelle nach dem Komma.

a)	b)	c)	d)
36 % ≙ 270 EUR	18 % ≙ 374 l	17 % ≙ 5755 km	92 % ≙ 147 EUR
43% ≙ 320 a	67 % ≙ 757 EUR	28 % ≙ 7140 km	78 % ≙ 746 kg

5 Berechne den Grundwert. Überprüfe dein Ergebnis, indem du mithilfe eines „einfachen Prozentsatzes“ eine Abschätzung machst.

a) 32 % ≙ 224 kg
25 % ≙ 122,8 kg
50,5 % ≙ 756 kg

b) 12,5 % ≙ 8,35 m
0,9 % ≙ 22,5 m
4,8 % ≙ 168,6 m

32 % ≙ 182,40 EUR G = 570 EUR

$33\frac{1}{3}$ % ≙ $\frac{1}{3}$

$\frac{1}{3}$ von 570 EUR sind 190 EUR

6

In einem Sportverein sind 42 Jugendliche. Das sind 35 % aller Mitglieder. Wie viele Mitglieder hat der Verein insgesamt?

Gegeben: PW = 42 Jugendliche
p% = 35%

Gesucht: GW = x

Lösung: $\frac{x}{100} = \frac{42}{35}$ $x = \frac{42 \cdot 100}{35}$

x = 120

Antwort: Der Verein hat insgesamt 120 Mitglieder.

In der Jahrgangsstufe 6 einer Realschule nehmen 45 Schülerinnen und Schüler am Werkunterricht teil. Das sind 30 % aller Schülerinnen und Schüler des Jahrgangs. Wie viele Schülerinnen und Schüler sind insgesamt in den sechsten Klassen?

7 Die Krankenkasse von Frau Müller erstattet 80 % der entstandenen Arzt- und Materialkosten. Sie reicht eine Rechnung ihres Hausarztes ein und erhält daraufhin einen Betrag von 760 EUR von ihrer Krankenkasse überwiesen. Wie hoch war die Arztrechnung?

8 Ein Pfahl steckt 69 cm tief im Boden. 70 % seiner Länge sind sichtbar. Wie lang ist der ganze Pfahl? (Hinweis: Eine Zeichnung kann dir bei der Lösung helfen).

9 Herr Groß macht seiner Tochter folgendes Angebot: „Für die Anschaffung eines Computers sparst du dein monatliches Taschengeld von 25 EUR. Nach einem halben Jahr hast du 20 % des Kaufpreises angespart. Den restlichen Betrag gebe ich dir dazu.“

a) Berechne den Kaufpreis des Computers.

b) Wie hoch ist die Summe, die Herr Groß seiner Tochter dazugibt?

10 In der Autofirma Limosin wird für das kommende Jahr zwischen der Firmenleitung und den Arbeitnehmern folgende Lohnerhöhung vereinbart: Alle Löhne steigen um 4 %, mindestens aber um 50 EUR.

a) Herr Ögung soll nun 80 EUR mehr bekommen. Wie viel hat er bis jetzt verdient?

b) Frau Oberg hat bisher 1800 EUR verdient. Wie viel erhält sie nun mehr?

c) Herr Unger musste bisher mit 1200 EUR zufrieden sein. Wie viel verdient er jetzt mehr?

d) Bis zu welchem Betrag beträgt die Lohnerhöhung 50 EUR?

e) Erkundige dich bei deinen Eltern, ob und wie sich ihr Lohn gegenüber dem letzten Jahr geändert hat.

L zu Nr. 7 bis 10: 750; 600; 1250; 2000; 950; 50; 72; 550; 150; 230

1 Nach den Jahrgangsmeisterschaften im Fußball soll entschieden werden, wer der sicherste Torhüter ist.

Prozentsatz berechnen

Von **20** Elfmetern hat Sebastian **13** verwandelt. Wie hoch ist der Prozentsatz?

↓ **Grundwert (GW)** ↓ **Prozentwert (PW)** ↓ **Prozentsatz (p)**

1. Möglichkeit: Dreisatz

	Prozentwert	Prozentsatz	
	20	100	
:20	1	5	:20
·13	13	65	·13

2. Möglichkeit: Quotientengleichheit

p	x	100
PW	13	20

$\frac{x}{13} = \frac{100}{20}$ $x = \frac{100 \cdot 13}{20}$ $x = 65$

3. Möglichkeit: Formel
Formel zum Berechnen des Prozentsatzes: $p = \frac{PW \cdot 100}{GW}$ $p = \frac{13 \cdot 100}{20} = 65$

Antwort: Sebastian hat 65 % der Elfmeter verwandelt.

Übungen

51 m von 300 m
$p\,\% = \frac{\overset{17}{\cancel{51}} \cdot \overset{1}{\cancel{100}}}{\underset{1}{\cancel{300}}\,\underset{}{\cancel{3}}}\,\%$
$p\,\% = 17\,\%$

2 Berechne den Prozentsatz.

a) 50 km von 100 km
50 kg von 400 kg
150 a von 50 a
200 a von 100 a

b) 10 EUR von 20 EUR
10 EUR von 40 EUR
15 EUR von 20 EUR
30 EUR von 30 EUR

c) 10 g von 100 g
25 g von 100 g
70 g von 140 g
30 g von 600 g

d) 100 m von 10 m
10 m von 5 m
120 m von 60 m
200 m von 100 m

3 Berechne den Prozentsatz.

a) 128 g von 800 g
154 g von 700 g
36 ha von 900 ha
162 ha von 2700 ha

b) 70 EUR von 280 EUR
50 EUR von 450 EUR
12 m von 60 m
30 m von 150 m

c) 33 km von 220 km
63 km von 350 km
324 EUR von 450 EUR
63 EUR von 180 EUR

4 Berechne den Prozentsatz. Überprüfe dein Ergebnis, indem du mithilfe eines „einfachen Prozentsatzes“ eine Abschätzung machst.

a) 141 EUR von 600 EUR
44 EUR von 800 EUR
192 EUR von 600 EUR

b) 76 g von 400 g
182 g von 350 g
31,50 g von 750 g

208 EUR von 800 EUR sind 26%.

$\frac{1}{4} = 25\ \%$

$\frac{1}{4}$ von 800 EUR sind 200 EUR.

5 Schätze den Prozentsatz.

a) 27 kg von 160 kg
200 m von 260 m

b) 86 m von 250 m
35 *l* von 64 *l*

c) 35,5 *l* von 74 *l*
0,66 m von 6,1 m

d) 12,5 a von 75 a
22,5 g von 45,5 g

6 Von den 30 Schülerinnen und Schülern der Klasse 6a haben 12 Mädchen und Jungen das Silberne Schwimmabzeichen erworben. Wie viel Prozent sind das?

Gegeben: GW = 30 Schüler
PW = 12 Mädchen und Jungen

Gesucht: p% = x%

Lösung: $\frac{x}{12} = \frac{100}{30}$ $x = \frac{100 \cdot 12}{30}$

$x = 40$

Antwort: 40% der Schülerinnen und Schüler haben das silberne Schwimmabzeichen erworben.

Eine Fußballmannschaft verlor von 35 Spielen in der vergangenen Saison 14 Spiele. Wie viel Prozent sind das?

7 Wegen Umbau werden alle Artikel im Preis herabgesetzt. Berechne den jeweiligen Prozentsatz der Preisreduzierung.

Artikel	alter Preis
Monitor	150 EUR
Drucker	80 EUR
Rechner	500 EUR

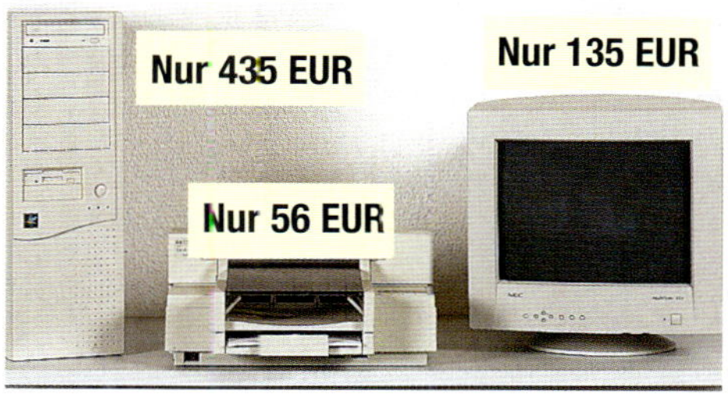

8 Die Klassen 6a, 6b, 6c und 6d schreiben den gleichen Deutschtest. In der 6a haben 10 von 28 Schülern weniger als 5 Fehler, in der 6b 8 von 28 Schülern, in der 6c 12 von 30 Schülern und in der 6d 10 von 27 Schülern.
Berechne jeweils die Prozentsätze. Runde auf eine Stelle nach dem Komma.

9

a) Familie Sammer kauft für ihren Sohn Miguel neue Möbel.
Wie viel EUR kostet die Einrichtung?

b) Wegen Umbau gewährt der Händler einen Preisnachlass von 391 EUR.
Wie viel Prozent Rabatt sind dies?

L von Nr. 7 bis 9: 10; 13; 28,6; 30; 35,7; 37; 40; 40; 20; 1955; 46,92

1 Aus Rechtecken werden Werkstücke gestanzt. Berechne den Verschnitt (gefärbt) in %.

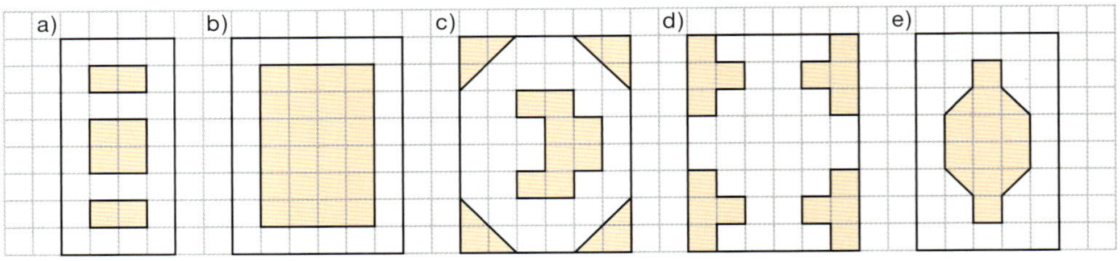

2 Übertrage die Tabelle in dein Heft und berechne die fehlenden Werte.

	a)	b)	c)	d)	e)	f)	g)	h)	i)
GW	75 m	570 kg	84,50 EUR				1440 ha	10 000 EUR	88 EUR
p%	12 %	8 %	18 %	15 %	38 %	95 %			
PW				96 km	570 m^2	380 l	216 ha	725 EUR	11,44 EUR

3 a) Von 200 Apfelsinen waren 8 faul.
b) Björn bekommt 25 EUR Taschengeld. Davon spart er 5 EUR.
c) Von 24 Schülern können 18 schwimmen.
d) In einer Realschule benutzen 20 % der 980 Schüler das Fahrrad.
e) Sascha erhält von seinem Onkel 50 EUR. Davon bringt er 30 EUR zur Sparkasse.
f) Ein CD-Player wird 6 % billiger angeboten. Das entspricht 21 EUR.
g) Getränkepulver enthalten 20 % Zucker. Das sind bei einer Packung 160 g.

4 Die Klasse 6b hat eine Verkehrszählung durchgeführt und dabei die prozentualen Anteile der einzelnen Fahrzeugarten bestimmt.

Fahrzeugart	Anteil in %
Pkw	62
Lkw	27
Busse	4
Motorräder	5
Sonstige	2

Unter „Sonstige“ wurden fünf Traktoren und drei Baumaschinen eingeordnet. Berechne die Anzahlen der anderen Fahrzeugarten.

5 Die Luft setzt sich aus etwa 21 % Sauerstoff, 78 % Stickstoff und 1 % Edelgasen zusammen. Wie viel Kubikmeter der einzelnen Gase sind in einem Klassenraum von 192 m^3 Rauminhalt enthalten?

6 In einem Forstrevier sind Bäume neu angepflanzt worden. Nach einem Jahr kontrolliert der Förster den Anwuchs. Von den 550 Fichten sind 22 nicht angewachsen. Von den 300 Buchen sind 24 ausgetrocknet. Von den 200 Eichen sind 6 abgefressen worden. Von den 150 Lärchen sind 18 erfroren.

1 Schülerinnen und Schüler der 6. Klassen wurden nach ihrer Lieblingssportart gefragt. Die Anzahlen und die prozentualen Anteile wurden in der Tabelle zusammengefasst.

Sportart	Mannschafts-ballspiele	Schwimmen	Turnen, Tanz Gymnastik	Leichtathletik	Tennis
Anzahl	21	8	11	6	4
Anteil in Prozent	42 %	16 %	22 %	12 %	8 %

So kannst du das Ergebnis der Umfrage in einem Streifendiagramm (Blockdiagramm) graphisch darstellen:

1. Wähle für den Streifen eine geeignete Gesamtlänge.
2. Berechne wie im Beispiel zu jedem Prozentsatz die Länge des zugehörigen Abschnitts.
3. Unterteile den gesamten Streifen in einzelne Abschnitte und beschrifte diese.

Gesamtlänge: 15 cm

Mannschaftsballspiele: 42 %
Länge des Abschnitts:
$15\text{ cm} \cdot \frac{42}{100} = 6{,}3\text{ cm}$

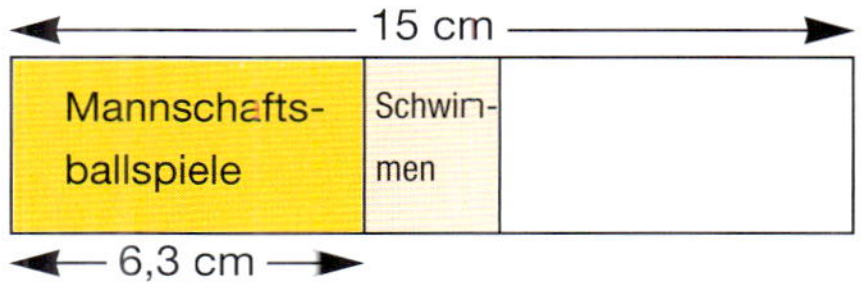

Zeichne das vollständige Streifendiagramm in dein Heft.

2 Eine Gruppe von Schülerinnen der 6a fragt Schülerinnen und Schüler der 6. Klassen nach ihrem Lieblingshaustier.
a) Übertrage die Tabelle in dein Heft und vervollständige sie.
b) Stelle das Ergebnis in einem Streifendiagramm dar (Gesamtlänge 16 cm).

Tierart	Anzahl	Anteil in Prozent
Nagetiere	22	
Zierfische	11	
Hunde	23	
Katzen	11	
Ziervögel	13	

3 Umweltschäden einer Stadt mit 100 000 Einwohnern: 90 Mio EUR jährlich.

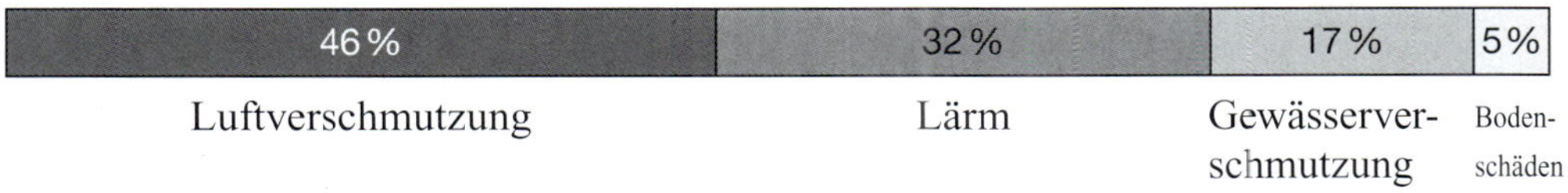

Wie viel EUR betragen die Schäden durch die einzelnen Ursachen?

4 Das Streifendiagramm zeigt das Ergebnis einer Klassenarbeit in einem 6. Jahrgang.
a) Berechne die Anzahl der Klassenarbeiten in den einzelnen Notenstufen bei einer Gesamtzahl von 90 Arbeiten im Schuljahr 2000/2001.
b) Der gleiche Test hatte im Schuljahr 2001/2002 das nebenstehende Ergebnis. Zeichne ein Streifendiagramm und vergleiche.

Mathematikarbeit Nr. 3 6. Jahrgang 2000/2001

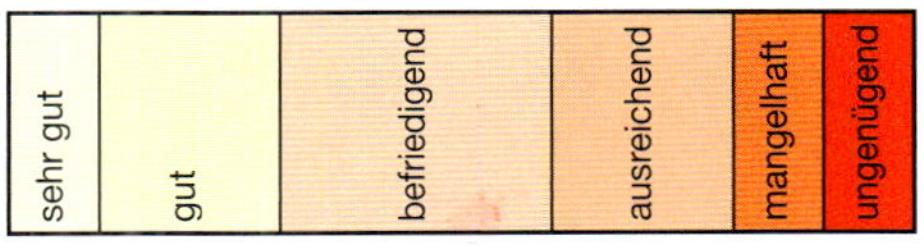

Mathematikarbeit Nr. 3 6. Jahrgang 2001/2002

sehr gut	gut	befr.	ausr.	mang.	ung.
10	20	16	24	8	2

1 Die Schüler der Klasse 6b untersuchen, wie häufig die unterschiedlichen Fahrzeugarten im Straßenverkehr vorkommen. Eine Schülergruppe beobachtet dazu an einer stark befahrenen Kreuzung 500 Fahrzeuge.

Fahrzeugart	Pkw	Lkw	Motorräder/Mofas	Omnibusse/andere Kfz
Anzahl	302	118	59	21
Anteil in Prozent	60 %	24 %	12 %	4 %

So kannst du die in der Tabelle aufbereiteten Daten in einem Kreisdiagramm graphisch darstellen:

1. Wähle einen geeigneten Radius und zeichne einen Kreis.
2. Berechne wie im Beispiel zu jedem Prozentsatz den zugehörigen Winkel.
3. Zeichne die Winkel im Kreis ein und beschrifte sie.

Radius: 5 cm
Pkw: 60 % $100\,\% \triangleq 360°$
$1\,\% \triangleq 3{,}6°$
$60\,\% \triangleq 60 \cdot 3{,}6° = 216°$

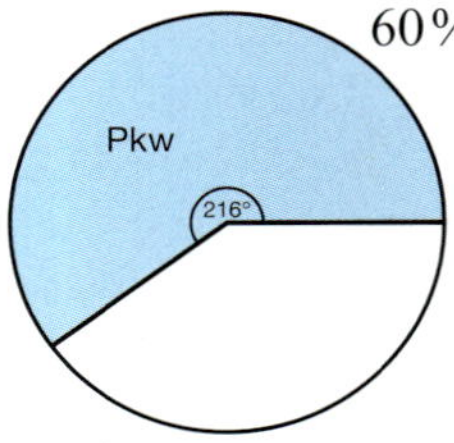

Zeichne das vollständige Kreisdiagramm in dein Heft.

2 Rechne um in Grad.
a) 10 % 20 % 25 % 50 % 14 % b) 80 % 64 % 98 % 46 % 27 %

3

Fahrzeugart	Pkw	Lkw	Motorräder/Mofas	Omnibusse/andere Kfz
Anzahl	128	42	26	14
Anteil in %				

a) Übertrage die Tabelle in dein Heft und vervollständige sie.
b) Stelle das Ergebnis in einem Kreisdiagramm graphisch dar (Radius 5 cm).

4 Der Fahrradhändler Platte verkaufte 420 Fahrräder. Die verschiedenen Fahrradarten sind in einem Kreisdiagramm dargestellt: Rot: Mountain Bikes, grün: City Bikes, lila: Damen Trekking Bikes, grau: Kinderräder, gelb: Herren Trekking Bikes, blau: Jugend Bikes

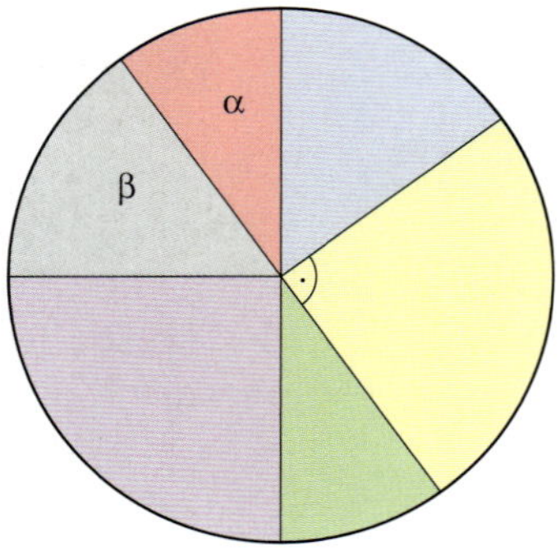

a) Der Winkel α hat das Maß 36°. Berechne nun den Anteil in % der Kreisfläche, der rot gefärbt ist.
b) Der Anteil des grau gefärbten Kreissektors an der gesamten Kreisfläche beträgt 15 %. Berechne das Maß des Winkels β.
c) Welcher Prozentanteil und welche Stückzahl entfallen jeweils auf Damen und Herren Trekking Bikes, auf Jugend Bikes und Kinderräder?

1 Die Klasse 6c führt im Rahmen der Aktion „Bewegte Schule“ einen Schultaschen-Check durch.

a) Überlege mögliche Ziele dieser Aktion.

b) Die Schüler haben die Ergebnisse der Messungen in die entsprechenden Formulare eingetragen. Zusammen mit dem Biologielehrer, Herrn Schenkel, werten sie die Aufzeichnungen aus. Dazu verwenden sie ein Tabellenkalkulationsprogramm. Überprüfe, ob die Prozentsätze bei Josefa und Hans richtig berechnet wurden.

c) Berechne die in der Tabelle fehlenden Werte.

Schultaschen - Check

Name:

Klasse: Körpergewicht: kg

	Mo	Di	Mi	Do	Fr	Durchschnitt Mo-Fr
1. Woche						
2. Woche						
Durchschnitt pro Tag						

In die Tabelle das Gewicht der vollständig gepackten Schultasche in Kilogramm eintragen (incl. Frühstück).

			Montag		Dienstag		Mittwoch		Donnerstag		Freitag	
Name	G	KG in kg	ST in kg	% vom KG	ST in kg	% vom KG	ST in kg	% vom KG	ST in kg	% vom KG	ST in kg	% vom KG
Josefa Moser	w	45	4,5	10	7,2	16	6,3	14	5,4		5,8	13
Derya Büyük	w		4,2	11								
Hans Dalago	m	56	4,2		8,4		5,6		5,4	9	6,7	12
Sepp Jodler	m		6	9								
Durchschnitt der ST	w											
Durchschnitt der ST	m											
Klassendurchschnitt der ST												

Abkürzungen: **G:** Geschlecht; **KG:** Körpergewicht; **ST:** Schultaschengewicht

d) Führt in eurer Klasse einen Schultaschen-Check durch. Notiert euch zwei Wochen lang das Schultaschengewicht. Berechnet für jeden Tag den Durchschnitt des Schultaschengewichts (ST) bei den Mädchen (w) und Jungen (m) entsprechend dem obigen Muster.

e) Stellt wie in der Abbildung das durchschnittliche Schultaschengewicht für Mädchen, für Jungen und den Klassendurchschnitt in je einem Säulendiagramm für Montag bis Freitag dar. (x-Achse: Tage; y-Achse: ST in kg).

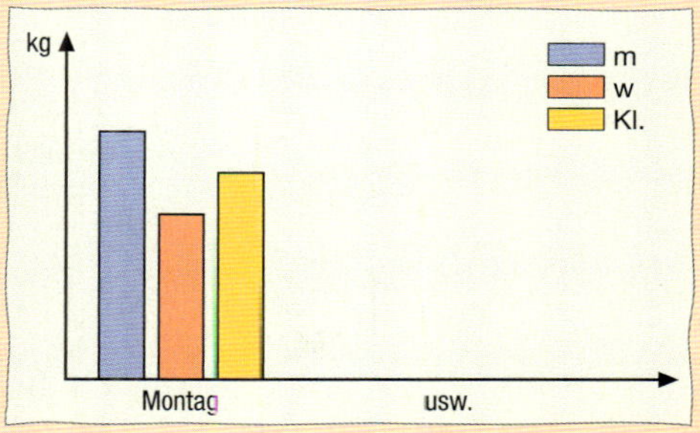

f) An welchen Tagen wurde gegen die Faustregel verstoßen: „Gewicht der Schultasche soll höchstens ein Zehntel des Körpergewichts betragen“?

Station 1 „Magic Termflipper" für 2–4 Personen

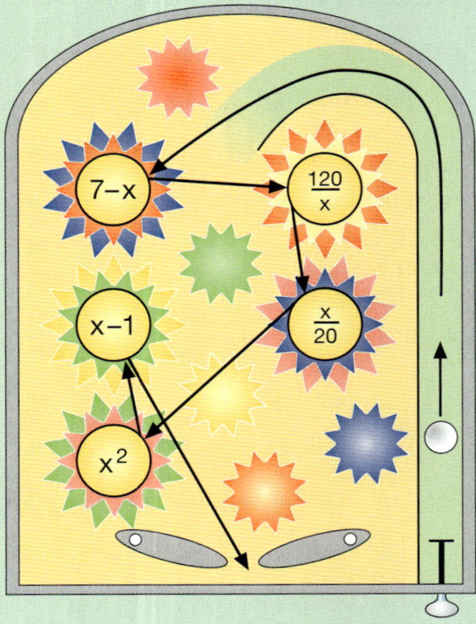

a) Beim „Magic Termflipper" wird die gewürfelte Augenzahl mit der Kugel zum ersten Term $7 - x$ befördert. Dort wird die Augenzahl für die Variable x eingesetzt. Du erhältst den ersten Termwert. Dieser wird beim nächsten Term wieder für die Variable x eingesetzt. Gewonnen hat der, bei dem sich beim letzten Term der größte Wert ergibt.

b) Berechne, welchen Wert man für die Variable x in den Term $\mathbf{2 \cdot x - 4}$ einsetzen muss, damit er den Wert 37,6 annimmt? $\mathbb{G} = \mathbb{Q}$

c) Überprüfe mittels einer Wertetabelle die Äquivalenz der Terme $x + 2$ und $x^2 + 2$ in den Grundmengen $\mathbb{G}_1 = \{0; 1\}$ und $\mathbb{G}_2 = \{0; 1; 2\}$.

Station 2

Jeans werden häufig in amerikanischen Inch-Größen angegeben.

1 Inch = 2,54 cm

Beispiel:

amerikanische Größe	deutsche Größe
28 / 30	40

Die erste Zahl ist ein Maß für den Taillenumfang

Die zweite Zahl ist ein Maß für die innere Beinlänge

a) Hermann passt eine Jeans der Größe 28 / 30. Sind der Taillenumfang mit 71 cm und die innere Beinlänge mit 86 cm richtig gemessen?

b) Berechne, um wie viel EUR die angebotene Jeans im Preis reduziert ist.

Station 3

Inline-Skates kosten bei Sport Road 149,– EUR. Aufgrund der großen Nachfrage wurde der Preis um 20% erhöht. Nun ist Ausverkauf und der Preis wird wieder um 20% gesenkt. Was kosten jetzt die Inline-Skates?

Station 5

Frau Grauer und Familie Lohmeier brauchen Heizöl. Sie wohnen in derselben Straße und vereinbaren eine Sammelbestellung. Frau Grauer bestellt 1600 Liter und Familie Lohmeier 2600 Liter.

a) Wie viel Geld sparen Frau Grauer bzw. Familie Lohmeier durch die Sammelbestellung?

b) Um wie viel Cent pro Liter ist der günstigere Preis bei Frau Grauer bzw. Familie Lohmeier niedriger? Wie viel Prozent sind das jeweils?

Firma Schlagbauer *Heizöl Tag und Nacht*	
Liter	Preis in Cent pro Liter
ab 1500	64,0
ab 2500	61,0
ab 3500	60,0
ab 5500	59,5

Station 4

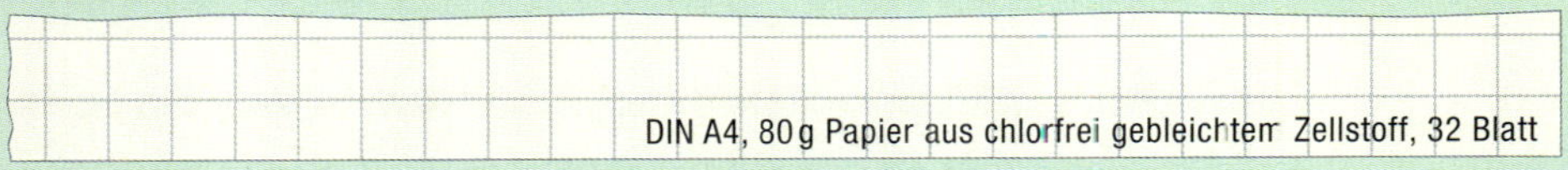

Auf deinem Mathematik-Schulheft findest du vielleicht den Vermerk 80 g/m². Das bedeutet, dass ein Quadratmeter von diesem Papier ein Gewicht von 80 Gramm hat. Man spricht von einem „80-Gramm-Papier“.

a) Hans behauptet: „Ein DIN-A4-Blatt hat eine Fläche von $\frac{1}{16}$ m². Hat Hans recht?

b) Berechne das Gewicht eines DIN-A4-Blattes aus einem „80-Gramm-Papier“.

c) Vergleiche dein Ergebnis in b) durch Messung mit einer Briefwaage. Lege beim Wiegen zehn DIN-A4-Blätter auf die Waage.

d) In dem Graphen rechts ist der Zusammenhang zwischen der Fläche und dem Gewicht bei einem Papier dargestellt, das häufig für Zeichenblöcke verwendet wird. Ermittle mithilfe der graphischen Darstellung, wie viel Gramm bei diesem Papier 1 m² wiegt.

e) Bestimme durch Rechnung oder mithilfe des Graphen aus d) das Gewicht eines DIN-A3-Blattes aus einem Zeichenblock. Die Fläche des Blattes beträgt $\frac{1}{8}$ m². Überprüfe dein Ergebnis durch Wiegen.

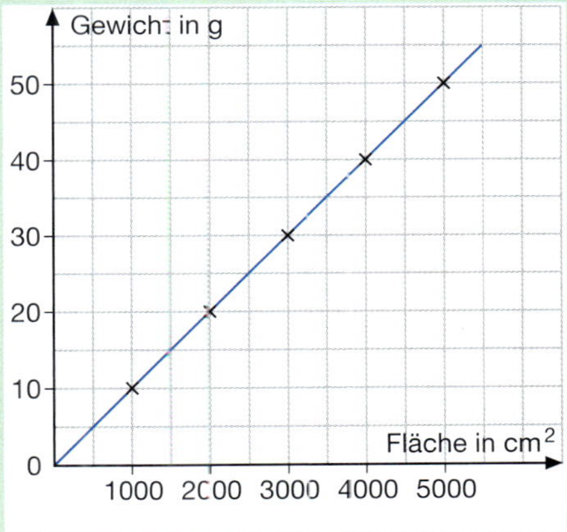

9 Achsenspiegelung

1

Betrachte die Fotografie. Was fällt dir auf? Findest du dafür eine Erklärung?

2 Das Spiegelbild der Hafenstraße enthält elf Fehler.

3 Ist hier gespiegelt worden?

4

Hans, Philipp und Alexandra wollen Spiegelbilder erzeugen. Jeder versucht es mit einer anderen Methode. Beschreibe, wie sie vorgehen.

a)

b)

c)

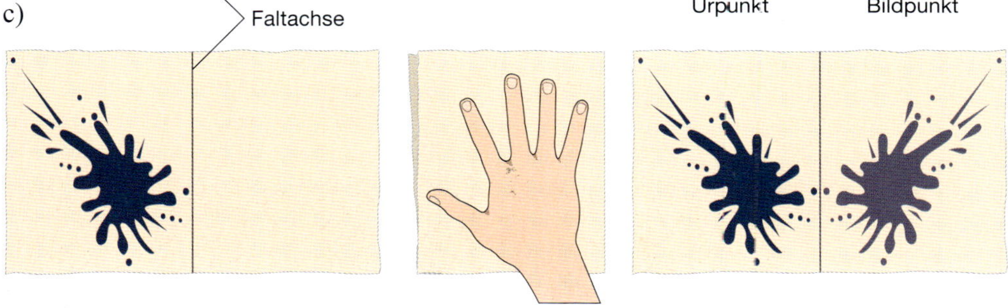

Abbildung

> Das Erzeugen einer Bildfigur nennt man **Abbildung.** Jedem Urpunkt P der Zeichenebene wird dabei eindeutig ein Bildpunkt P‘ zugeordnet und umgekehrt.

5 Übertrage die Figur auf ein Blatt und versuche nach der Methode „Durchstechen“ eine Bildfigur zu erzeugen.
Wie oft musst du mindestens durchstechen?

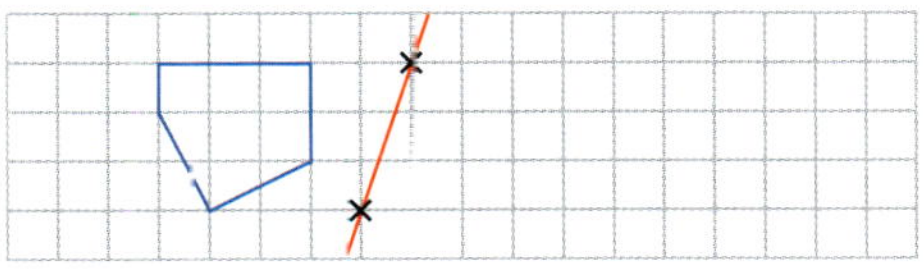

1 Im Bild siehst du die Figur der Aufgabe 5 (vorherige Seite) nach dem Durchstechen. Verbinde in deiner Lösung wie im Bild die entsprechenden Punkte miteinander.

a) Betrachte die Lage dieser Strecken zueinander.

b) Wie liegen die Verbindungsstrecken zur Faltachse?

c) Miss die Streckenlängen von jedem Punkt zur Faltachse.

d) Schneide Ur- und Bildfigur aus und vergleiche. Vergleiche auch Seitenlängen und Winkelmaße.

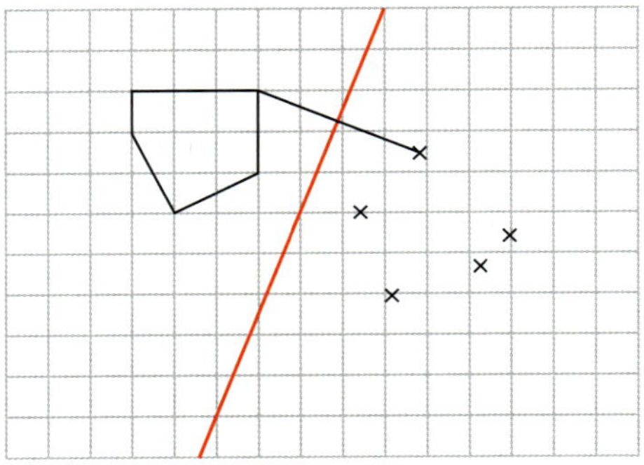

Spiegelachse

Abbildungsvorschrift der Achsenspiegelung

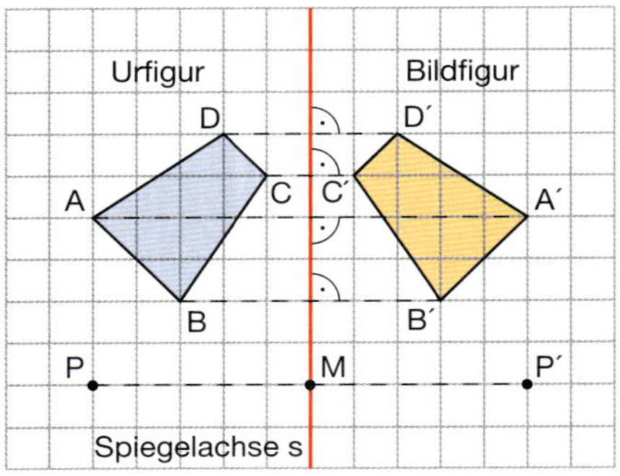

Durch das Falten und Durchstecken wird eine Bildfigur erzeugt. Diese Abbildung bezeichnet man als **Achsenspiegelung**.
Die Faltgerade heißt **Spiegelachse s**.

Abbildungsvorschrift:
Die Verbindungsstrecke zwischen einem Urpunkt und seinem Bildpunkt steht senkrecht zur Spiegelachse und wird von ihr halbiert.

$[PP'] \perp s$

$\overline{PM} = \overline{MP'}$

Man schreibt: $A \overset{s}{\longmapsto} A'$

Lies: Der Punkt A wird an der Geraden s auf den Punkt A′ abgebildet.

2 Annalena will mithilfe eines Geometrieprogramms das Dreieck ABC durch Spiegelung abbilden.

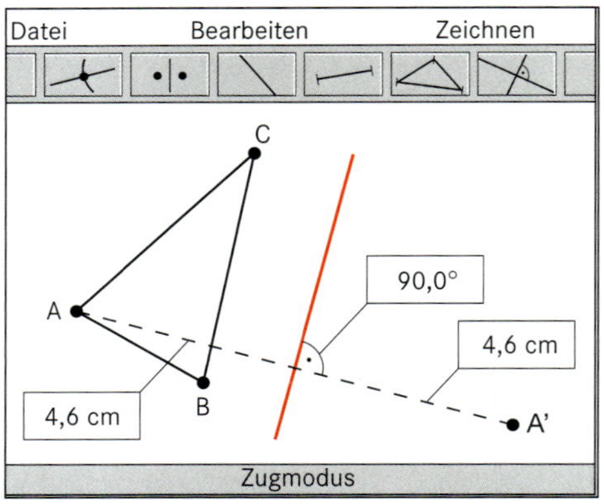

Versuche die Frage anhand der Abbildung auf dem Bildschirm zu beantworten.

3 So kannst du mit dem Geodreieck Punkte spiegeln. Statt der Faltachse verwenden wir eine Gerade als Spiegelachse.

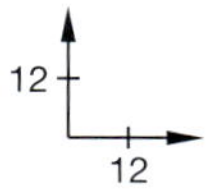

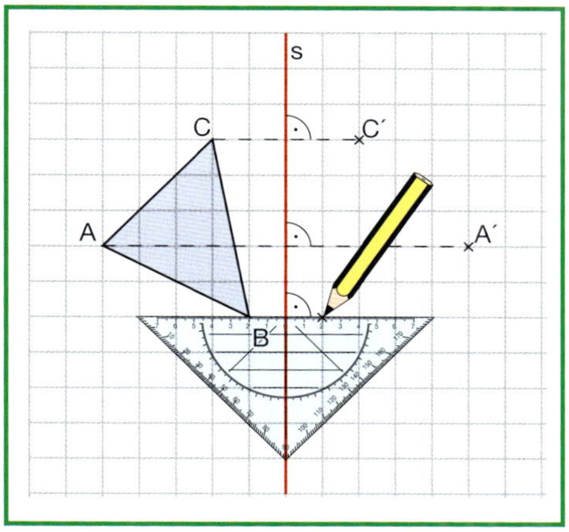

Bilde dann im Heft die folgenden Punktmengen durch Spiegelung an der Geraden s = PQ mit P (1|3) und Q (10|9) ab.

a) [AB] mit A (5|1), B (5|9)

b) g = BC mit C (10|11)

c) D ∈ g mit D (8|y)

d) Dreieck RST mit R (2|5), S (6|2), T (10|6). Bestimme in Ur- und Bilddreieck die Winkelmaße und Seitenlängen.

e) Welche Eigenschaften der Achsenspiegelung kannst du aufgrund der Ergebnisse in a) – d) erkennen? Vergleiche auch mit den Ergebnissen der Aufgabe 1d) S. 138.

4

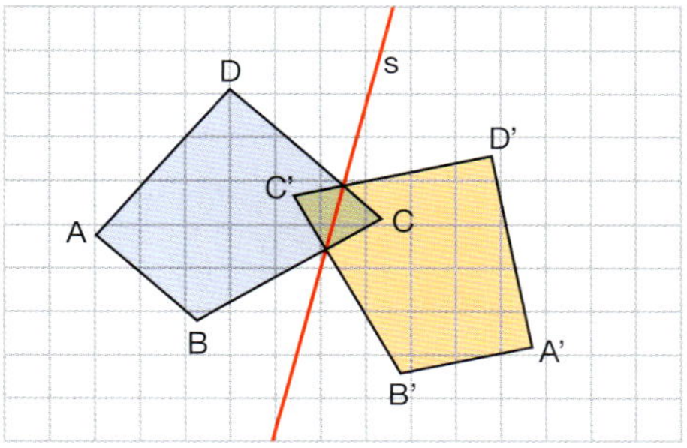

Johanna hat das Viereck ABCD an der Geraden s gespiegelt.
Hat sie es richtig gemacht?

5 In der Abbildung erkennst du Punkte, die bei einer Achsenspiegelung auf sich selbst abgebildet werden.
Benenne die Punkte und beschreibe ihre Lage.

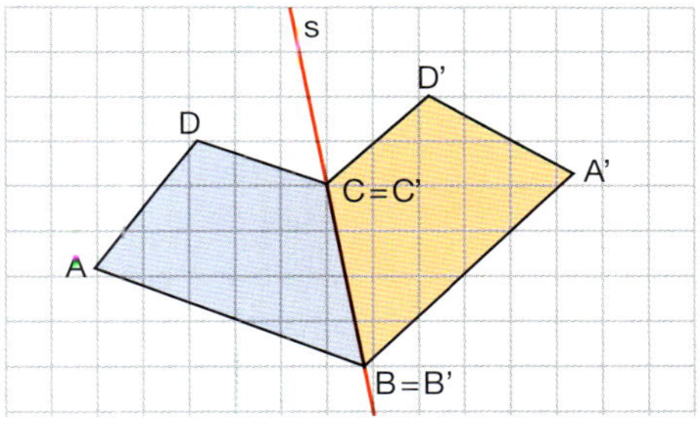

Eigenschaften der Achsenspiegelung

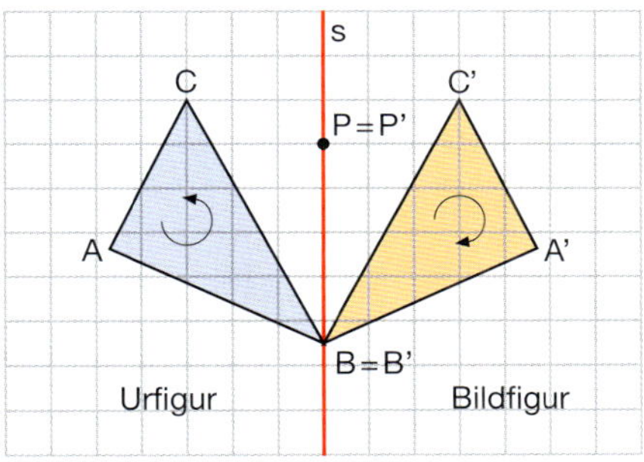

Bei einer Achsenspiegelung bleiben die Länge einer Strecke sowie das Maß eines Winkels erhalten. Die Abbildung ist **längentreu, geradentreu** und **winkeltreu.**
Jeder Punkt, der auf der Spiegelachse liegt, wird auf sich selbst abgebildet. Er heißt **Fixpunkt.** Die Spiegelachse besteht nur aus Fixpunkten, sie ist eine **Fixpunktgerade.**
Ur- und Bildfigur sind deckungsgleich. Die Achsenspiegelung ist eine **Kongruenzabbildung**. Die Achsenspiegelung ändert den Umlaufsinn.

6 Die Urpunkte P auf dem Kreis k haben vom Mittelpunkt M alle die Entfernung r.

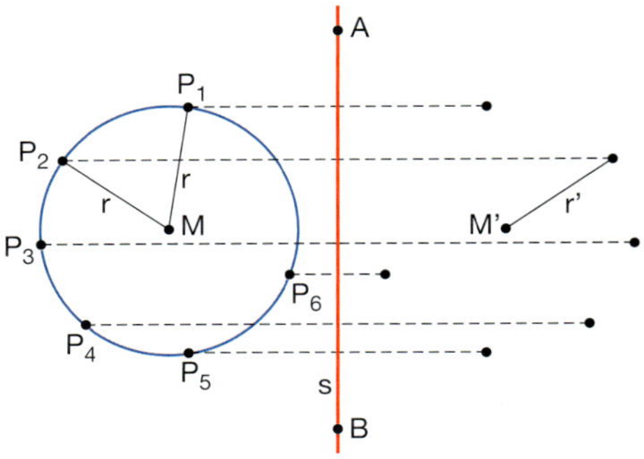

a) Begründe: Alle Bildpunkte P' haben vom Punkt M' die Entfernung r' = r. Begründe ferner: Das Bild eines Kreises ist wieder ein Kreis.

b) $k(M; r) \xmapsto{s} k'(M'; r')$
Führe die Abbildung durch.
Für die Zeichnung gilt:
M (2|3), r = 2 cm, s = AB mit A (5|0) und B (5|7).

7 In der Abbildung sind die Geraden g, h, u und t an der Achse s gespiegelt. Versuche, Besonderheiten ihrer Spiegelbilder g‘, h‘, u‘ und t‘ herauszufinden.
Begründe mit den Gesetzen der Achsenspiegelung.

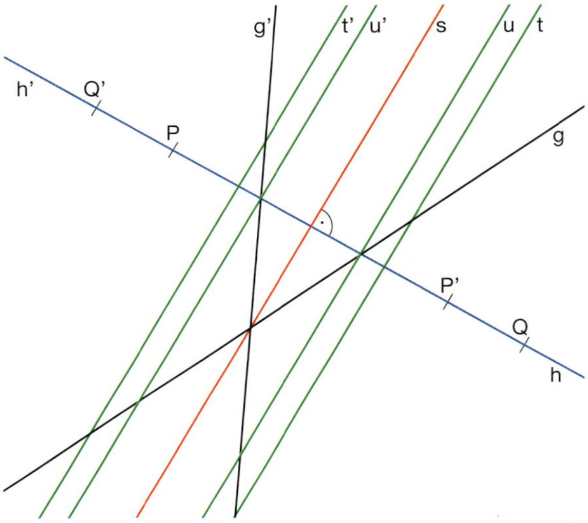

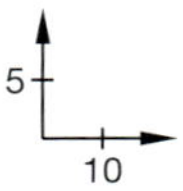

8 Spiegele den Kreis k (M (3|2), r = 2 LE) an einer Senkrechten zur x-Achse durch P (5|0). Begründe, dass der Bildkreis k' kongruent zu k ist.

weitere Eigenschaften

> Zur Spiegelachse parallele Geraden werden auf eine Parallele abgebildet. Geraden, die nicht zur Achse parallel verlaufen, schneiden sich mit ihrer Bildgeraden auf der Spiegelachse. Geraden, die senkrecht auf der Spiegelachse stehen, werden auf sich selbst abgebildet. Solche Geraden sind **Fixgeraden.**
> Die Achsenspiegelung ist eine **parallelentreue** und **kreistreue** Abbildung.

Übungen

9 Zeichne das Viereck mit den Eckpunkten A (5|2), B (8|8), C (5|11) und D (2|8) in ein Gitternetz ein (Einheit 1 Kästchen). Spiegele es an der Geraden durch die Punkte R (5|14) und S (11|8). Gib die Bildpunkte an.

10 Wie viele Spiegelachsen hat die Figur? Übertrage und zeichne. Begründe deine Antwort.

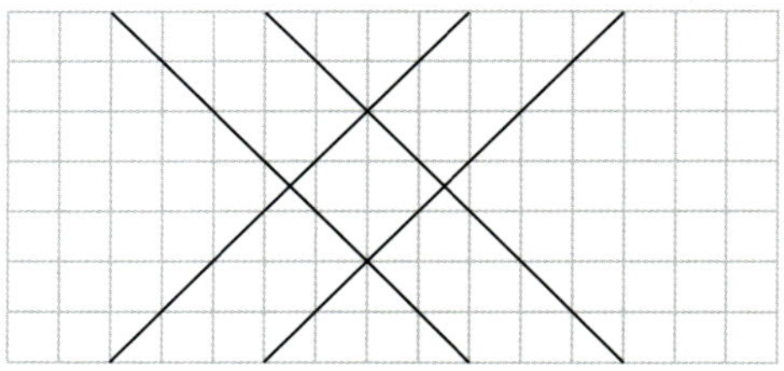

1 So kannst du die Spiegelachse s bei gegebenem Ur- und Bildpunkt konstruieren:

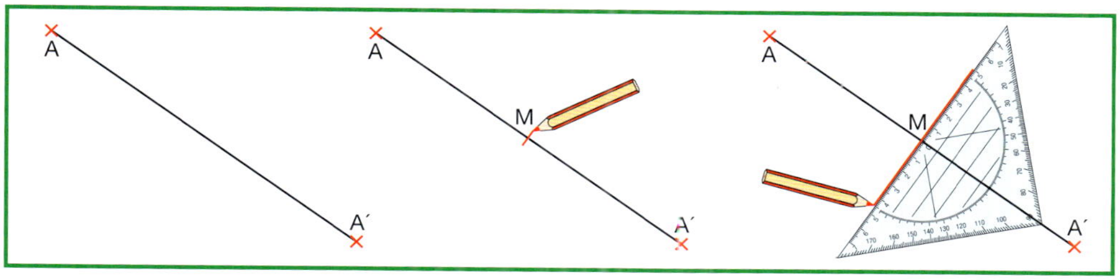

Verbinde den Urpunkt A mit seinem Bildpunkt A′.

Halbiere die Strecke [AA′] und markiere ihren Mittelpunkt M.

Zeichne die Senkrechte zu [AA′] durch M. Du erhältst die Spiegelachse s.

Übertrage die Figur und den markierten Bildpunkt B′ in dein Heft. Zeichne die zugehörige Spiegelachse s und spiegele anschließend die Figur an s.

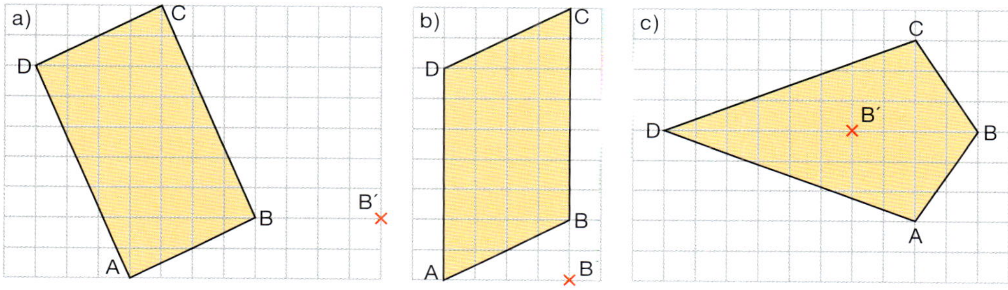

2 Übertrage die Figur und zeichne ihr Spiegelbild. Zeichne zunächst die Spiegelachse s.

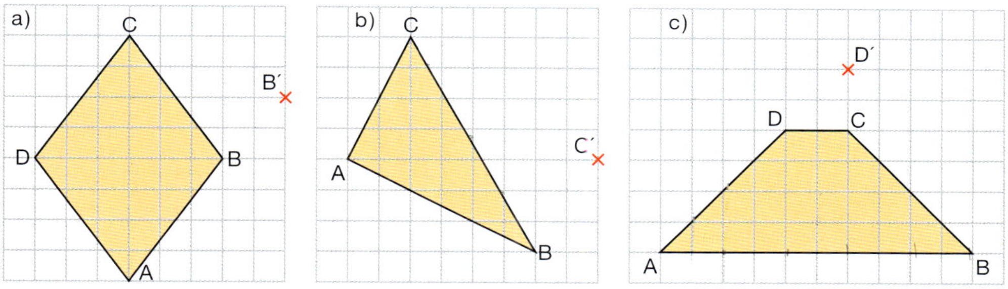

3 Übertrage die Punkte in ein Gitternetz (Einheit 0,5 cm).
Zeichne die Spiegelachse s. Spiegele die Urpunkte an s und gib die x- und y-Werte der fehlenden Bildpunkte an.

a)

Urpunkt	Bildpunkt
A (2 | 3)	
B (7 | 2)	B′(13 | 6)
C (8 | 7)	
D (3 | 8)	

b)

Urpunkt	Bildpunkt
A (5 | 10)	
B (10 | 13)	
C (5 | 16)	C′(16 | 5)
D (0 | 13)	

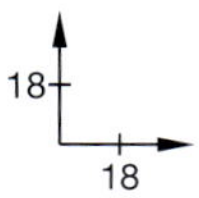

4 Verbinde die folgenden Punkte in einem Gitternetz (Einheit 0,5 cm) zur angegebenen Figur. Zeichne die Gerade s durch die Punkte R (2 | 16) und S (17 | 1) und spiegele die Figur an s. Gib die x- und y-Werte der Bildpunkte an.

a) Drachenviereck	A (2 | 6) B (7 | 9) C (2 | 12) D (0 | 9)	b) Trapez	A (10 | 9) B (16 | 9) C (14 | 13) D (11 | 13)	c) Viereck	A (9 | 0) B (12 | 0) C (14 | 4) D (11 | 4)

1

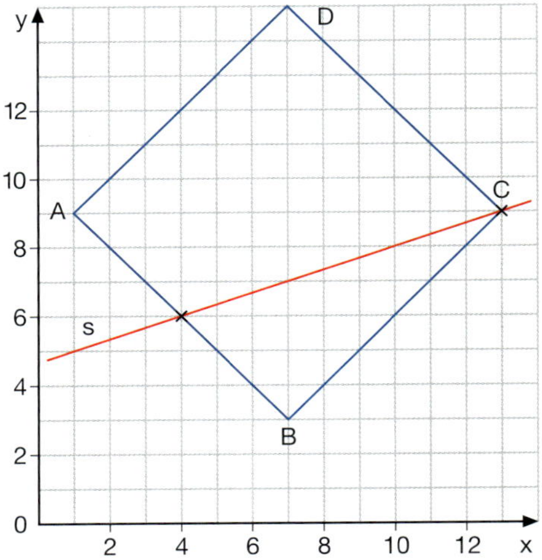

a) Zeichne ein Gitternetz (Einheit 0,5 cm) und spiegele das Quadrat ABCD an der Geraden s.
Kannst du die x- und y-Werte der Bildpunkte angeben?

b) Zeichne das Rechteck mit den Eckpunkten A (6|0), B (12|3), C (10|7) und D (4|4) in ein Gitternetz (Einheit 0,5 cm).
Zeichne die Gerade s durch die Punkte R (6|7) und S (1|7) ein und spiegele dann das Rechteck an s.

2 Ermittle jeweils die fehlenden Punkte der Urfigur und der Bildfigur und die Lage der Spiegelachse s.
Hinweis: Der Umlaufsinn der Urfigur ist immer entgegen dem Uhrzeigersinn.

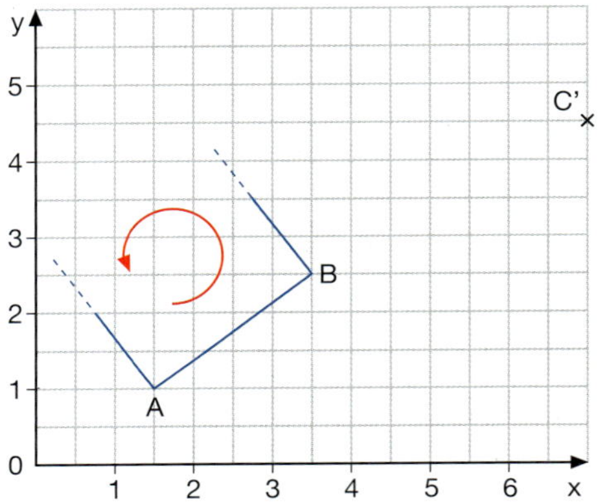

a) Quadrat ABCD $\overset{s}{\mapsto}$ Quadrat A´D´C´B´
Es gilt: A (1,5|1); B (3,5|2,5); C´ (7|4,5)

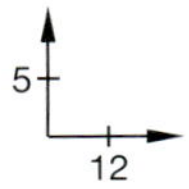

b) Quadrat ABCD $\overset{s}{\mapsto}$ Quadrat A´D´C´B´
Es gilt: A (4|1); B (x|1); D´ (11|4,5)
Das Quadrat A´B´C´D´ hat einen Umfang von 14 LE.

c) Rechteck ABCD $\overset{s}{\mapsto}$ Rechteck A´D´C´B´
Es gilt: A (6|1,5); B (10|1,5); D´ (4|4)
Die Fläche des Rechtecks ABCD beträgt 0,1 dm^2.

3 Im nebenstehenden Bild siehst du den Teil einer ursprünglich achsensymmetrischen Figur. Übertrage die Zeichnung in dein Heft und vervollständige diese.

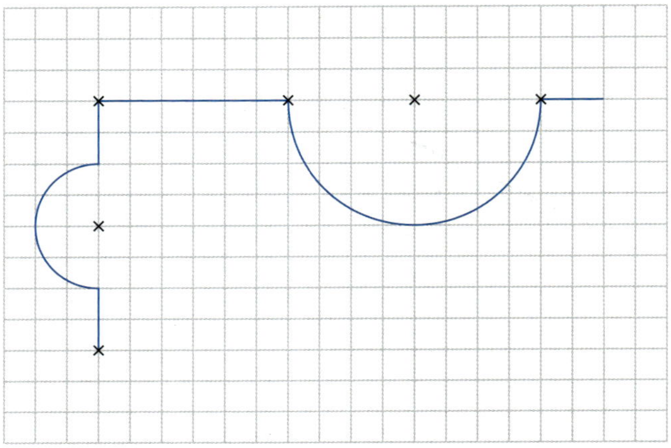

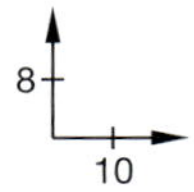

4 a) Zeichne den Kreis k um M (3|6) mit r = 2 cm in ein Gitternetz ein.

b) Spiegele k an einer Geraden s, die durch P (4|0) verläuft und senkrecht auf der x-Achse steht. Finde Fixpunkte der Abbildung.

c) Spiegele nun den Kreis k so an einer Parallelen zur y-Achse, dass es genau einen Fixpunkt gibt. Gibt es mehrere Lösungen?

5 Der Punkt Q wird durch Spiegelung an der Achse s auf den Punkt Q' abgebildet.
a) Begründe: $\alpha = \beta$
b) Begründe: $\overline{PS} + \overline{SQ} < \overline{PT} + \overline{TQ}$

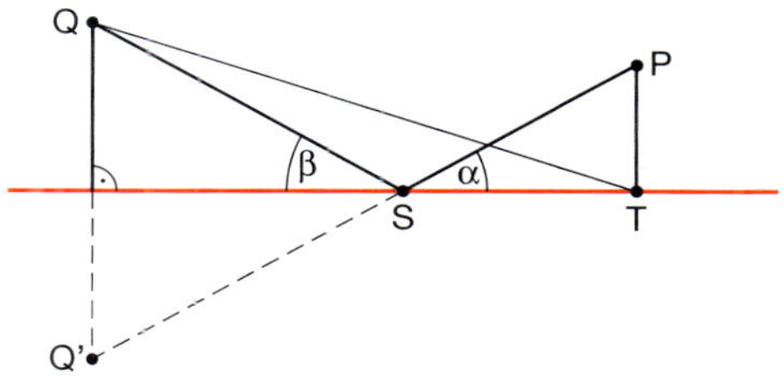

6 Wenn man eine Billardkugel gegen eine Bande spielt, dann prallt sie – wenn sie keinen Drall hat – von der Bande so zurück, dass der Auftreffwinkel α und der Abprallwinkel β gleiches Maß haben.

a) Zeichne die Spielfläche ABCD des Billardtisches im Maßstab 1 : 20. Es gilt: A(0|0), B(180|0), C(180|90), D(0|90).
b) Die weiße Kugel befindet sich im Punkt W(40|20) und die rote Kugel im Punkt R(140|60). „Stoße" die weiße Kugel so, dass sie über die Bande [CD] auf die rote trifft.
c) Begründe dein Verfahren in Aufgabe b).
d) Die weiße Kugel soll zuerst auf die Bande [BC] treffen.

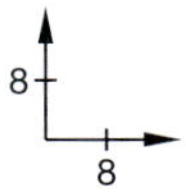

7 Ein Lichtstrahl der lenkbaren Lampe L soll über einen kleinen Spiegel auf das Bild P treffen. Das Licht wird an der Spiegelebene s so zurückgeworfen (reflektiert), dass die Winkel α und β gleiches Maß haben.
Zeichne den Verlauf des Lichtstrahls.
Es gilt: L(8|2), P(0|4), s = AB mit A(1|6), B(6|6).

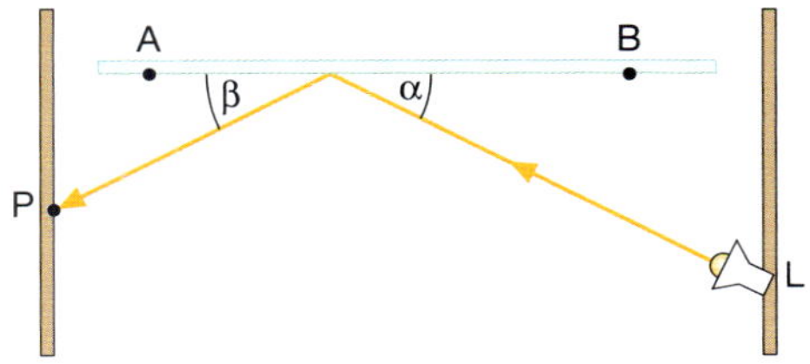

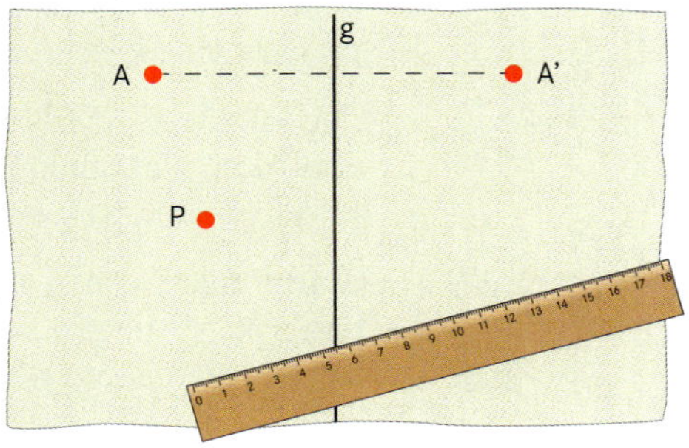

a) Bei einer Spiegelung an der Achse g sind ein Punkt A und sein Bildpunkt A' vorgegeben. Konstruiere den Bildpunkt von P ohne Längen- oder Winkelmessung nur mit einem Lineal.
b) Untersuche, wie deine Konstruktion für andere Lagen von P abläuft.
c) Welche Eigenschaften der Achsenspiegelung hast du bei der Konstruktion verwendet?

1 Der Giebel einer kleinen Garage wird gemauert. Die Maurer haben dafür ein Brett und zwei Schnüre angebracht.

a) Worauf mussten die Maurer beim Anbringen des Brettes besonders achten?

b) Hätten sie den Nagel auch höher oder tiefer in das Brett einschlagen können?

2 a) Übertrage die Strecke [AB] und die markierten Punkte in dein Heft.

b) Stelle fest, welche Punkte jeweils von A und von B gleich weit entfernt liegen.
Verbinde diese Punkte. Was fällt dir auf?

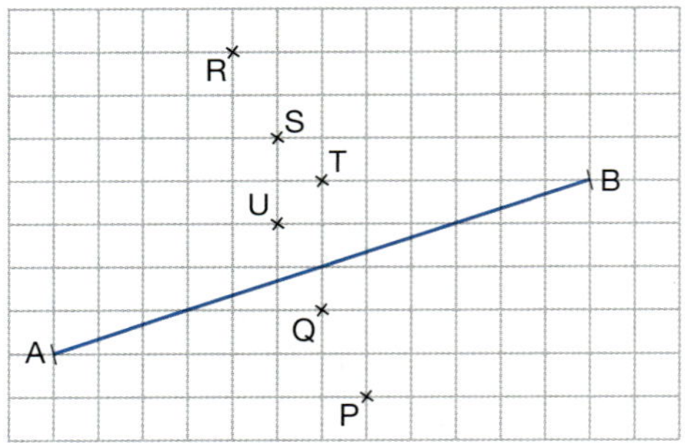

3

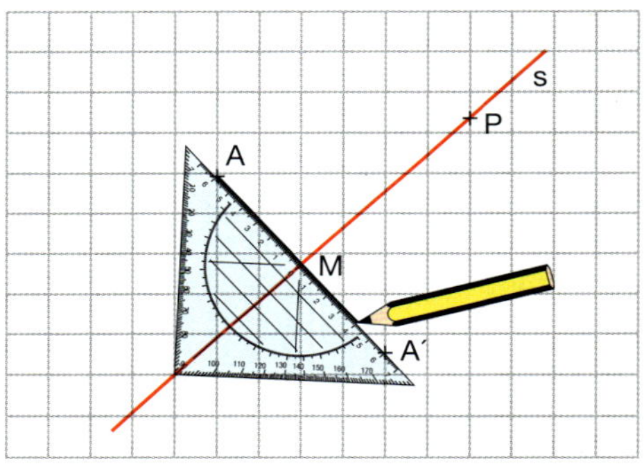

Der Punkt A ist an der Geraden s gespiegelt.

a) Begründe, warum du die Spiegelachse s auch als **Mittelsenkrechte** der Strecke [AA´] bezeichnen kannst.

b) Miss die Längen der Strecken [AP] und [A'P] und begründe.

4 Zeichne eine 5 cm lange Strecke [AB]. Markiere sechs Punkte P_1, P_2, ..., P_6, die von den Endpunkten der Strecke jeweils gleich weit entfernt sind. Was fällt dir auf?

Mittelsenkrechte

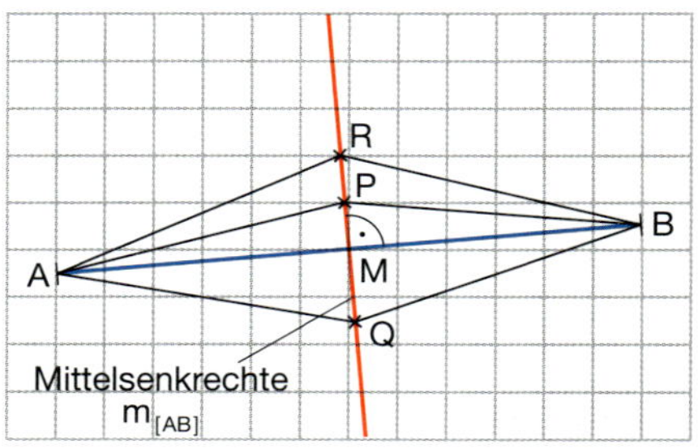

$\overline{PA} = \overline{PB}$ $\overline{QA} = \overline{QB}$ $\overline{RA} = \overline{RB}$

Die **Mittelsenkrechte** einer Strecke geht durch den Mittelpunkt der Strecke und steht senkrecht zu ihr.

Die Punkte der Mittelsenkrechten sind von den Eckpunkten einer Strecke jeweils gleich weit entfernt.

Sind Punkte von A und B gleich weit entfernt, so liegen sie auf der Mittelsenkrechten über [AB].

5

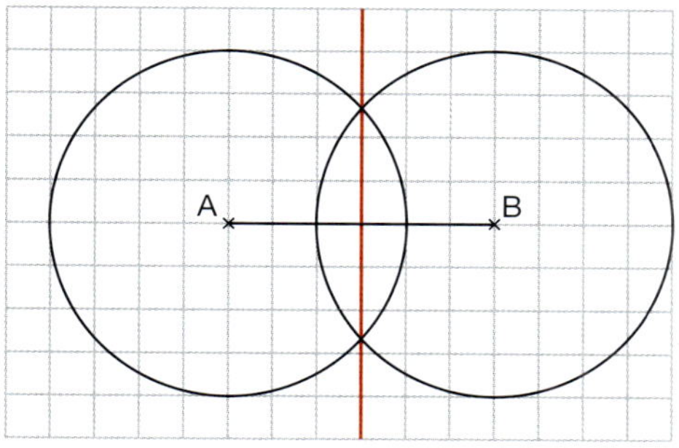

a) Ist die rot markierte Gerade die Mittelsenkrechte der Strecke [AB]? Begründe deine Antwort.

b) Übertrage die Abbildung. Zeichne anschließend um A und um B zwei weitere Kreise, sodass ihre Schnittpunkte auf der Mittelsenkrechten von [AB] liegen. Wie groß musst du jeweils die Radien wählen?

6 So kannst du die Mittelsenkrechte nur mit Zirkel und Lineal konstruieren:

Mittelsenkrechte konstruieren

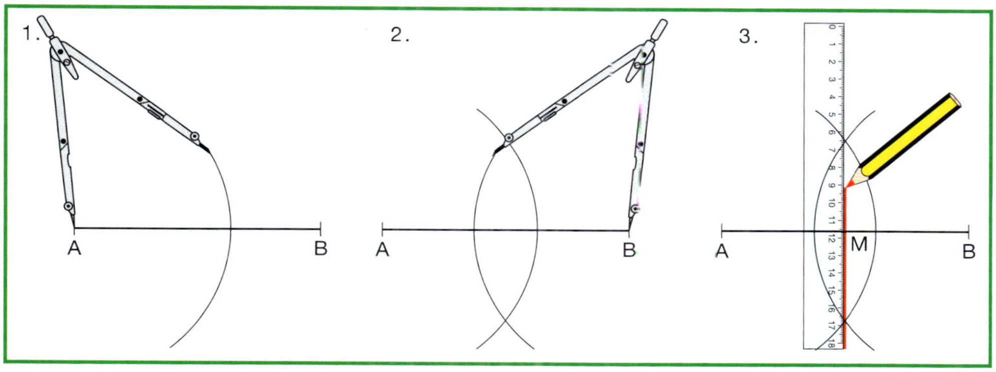

Zeichne die Strecke und konstruiere ihre Mittelsenkrechte.

	a)	b)	c)	d)	e)	f)	g)	h)
Strecke	[AB]	[CD]	[EF]	[GH]	[KL]	[MN]	[OP]	[RS]
Länge	5 cm	3,7 cm	4,3 cm	45 mm	53 mm	3 cm 5 mm	0,6 dm	0,49 dm

Übungen

7 Übertrage die Figuren in dein Heft und konstruiere zu jeder Seite die Mittelsenkrechte. Bei welchen Figuren schneiden sich die Mittelsenkrechten in einem Punkt?

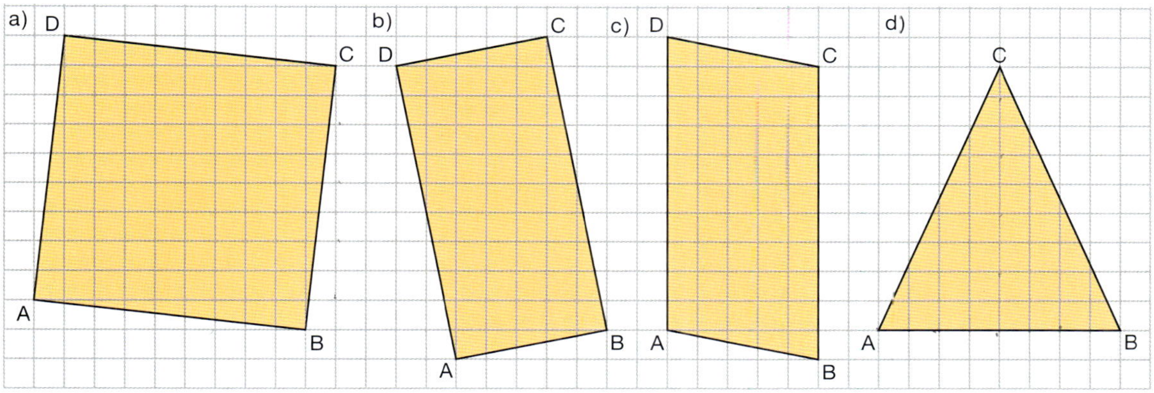

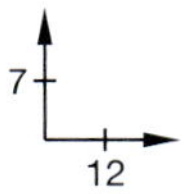

8 a) Zeichne die Strecke [AB] mit A (1|1), B (12|1) sowie den Punkt C (9|3) in ein Gitternetz (Einheit 1,0 cm).

b) Konstruiere die Punkte, die jeweils von A und von B gleich weit und von C genau 2,5 cm entfernt sind. Gib jeweils die x- und y-Werte dieser Punkte an.

Lot fällen

9 So kannst du mit Zirkel und Lineal das Lot von einem Punkt P mit $P \notin g$ auf eine Gerade g fällen (d.h. die Senkrechte zu g durch P konstruieren):

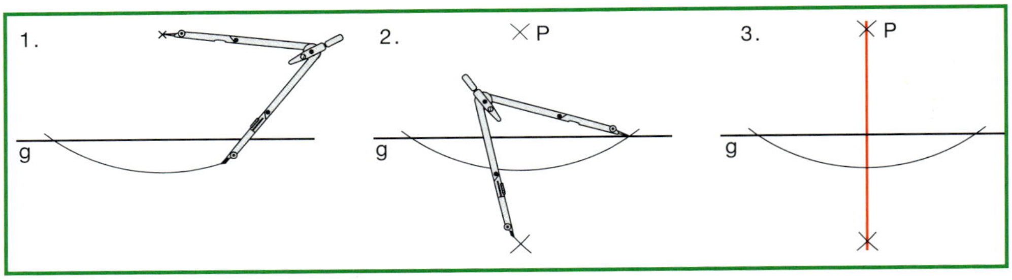

Beschreibe die einzelnen Konstruktionsschritte und begründe.

10 Zeichne wie in der Abbildung eine Gerade g und einen Punkt P.
Fälle das Lot von Punkt P auf g und miss den Abstand vom Punkt zur Geraden.

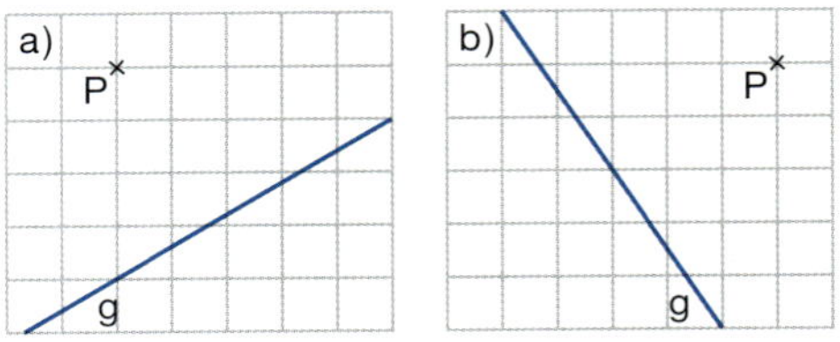

11 a) Zeichne eine Gerade AB mit A (2|2), B (20|8) sowie die Punkte P (3|9), Q (8|14) und S (16|0) in ein Gitternetz (Einheit 0,5 cm).
b) Konstruiere mit Zirkel und Lineal jeweils das Lot von P, Q und S auf die Gerade AB. Bestimme jeweils die x- und y-Werte des Fußpunktes des Lotes auf AB.

Senkrechte errichten

12 So kannst du mit Zirkel und Lineal die Senkrechte zu einer Geraden g in einem Punkt P mit $P \in g$ errichten:

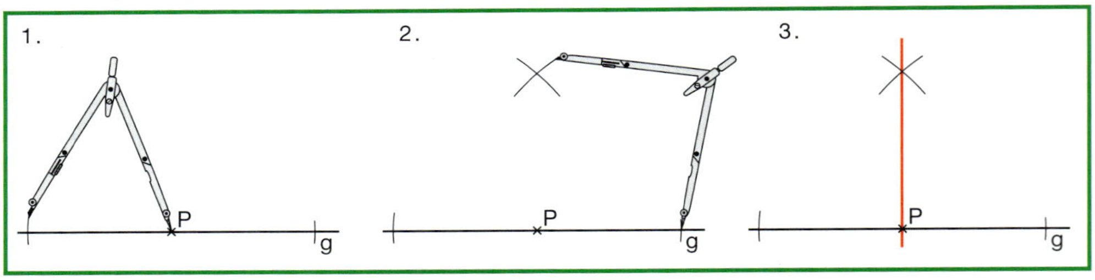

Beschreibe die einzelnen Konstruktionsschritte und begründe.

13 Zeichne fünf Geraden a, b, c, d und e in dein Heft. Markiere auf ihnen jeweils einen Punkt und errichte in ihm die Senkrechte.

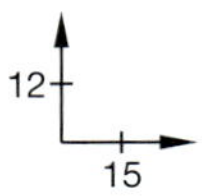

14 Zeichne eine Gerade g durch die Punkte A (1|6), B (13|2) in ein Gitternetz (Einheit 0,5 cm). Errichte in P (7|4) die Senkrechte zu g und konstruiere durch den Punkt S (9|10) eine zu g parallele Gerade h.
Markiere drei Punkte der Geraden h und bestimme jeweils ihre x- und y-Werte.

15 Konstruiere zu einer Geraden g eine Parallele h im Abstand von 4,7 cm. Konstruiere eine weitere Parallele, die von g denselben Abstand hat wie von h.

16 a) Konstruiere mit Zirkel und Lineal ein Quadrat mit der Seitenlänge 3,5 cm (4,5 cm).
b) Konstruiere ebenso ein Rechteck mit den Seitenlängen 2,8 cm und 5,7 cm.

1 a) Zeichne um die Endpunkte einer Strecke [AB] je einen Kreis mit demselben Radius. Wähle seine Größe so, dass sich die Kreise schneiden.
Markiere die beiden Schnittpunkte.

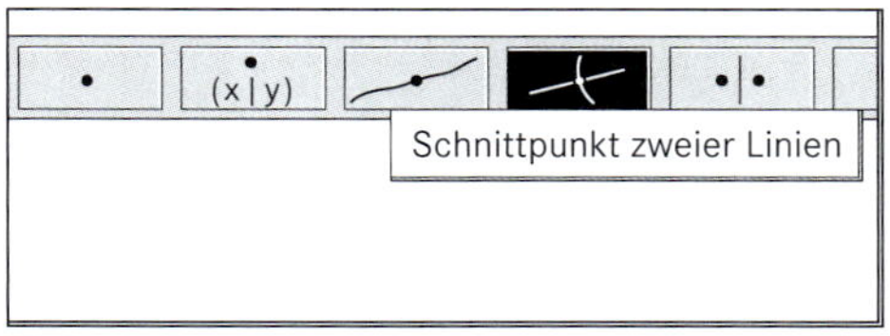

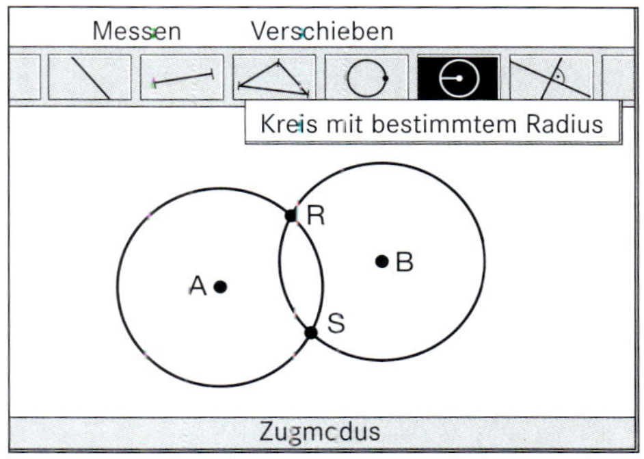

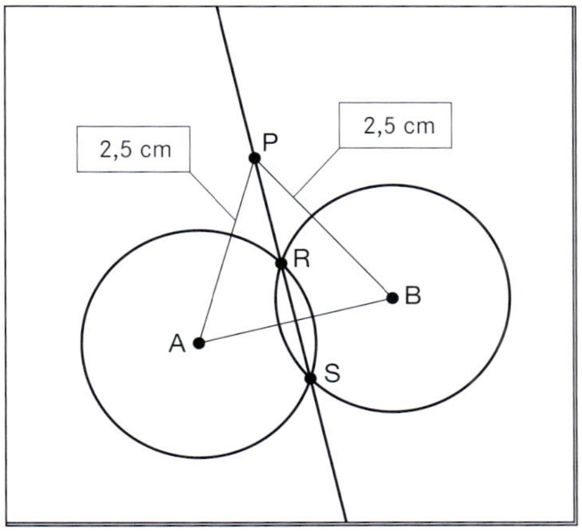

b) Zeichne durch die Schnittpunkte R und S eine Gerade.
Markiere einen beliebigen Punkt P auf der Geraden RS.

Bestimme jeweils die Entfernung des Punktes P von den Endpunkten der Strecke [AB]. Verändere anschließend die Lage von P. Was stellst du fest?

c) Untersuche weitere Eigenschaften der Geraden RS. Öffne die Textbox deines Geometrieprogramms und notiere die Eigenschaften.

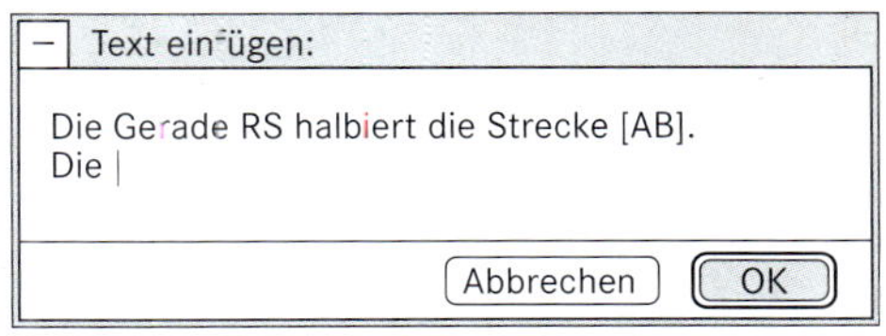

d) Konstruiere jeweils die Symmetrieachsen verschieden langer Strecken. Benutze dazu nicht den Menübefehl **„Mittelsenkrechte“.**
Mit dem Menüpunkt **„Rückblende“** kannst du die einzelnen Konstruktionsschritte nochmals ablaufen lassen. Dazu musst du jeden Schritt mit einem Mausklick aufrufen.

2 Zeichne jeweils die folgenden Original- und Bildpunkte einer Achsenspiegelung in das Gitternetz deines Geometrieprogramms.
a) A (2|3); A′ (12|3)
b) A (4|2); A′ (8|6)
c) A (10|3); A′ (13|10)
d) A (4|4); A′ (6|6)
Konstruiere anschließend die zugehörige Spiegelachse. Markiere danach zwei beliebige Punkte auf der Spiegelachse und gib ihre x- und y-Werte an.

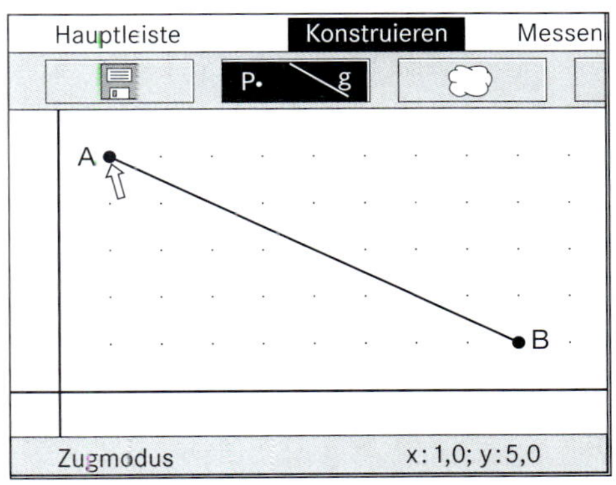

1 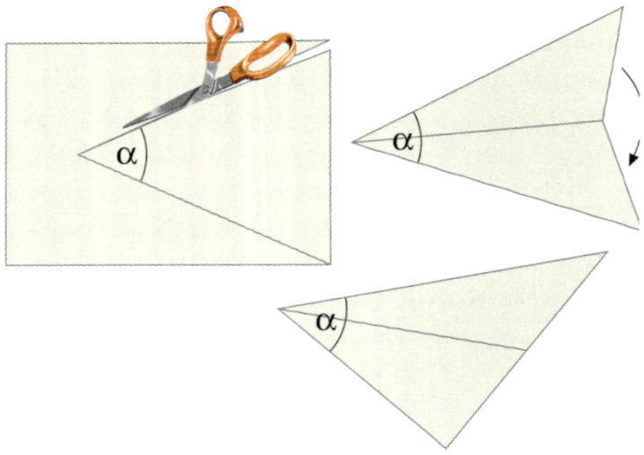

In der Abbildung wird der Winkel so gefaltet, dass seine beiden Schenkel genau aufeinander liegen.

Beschreibe die Lage der Faltachse.

2 Zeichne einen beliebig großen Winkel α. Markiere wie in der Zeichnung auf den Schenkeln g und h zwei Punkte A und B. Konstruiere eine Spiegelachse, sodass Punkt A auf Punkt B beziehungsweise B auf A abgebildet wird.
Welche Eigenschaften hat diese Spiegelachse?

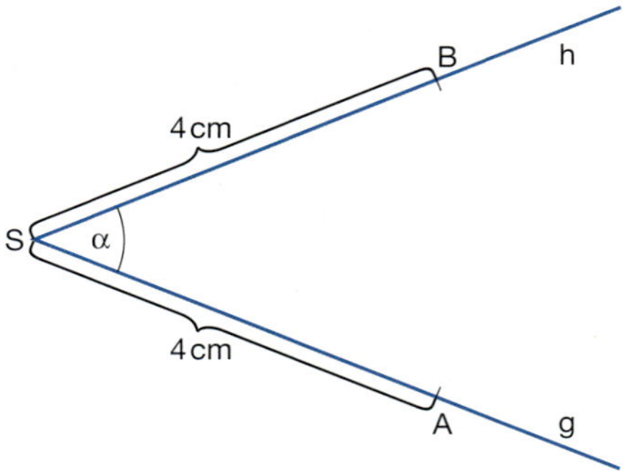

3 

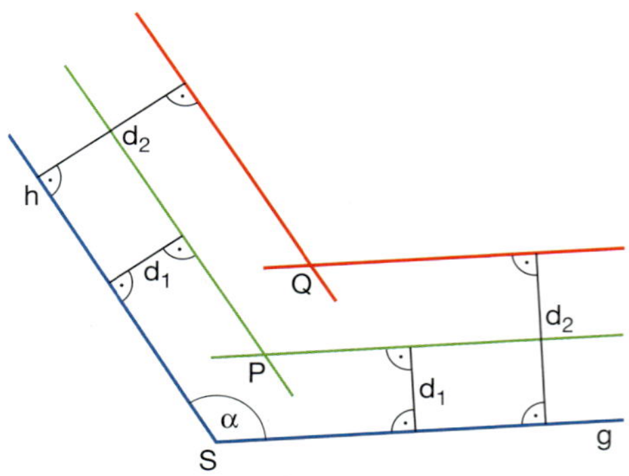

Zeichne einen Winkel mit dem Maß 120°. Konstruiere verschiedene Punkte, die jeweils von beiden Schenkeln des Winkels denselben Abstand haben.
Zeichne, wenn möglich, eine Gerade durch die Punkte. Was stellst du fest?

Winkelhalbierende

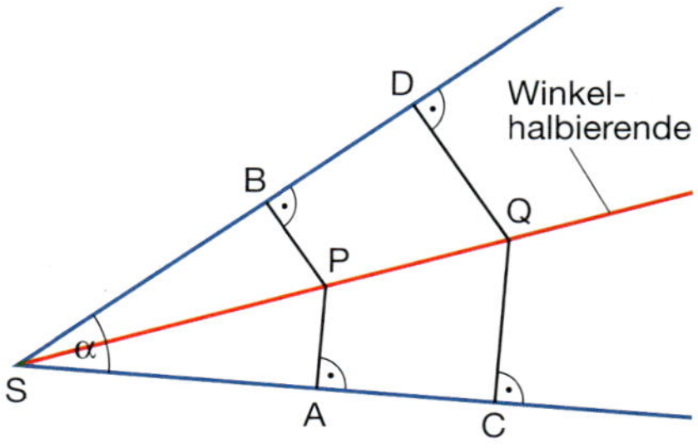

$\overline{PA} = \overline{PB}$ $\overline{QC} = \overline{QD}$

Die **Winkelhalbierende** teilt einen Winkel in zwei maßgleiche Teilwinkel. Die Winkelhalbierende eines Winkels ist die Symmetrieachse des Winkels.

Jeder Punkt der Winkelhalbierenden hat von den beiden Schenkeln denselben Abstand.

Jeder Punkt mit gleichem Abstand von den Schenkeln des Winkels liegt auf der Winkelhalbierenden.

4 Überprüfe mit dem Geodreieck, ob die rot gefärbte Halbgerade in der Abbildung den markierten Winkel halbiert.

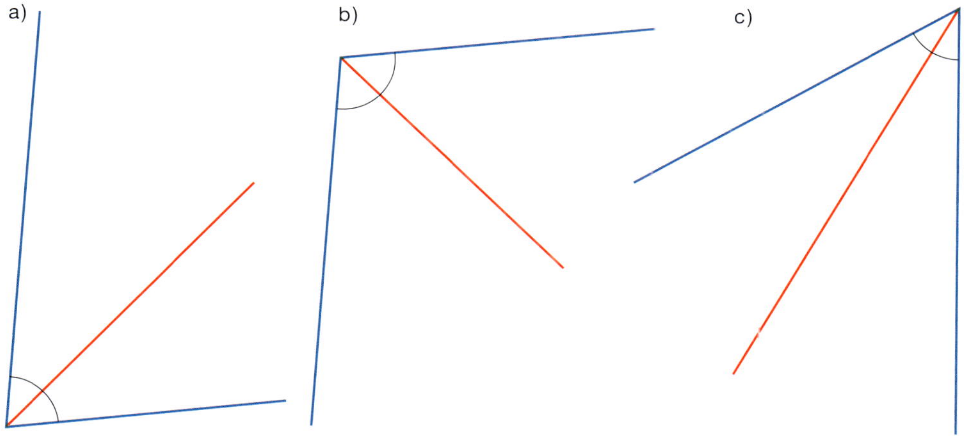

Winkelhalbierende konstruieren

5 So kannst du mit Zirkel und Lineal die Winkelhalbierende konstruieren:

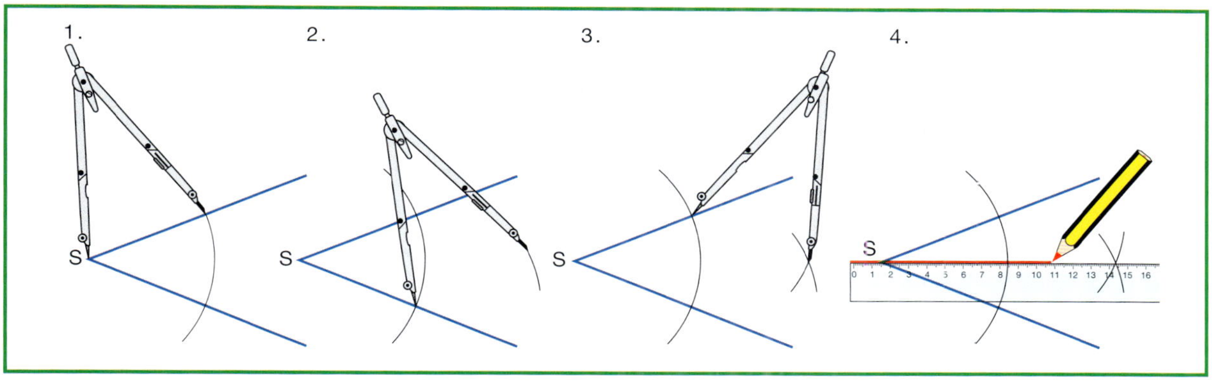

Zeichne je einen Winkel mit den angegebenen Maßen. Konstruiere seine Winkelhalbierende.

a) 30°; 50°; 60°; 80°; 46°; 72°
b) 110°; 140°; 156°; 174°; 118°
c) 75°; 43°; 87°; 105°; 133°; 157°
d) 230°; 312°; 267°; 307°; 335°

Übungen

6 Zeichne einen Winkel mit dem Maß 125° (158°; 235°) und teile ihn mithilfe von Zirkel und Lineal in vier maßgleiche Winkel.

7 Zeichne einen Winkel von 35° (56°; 77°; 134°) und verdopple ihn mithilfe von Zirkel und Lineal.
Überprüfe deine Konstruktion mit dem Geodreieck.

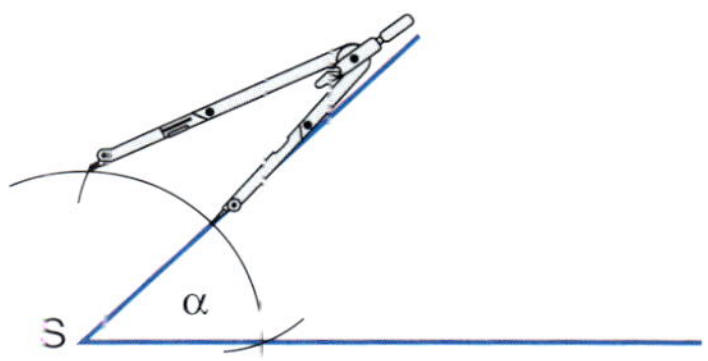

8 a) Zeichne wie in der Abbildung die Winkel $\alpha = 80°$ und $\beta = 100°$.
b) Halbiere jeweils die Winkel α und β.
c) Beschreibe die Lage der Winkelhalbierenden zueinander. Was stellst du fest? Begründe!

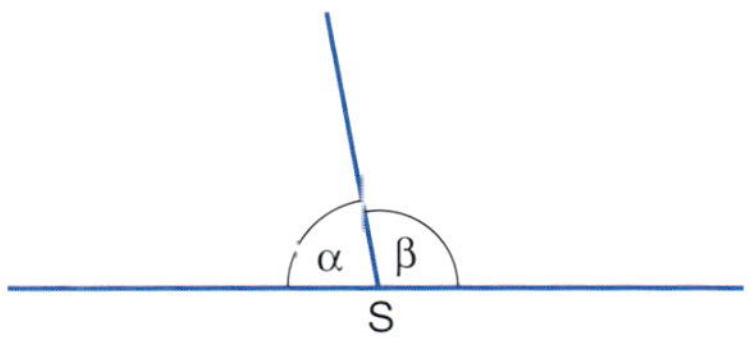

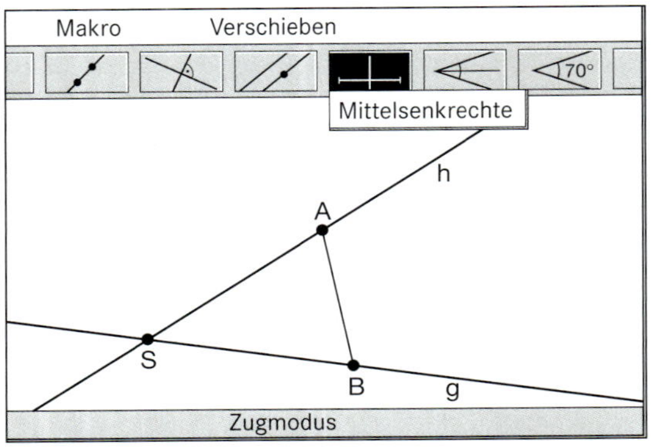

1 a) Zeichne zwei Geraden g und h, die sich in Punkt S schneiden.
Markiere wie abgebildet auf den Geraden zwei Punkte A und B, die von S jeweils gleich weit entfernt sind.
Konstruiere anschließend die Mittelsenkrechte der Strecke [AB].
Beschreibe die Lage der Mittelsenkrechten.

b) Bezeichne die Mittelsenkrechte der Strecke [AB] mit w.
Markiere auf der Geraden w einen beliebigen Punkt P.
Klicke nacheinander die Menüpunkte „Messen“ und „Abstand messen“ an und bestimme jeweils den Abstand des Punktes P von den Geraden g und h.
Verändere die Lage von P. Was stellst du fest?

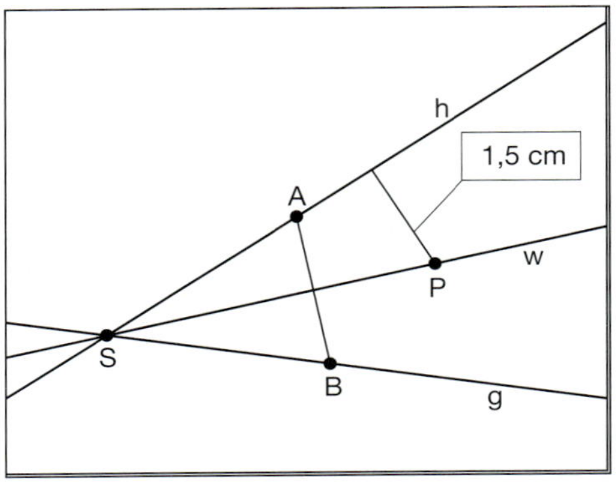

c) Stelle alle Eigenschaften der Geraden w in einer Textbox zusammen. Drucke deine Zeichnung und den Inhalt der Textbox aus. Klebe das ausgedruckte Zeichenblatt in dein Heft.

2

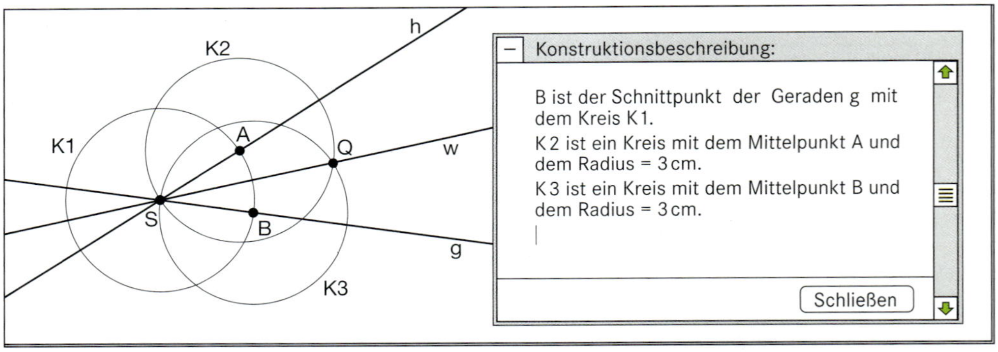

Auf dem abgebildeten Zeichenblatt ist die Winkelhalbierende w des Winkels $\sphericalangle$ (g, h) mit „Zirkel und Lineal“ des Geometrieprogramms konstruiert worden.
Das geöffnete Fenster zeigt dir einen Ausschnitt der zugehörigen Konstruktionsbeschreibung.
Fertige in deinem Heft eine eigene Beschreibung an.

Konstruktion mit Zirkel und Lineal:
Halbiere einen Winkel

Konstruktionsbeschreibung:

1. Zeichne um den Scheitelpunkt S einen Kreis mit einem beliebigen Radius.

2. Bezeichne die Schnittpunkte des Kreises.

1

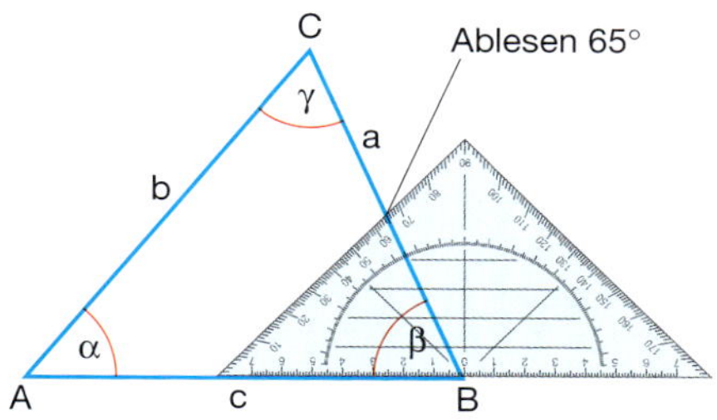

Eckpunkte: A, B, C
Seiten: [AB] = c; [BC] = a; [AC] = b;
Innenwinkel: α; β; γ

a) Miss in den abgebildeten Dreiecken jeweils die Seitenlängen und die Winkelmaße. Bestimme die Anzahl der Symmetrieachsen. Trage deine Ergebnisse im Heft in eine Tabelle ein:

Dreieck		I	II
Seitenlängen	a		
	b		
	c		
Winkelmaße	α		
	β		
	γ		
Anzahl der Symmetrieachsen			

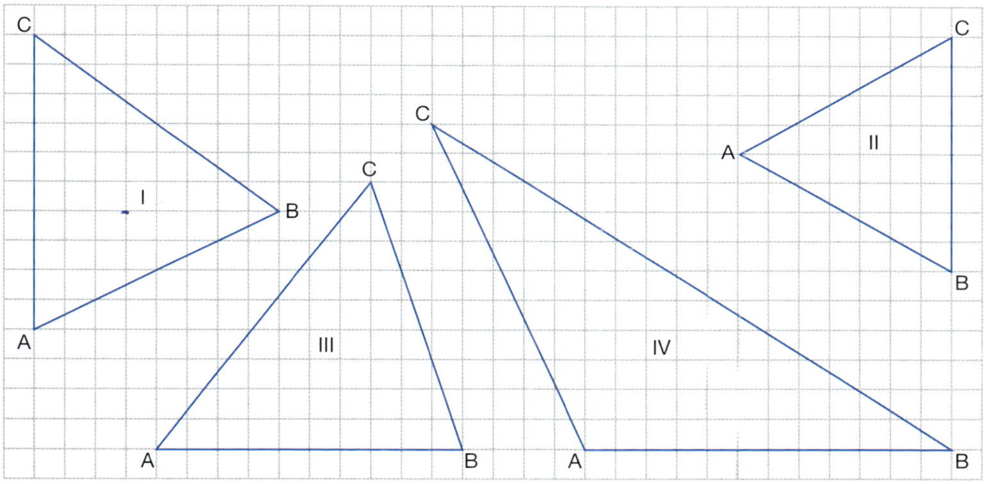

b) Entscheide anhand der Dreiecke in Aufgabe a), welche Aussagen sicher falsch sind.

gleichschenkliges Dreieck

gleichseitige Dreieck

2 Bildet man das Dreieck ABD durch Spiegelung an der Achse BD ab, so entsteht das Viereck ABCD. Ein solches Viereck heißt **Drachenviereck.**
Untersuche die Figur auf besondere Eigenschaften. Achte dabei auf die Maße von Seiten, Winkeln und die Lage der Diagonalen.

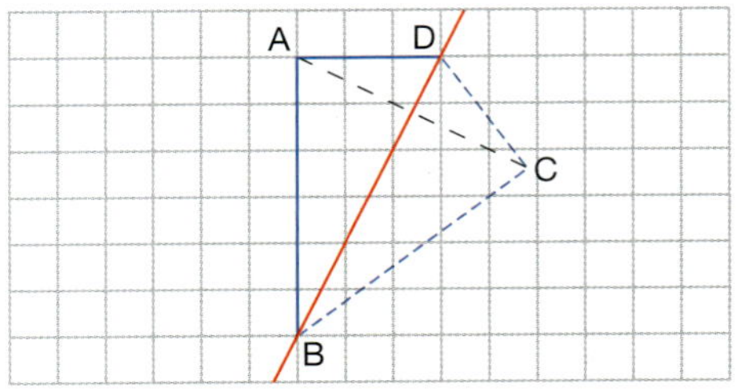

3 Zeichne ein gleichschenkliges Dreieck und bilde dies durch Spiegelung an einer Achse durch seine Basis ab. Wie in Aufgabe 2 erhältst du ein Viereck, das man **Raute** nennt. Untersuche auch dieses auf besondere Eigenschaften.

4 Falte ein Blatt Papier wie in der Zeichnung.

a) einmal falten

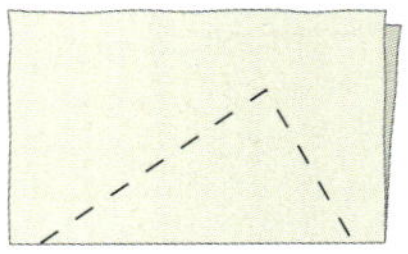

b) zweimal falten

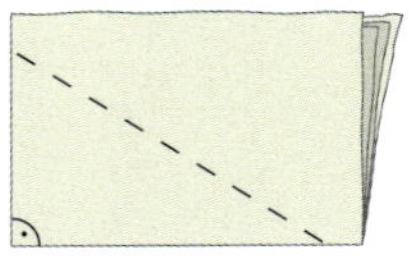

Schneide dann wie markiert eine Figur aus. Welche achsensymmetrische Figur erhältst du? Wo liegen die Symmetrieachsen? Zeichne sie ein.

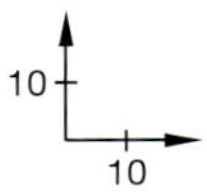

5 Zeichne das Viereck ABCD mit A (0|5), B (8|1), C (8|6), D (4|8) in dein Heft. Trage in das Viereck eine Symmetrieachse ein. Das Viereck heißt **gleichschenkliges Trapez.** Untersuche sodann wie in Aufgabe 2 besondere Eigenschaften.

Drachenviereck
Raute
Trapez

Ein Viereck, bei dem eine Diagonale auf der Symmetrieachse liegt, heißt **Drachenviereck.**
Ein Viereck, dessen Symmetrieachse eine Mittelsenkrechte ist, ist ein **gleichschenkliges Trapez.** In solchen Vierecken sind symmetrisch liegende Strecken und Winkel gleich groß.

Drachenviereck

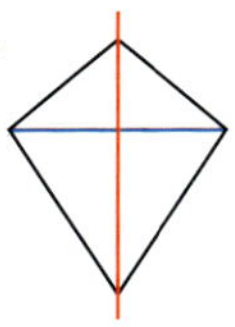

Raute

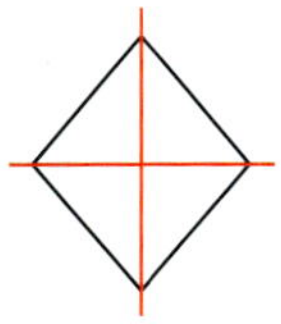

gleichschenkliges Trapez

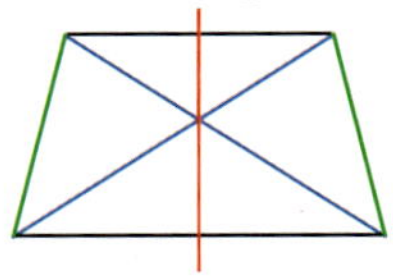

Die Diagonalen stehen senkrecht aufeinander.

Die Diagonalen und die beiden Schenkel sind jeweils gleich lang.

Übungen

6 Zeichne ein Rechteck und trage eine Symmetrieachse ein. Gibt es mehrere Symmetrieachsen? Ist das Rechteck ein Drachen oder ein gleichschenkliges Trapez?

7 Welche besondere Figur musst du abbilden, damit jeweils ein Quadrat entsteht?

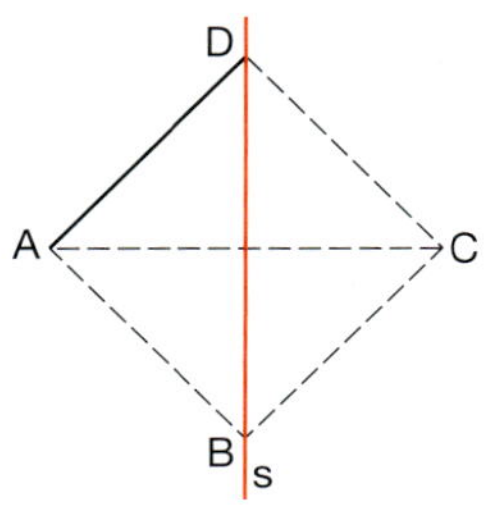

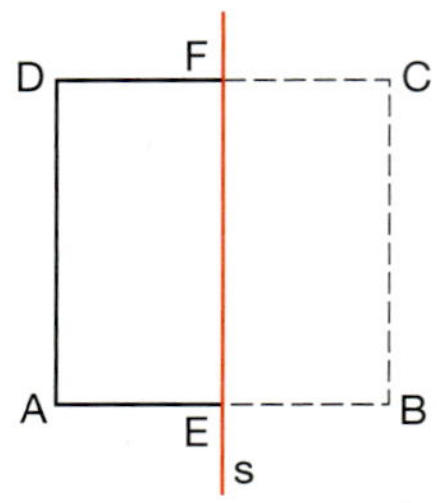

1

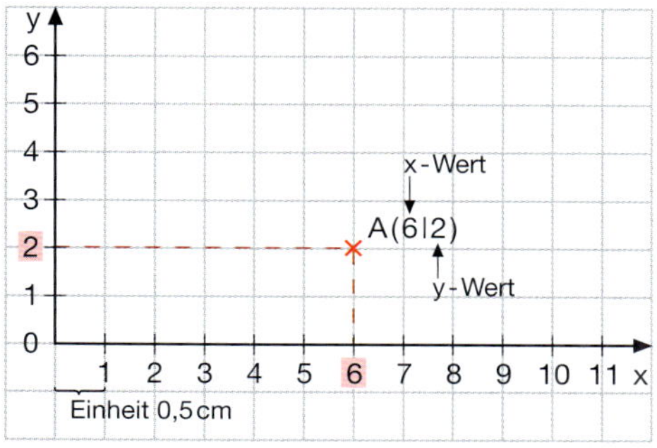

a) Zeichne die Dreiecke mit den angegebenen Eckpunkten in ein Gitternetz (Einheit 0,5 cm).

Dreieck	Eckpunkte
I	A (6|2), B (8|7), C (1|12)
II	A (13|10), B (22|19), C (13|19)
III	A (3|12), B (11|13), C (7|20)
IV	A (12|3), B (22|3), C (23|11)

b) Miss außerdem die einzelnen Seitenlängen und gib jeweils an, ob es sich um ein unregelmäßiges, gleichschenkliges oder gleichseitiges Dreieck handelt.

2 a) Zeichne auf ein Blatt Papier ein Tangram-Spiel. Schneide die einzelnen Teile aus.

b) Versuche anschließend, möglichst viele achsensymmetrische Vielecke (Dreieck, Viereck …) zu legen.
Zeichne diese in dein Heft und trage die zugehörigen Symmetrieachsen ein.

Beispiel:

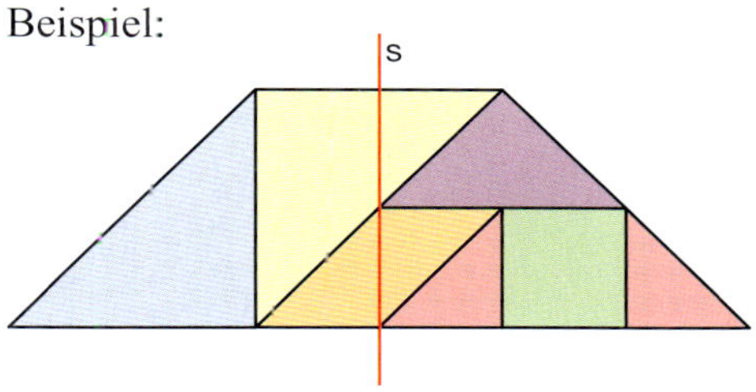

3 Zeichne ein Dreieck ABC mit den angegebenen Eckpunkten in ein Gitternetz (Einheit 0,5 cm). Miss die Winkel und gib an, ob es sich um ein symmetrisches Dreieck handelt.

a) A (2|6), B (10|1), C (13|12)
b) A (15|1), B (23|18), C (15|12)
c) A (4|10), B (16|14), C (1|9)
d) A (4|22), B (17|15), C (19|22)

4 Die abgebildeten Vierecke werden durch ihre Diagonalen jeweils in Dreiecke zerlegt.
Ergänze die Tabelle im Heft.

	Rechteck	Raute	Drachen
gleichschenklige Dreiecke			
gleichseitige Dreiecke			
rechtwinklige Dreiecke			
unregelmäßige Dreiecke			△ ACD; …

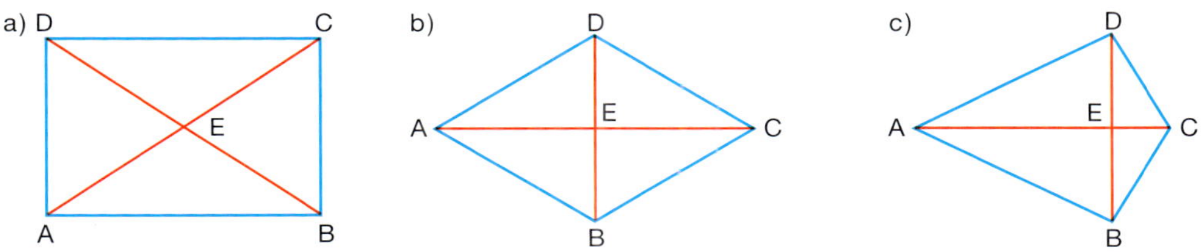

In vielen Bereichen des täglichen Lebens, vor allem in der Architektur, findest du geometrische Formen. So erkennt man zum Beispiel verschiedene Baustile an solchen typischen Formen, häufig an den Fenstern.

Romanik (ca. 1000–1200)

Die Romanik zeichnet sich durch runde Formen aus und wirkt gedrungen und wuchtig.

Gotik (ca. 1200–1500)

Merkmale der Gotik sind Spitzbögen und Spitzfenster. Die Linien streben in die Höhe.

Renaissance (ca. 1500–1650)

Auch in der Renaissance sind wieder Rundbögen zu finden, jedoch wirken diese Gebäude nicht so wuchtig. Weiteres Merkmal ist die horizontale Gliederung.

Barock und Rokoko (ca. 1650–1770)

Bei diesem Baustil verlieren die geraden Linien ihre Bedeutung. Er ist durch Kurven und reiche Ornamentik gekennzeichnet.

In vielen Gebäuden findet ihr einen dieser Baustile. Sucht in eurer Nähe jeweils Gebäude zu den verschiedenen Baustilen.

Die Fenster in den gefundenen Gebäuden sind meistens nicht einfach nur rechteckig, sondern es handelt sich um komplizierte Formen. Sucht im Internet Fenster zu den verschiedenen Baustilen, druckt die Bilder aus und klebt sie in eure Hefte.

In der Architektur wurden verschiedene geometrische Grundformen in symmetrischer Anordnung verwendet. Mit Kreisen und Kreisbögen lassen sich kunstvolle, aber auch recht komplizierte Muster gestalten. In folgenden Beispielen sind Formen dargestellt, die du in deinem Heft zu symmetrischen Figuren ergänzen kannst. Zeichne im Maßstab 2 : 1.

Spitzbogen

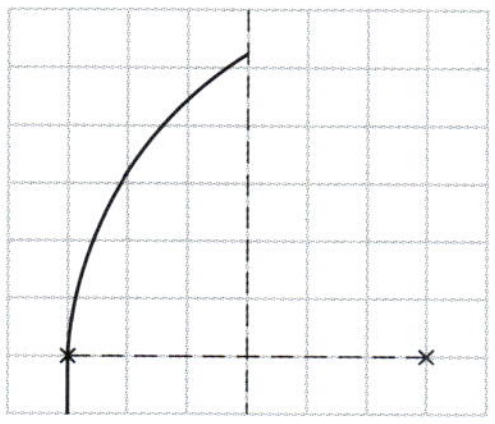

Rundbogen

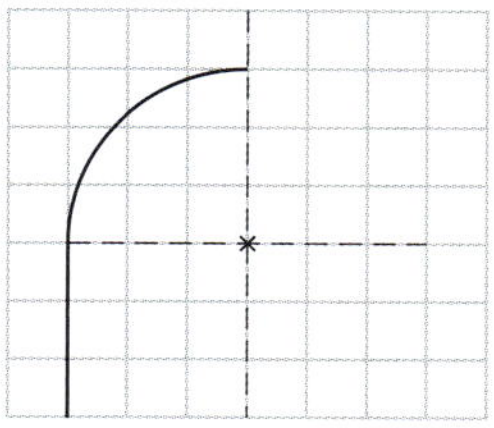

Dreipass

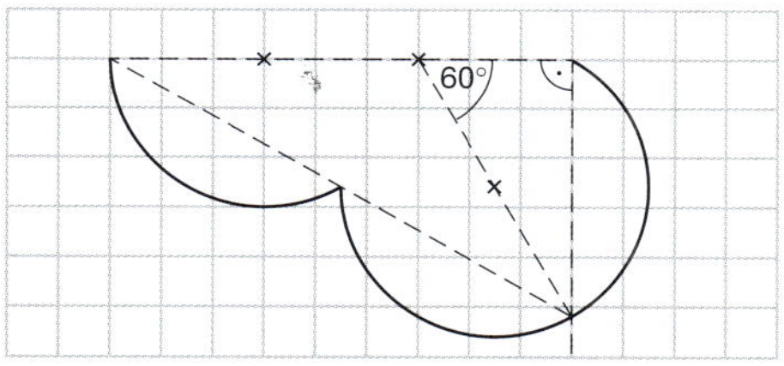

Sechspass

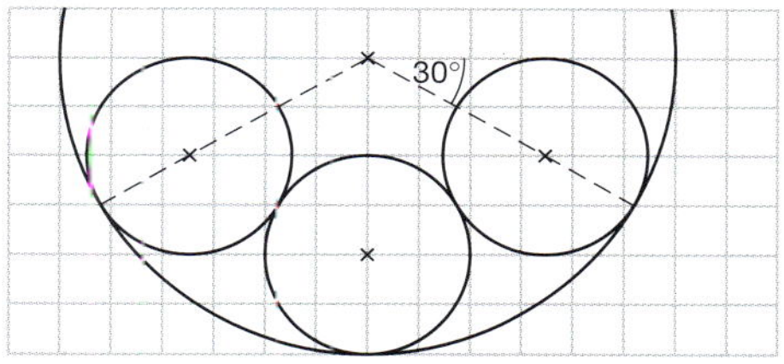

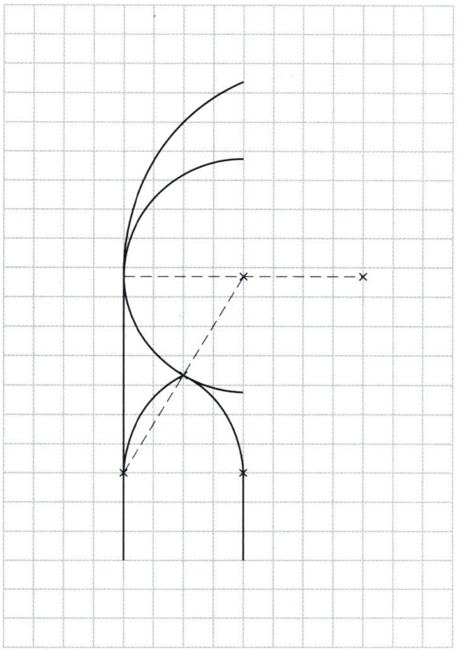

10 Die Menge ℤ der ganzen Zahlen

Pegelanzeigen
an der Donau

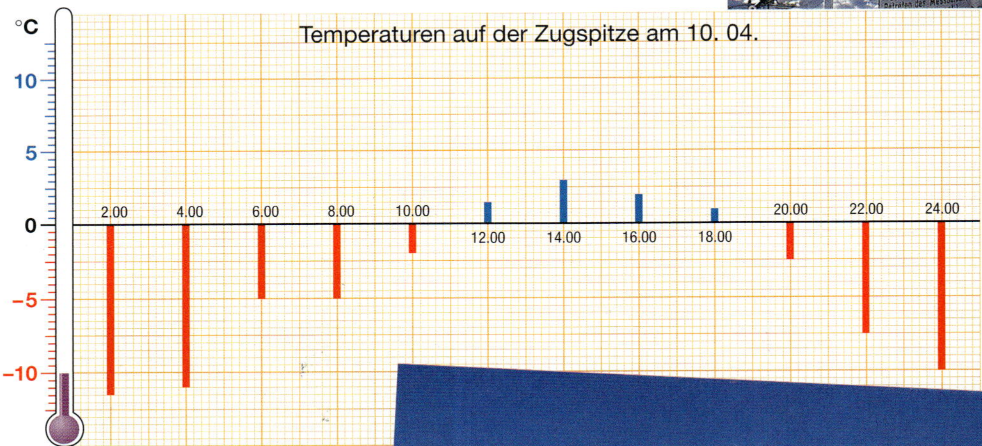

Wetterstation
auf der
Zugspitze

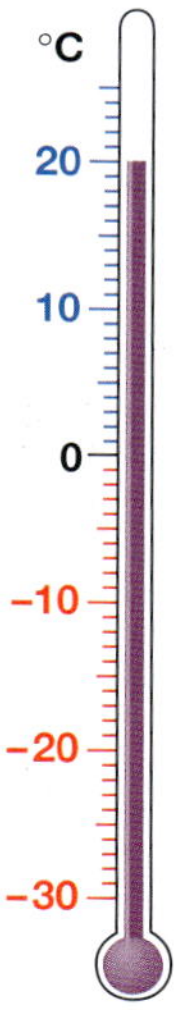

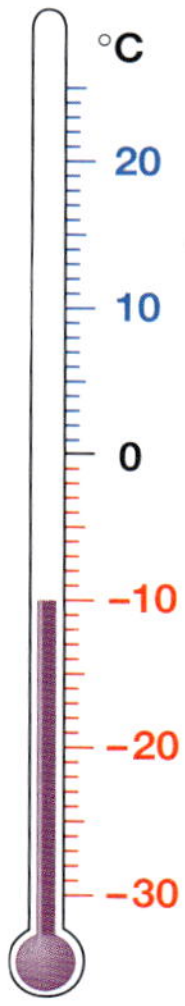

1 Familie Kort aus Bremen macht an Ostern Urlaub in Bayern und fährt auf Deutschlands höchsten Berg, die Zugspitze (2964 m). Sohn Uwe beobachtet die Temperaturen an der Talstation bei Garmisch (710 m) und an der Gipfelstation (2950 m).

a) Lies an den beiden Thermometern die Temperaturen ab.

b) Auf ihrem neuen Handy UMTS-Profi findet Tochter Svenja Informationen über die Wetterlage und die Temperaturwerte einiger Orte in Bayern.

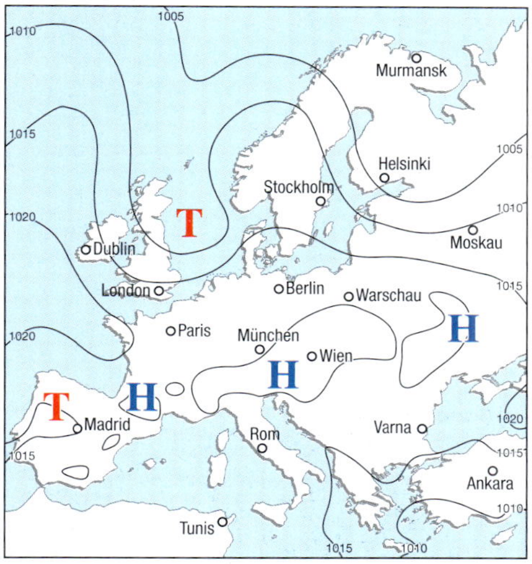

	Tag	Nacht
München	11 °C	3 °C
Würzburg	13 °C	5 °C
Garmisch	9 °C	1 °C unter Null
Zugspitze	2 °C unter Null	10 °C unter Null

Bestimme die Temperaturänderung vom Tag zur Nacht für München, Würzburg und die Zugspitze.

Garmisch:	Tag	Nacht
	9 °C	**1 °C** unter Null
	Anfangs-	**Endtemperatur**

Daraus folgt eine Temperaturabnahme von 10 °C.

2 Welche Werte fehlen in der Tabelle? In der letzten Spalte kannst du selbst Werte vorgeben.

	a)	b)	c)	d)	e)
Anfangstemperatur in °C	8	1 unter Null	2 unter Null	▒	▒
Temperaturänderung in °C	▒	12 Temperaturabnahme	▒	6 Temperaturzunahme	▒
Endtemperatur in °C	2 unter Null	▒	5	5 unter Null	▒

3 Bei Temperaturen muss man außer der Zahlenangabe vermerken, ob es sich um Grad über Null oder Grad unter Null handelt. Es ist üblich, dies durch ein **Vorzeichen** kenntlich zu machen.
+ 5 °C bedeutet „5 Grad über Null".
– 5 °C bedeutet „5 Grad unter Null".
In der Aufgabe 2 auf der vorigen Seite sollst du die Vorzeichen + und – an geeigneten Stellen verwenden. Übertrage dazu die Tabelle in dein Heft.

	a)	b)	c)	d)	e)
Anfangstemperatur in °C	+ 8	■	■	■	■
Temperaturänderung in °C	– 10	■	■	■	■
Endtemperatur in °C	– 2	■	■	■	■

Ganze Zahlen

Zahlen wie + 1; + 2; + 3; … sind **positive ganze Zahlen** (natürliche Zahlen).
Zahlen wie – 1; – 2; – 3; … sind **negative ganze Zahlen**

Die positiven ganzen Zahlen, die Null und die negativen ganzen Zahlen bilden die **Menge der ganzen Zahlen** $\mathbb{Z}$.

$\mathbb{Z}$ = **{…; – 3; – 2; – 1; 0; + 1; + 2; + 3; …}**

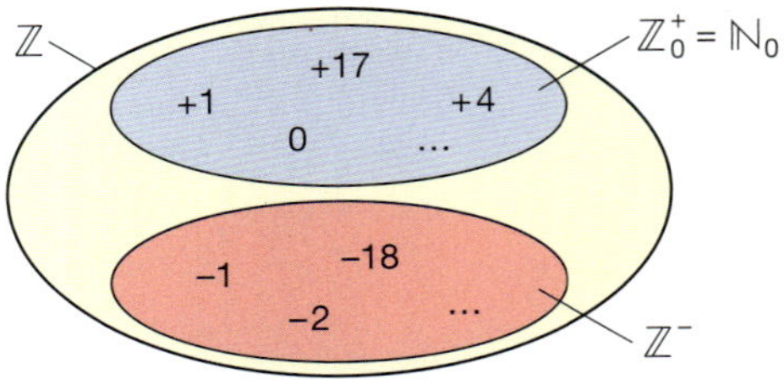

Übungen

4 Übertrage in dein Heft und setze für den Platzhalter Zeichen wie $\in$, $\notin$, $\subseteq$, $\nsubseteq$ so ein, dass eine wahre Aussage entsteht.
a) + 3 ■ $\mathbb{Z}^-$ b) – 3 ■ $\mathbb{Z}^-$ c) $\mathbb{Z}^-$ ■ $\mathbb{Z}$ d) $\mathbb{N}$ ■ $\mathbb{Z}^+$ e) {3; 0; + 4} ■ $\mathbb{Z}$
f) 0,75 ■ $\mathbb{Z}$ g) 4 ■ $\mathbb{Z}$ h) $\frac{1}{2}$ ■ $\mathbb{Z}$ i) $\mathbb{Z}$ ■ $\mathbb{Q}_0^+$ k) $\mathbb{Z} \cap \mathbb{N}$ = ■

5 Im Wirtschaftsteil des Neustädter Anzeigers steht: Die Baufirma Pleite steckt momentan tief in den roten Zahlen. Erstmals im letzten Jahr schrieb die Handy Test AG schwarze Zahlen. Was verstehst du unter diesen beiden Aussagen?

6 Das Thermometer in Garmisch zeigt die „entgegengesetzte Temperatur" an wie ein Thermometer auf der Zugspitze. Der Temperaturunterschied zwischen der Zugspitze und Garmisch ist genau so groß wie der zwischen Garmisch und München, wo + 12° C angezeigt werden. Was zeigt das Thermometer in Garmisch an?

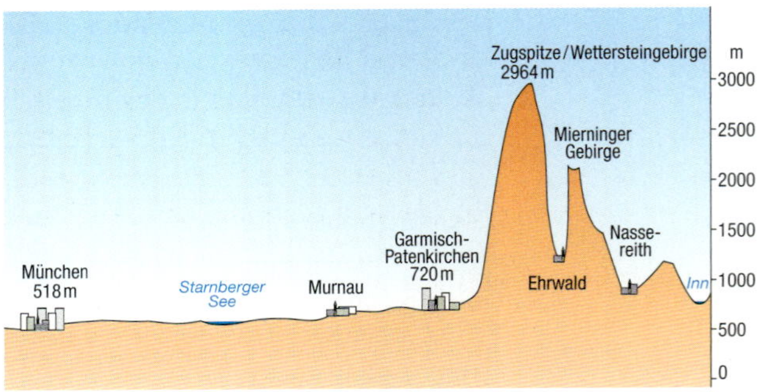

1 Im folgenden Bild sind die Durchschnittstemperaturen einiger Monate auf der Zugspitze dargestellt.

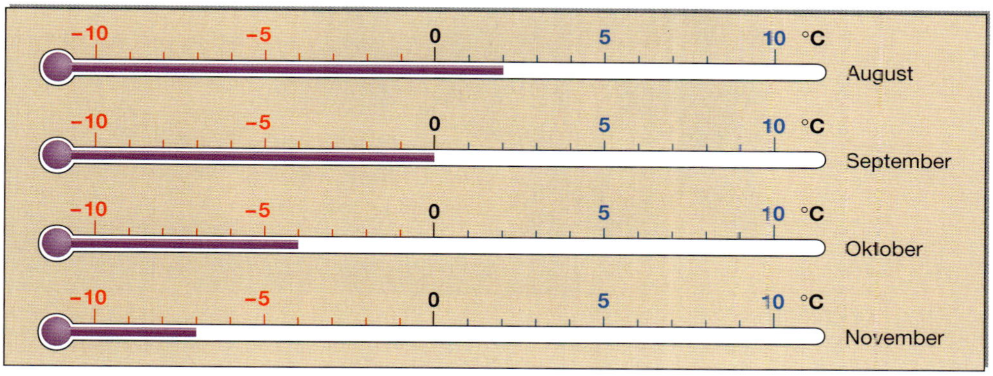

Vergleiche die Temperaturen. Setze in deinem Heft für den Platzhalter < oder > ein.

a) −4 °C ■ −7 °C b) 0 °C ■ −4 °C c) −7 °C ■ −10 °C d) −11 °C ■ −8 °C
 +2 °C ■ 0 °C +18 °C ■ −18 °C −7 °C ■ 0 °C −13 °C ■ −15 °C

Zahlengerade

Wird eine Zahlenhalbgerade nach links über Null hinaus verlängert, so erhalten wir eine **Zahlengerade.** Auf der Zahlengeraden lassen sich die **ganzen Zahlen** darstellen.

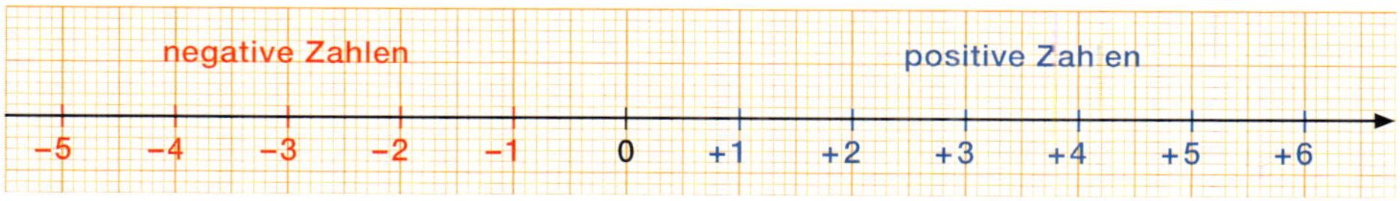

Auf der Zahlengeraden liegt der Bildpunkt

zur Zahl −4 **links** von dem zur Zahl −1
$-4 < -1$

zur Zahl −1 **rechts** von dem zur Zahl −4
$-1 > -4$

Übungen

2 Vergleiche die Zahlen. Setze in deinem Heft für den Platzhalter die Zeichen < oder > oder Zahlen so ein, dass eine wahre Aussage entsteht.

a) −5 ■ +1 b) +4 ■ −5 c) −3 ■ −2 d) −1 ■ −3 e) ■ < −3 < ■

3 Alina soll folgende Zahlen an der Tafel der Größe nach ordnen:
−4; −2; +1; 0; −10; −1; −5; +3

a) Beurteile Alinas Lösungsversuch und ihre Begründung. Versuche selbst das Ordnen negativer Zahlen mithilfe von Temperaturen zu erläutern.
b) Ordne die Zahlen der Größe nach.

1 Wie viel Euro haben sich Steffi und Frank von Oma geliehen?

2 Nenne zu jeder markierten Zahl die Zahl, deren Bildpunkt auf der Zahlengeraden die gleiche Entfernung vom Nullpunkt hat wie der Bildpunkt der markierten Zahl.
Beispiel: A; + 30

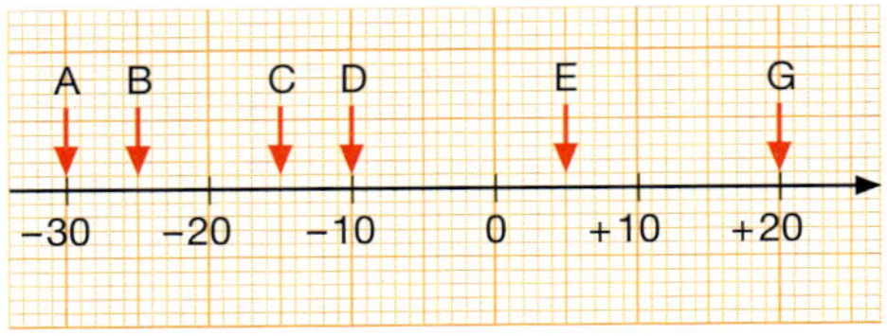

Betrag
Gegenzahl

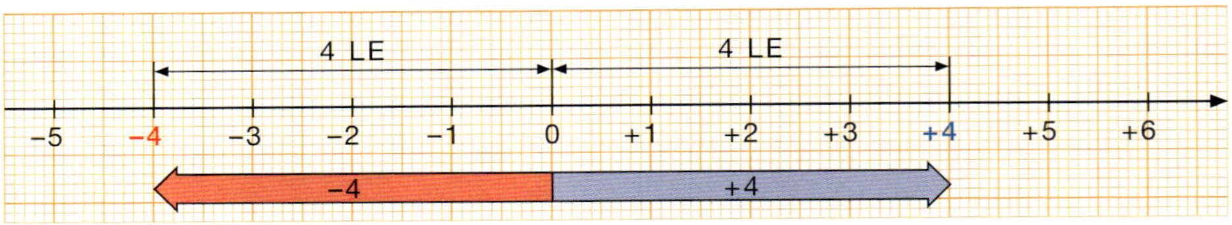

Die zu den Zahlen + 4 und − 4 zugehörigen Zahlenpfeile haben entgegengesetzte Richtung, aber die gleiche Länge **4** LE.
Die Maßzahl **4** der Länge der Zahlenpfeile ist der **Betrag** der Zahlen + 4 und − 4.
Die Zahlen + 4 und − 4 nennt man **Gegenzahlen.** Gegenzahlen haben den gleichen Betrag, aber verschiedene Vorzeichen.
Der Betrag einer Zahl wird mit Betragsstrichen geschrieben.
$|-4| = 4$ *lies:* Betrag von − 4 gleich 4; $|+4| = 4$ *lies:* Betrag von + 4 gleich 4

Übungen

3 a) Welche Zahlen haben den angegebenen Betrag? Zeichne die zugehörigen Zahlenpfeile. Wähle dazu jeweils eine geeignete Längeneinheit. 5; 7; 25; 45; 150; 4000
b) Gib jeweils den Betrag und die Gegenzahl an: − 3; + 15; + 3; − 1; − 17; + 125; − 1905
c) Finde drei positive und drei negative Zahlen, deren Betrag zwischen 5 und 11 liegt.

4 Bestimme den Platzhalter.

a)	b)	c)	d)	e)
$\|-8\| = ■$	$\|-3\| = ■$	$\|■\| = 7$	$\|-765\| = ■$	$\|-1464\| = ■$
$\|+95\| = ■$	$\|-55\| = ■$	$\|■\| = 48$	$\|■\| = 209$	$\|■\| = 1917$
$\|-20\| = ■$	$\|+22\| = ■$	$\|■\| = 123$	$\|+189\| = ■$	$\|■\| = 6981$

5 Setze in deinem Heft für den Platzhalter die Zeichen < oder > oder = oder eine ganze Zahl so ein, dass jeweils eine wahre Aussage entsteht.

a)	b)	c)	d)
$-5 ■ -3$	$+6 ■ -6$	$-1 ■ -4$	$\|-3\| + ■ = 7$
$\|-5\| ■ \|-3\|$	$\|+6\| ■ \|-6\|$	$\|-1\| ■ \|-4\|$	$2 \cdot ■ - \|-8\| = 4$

1 In der Kasse der Spielbank „RISIKO“ befinden sich 25 Centstücke. Gespielt wird mit einem normalen Würfel.
Die Spieler Karin und Fritz haben je ein Eigenkapital von 15 Cent. Wer beim Würfeln die größere Augenzahl hat, bekommt aus der Kasse der Bank so viele Cent, wie sein Würfel Augen anzeigt. Umgekehrt muss der andere so viele Cent in die Bank einzahlen, wie sein Verliererwürfel Augen anzeigt.
Beispiel: Hat Karin im ersten Wurf eine 5 und Fritz eine 3, so bekommt Karin 5 Cent von der Bank und Fritz muss von seinem Eigenkapital 3 Cent in die Kasse der Bank einzahlen. In der Tabelle schreiben wir vereinfacht bei Karin **+ 5** und bei Fritz **− 3.** Das Spiel endet nach fünf Würfen oder wenn jemand seine 15 Cent verloren hat. Sieger ist, wer am Schluss das größte Kapital hat. Bei Gleichstand entscheidet der nächste Wurf.

	1. Wurf	2. Wurf	3. Wurf	4. Wurf	5. Wurf
Karin	+ 5	− 1	+ 4	− 5	− 4
Rechnung		*(+ 5) + (− 1)*			
Gewinn +/Verlust −	**+ 5**	**+ 4**			
Fritz	− 3	+ 2	− 2	− 6	+ 5
Rechnung		*(− 3) + (+ 2)*	*(− 1) − (− 2)*	*(− 3) + (+ 6)*	
Gewinn +/Verlust −	**− 3**	**− 1**	**− 3**	**+ 3**	

a) Übertrage die Tabelle in dein Heft und ergänze sie. Welches Kapital hat der Sieger?
b) Spielt dieses Spiel. Statt Cent könnt ihr auch Spielmarken verwenden.

2 So kannst du die Addition mit ganzen Zahlen durch das Zahlenpfeilmodell darstellen: Jeder positiven Zahl kannst du einen Zahlenpfeil zuordnen, der nach rechts gerichtet ist. Entsprechend ordnest du jeder negativen Zahl einen nach links gerichteten Zahlenpfeil zu.

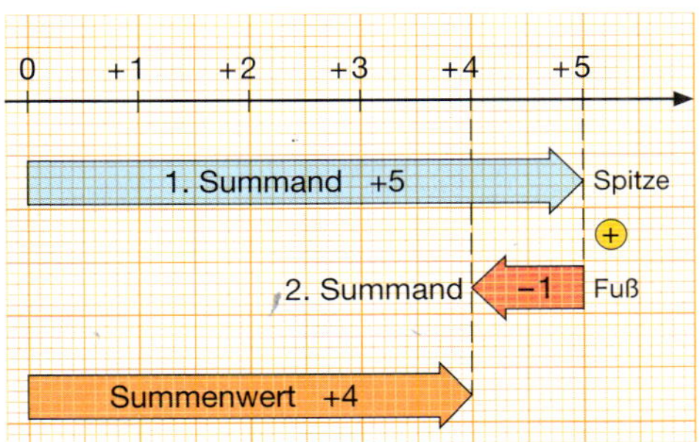

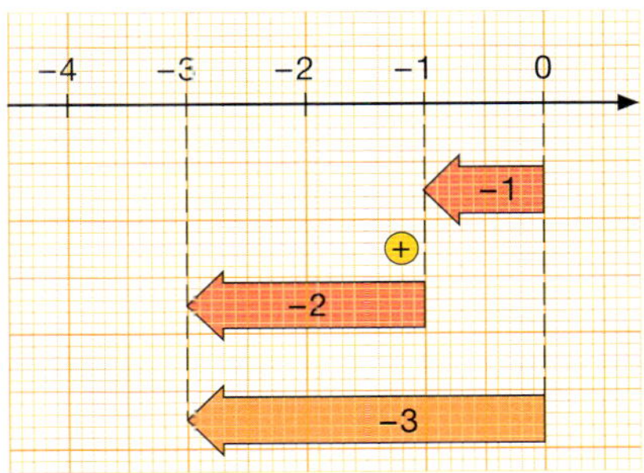

a) Welche Addition wird jeweils dargestellt? Nenne das Ergebnis.
b) Wo beginnt immer ein Zahlenpfeil, der den Summenwert angibt? Wo endet er immer?

3 Bei den dargestellten Additionen ist der Zahlenpfeil für den Summenwert falsch oder gar nicht eingezeichnet. Zeichne diesen Pfeil richtig ein. Übertrage dazu die Aufgaben in dein Heft. Erfinde jeweils eine passende Rechengeschichte.

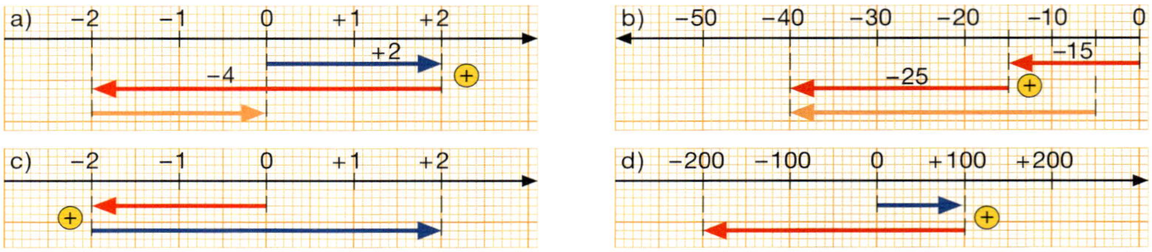

4 Ordne den Aussagen von Angela und Marinus jeweils die richtige Aufgabe zu und löse sie mit dem Zahlenpfeilmodell. Wähle für deine Zahlenpfeile eine geeignete Einheit.

A (−50) +(+70) = ▭ **B** (−50) +(−70) = ▭ **C** (+50) +(−70) = ▭

5 Mit einem selbst gebastelten Rechenstreifen kannst du ganze Zahlen leicht addieren und subtrahieren.
Beachte bei der Herstellung deines Rechenstreifens die folgende Bauanleitung.

> Du brauchst dazu:
> 1 Pappstreifen, 29 cm lang, 6 cm breit,
> 2 Pappstreifen, 29 cm lang, 2 cm breit,
> 1 Pappstreifen, 29 cm lang, 3,5 cm breit,
> eine Schere, einen Hefter mit 10 Heftklammern.

1. Runde die Ecken des 3,5 cm breiten Streifens mit einer Schere ab.
   Schneide an den kurzen Seiten aus dem 6 cm breiten Streifen jeweils eine Aussparung.

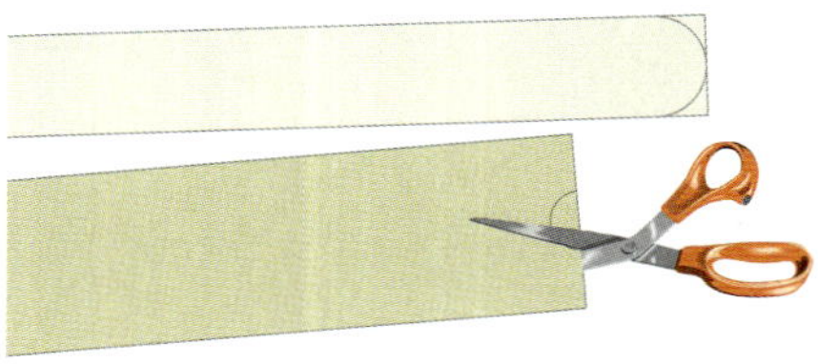

2. Zeichne auf einem 2 cm breiten Streifen eine Skala von – 14 bis 14 **(Skala A)** und auf den 3,5 cm breiten Streifen eine Skala von – 14 bis 14 **(Skala B)**.

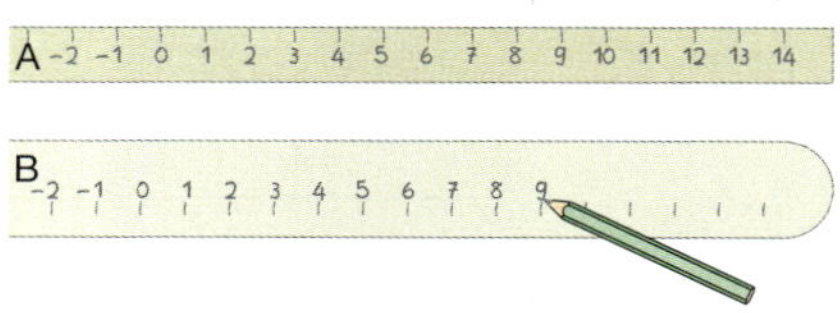

3. Hefte die 2 cm breiten Streifen wie abgebildet auf den 6 cm breiten Streifen.

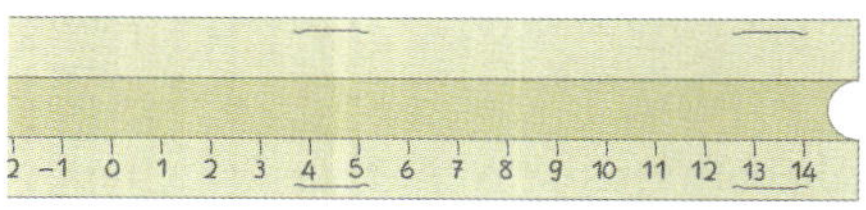

4. Schiebe nun den 3,5 cm breiten Streifen unter die aufgehefteten Streifen.

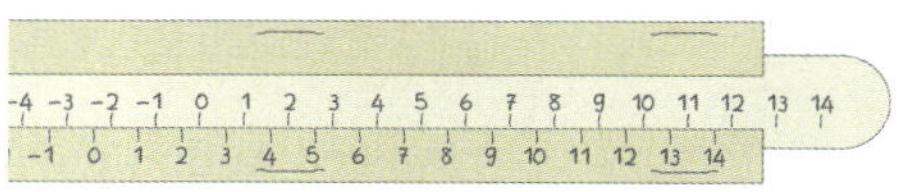

6 So kannst du mit dem Rechenstreifen ganze Zahlen addieren:

Beispiel: (+ 4) + (+ 7) = ■

1. Suche auf der **Skala A** den ersten Summanden.
   Schiebe die Null der **Skala B** über den ersten Summanden.

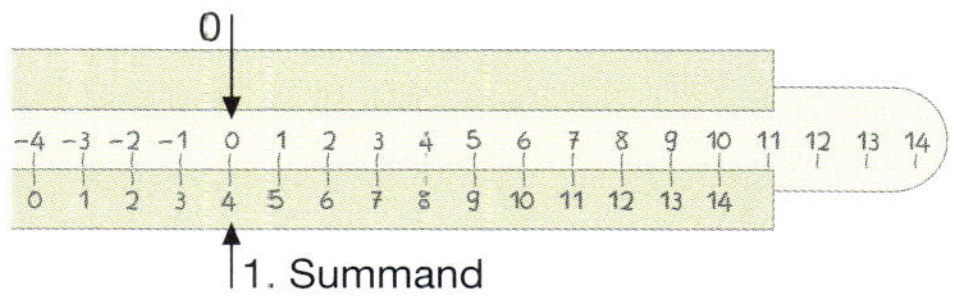

2. Suche auf der **Skala B** den zweiten Summanden.
   Lies das Ergebnis auf der **Skala A** unter dem zweiten Summanden ab.

Vergleiche mit dem Zahlenpfeilmodell.

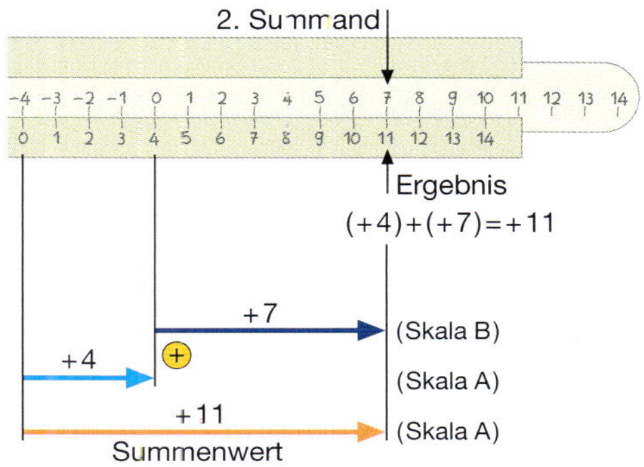

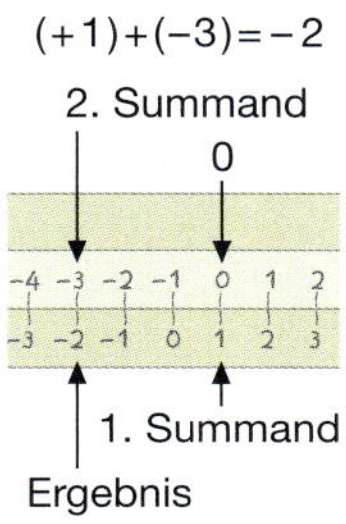

Berechne mit dem Rechenstreifen.

a) (+ 3) + (+ 9)   b) (− 2) + (+ 6)   c) (+ 7) + (− 5)   d) (− 5) + (− 3)   e) (− 13) + (+ 12)
   (+ 6) + (+ 7)   (− 8) + (+ 13)   (+ 13) + (− 8)   (− 13) + (+ 14)   (+12) + (− 13)

Addition

Vorzeichen
(+ 7)+ (− 8)
Rechenzeichen

Addition ganzer Zahlen mit gleichen Vorzeichen

(+ 13) + (+ 9) = + 22
(− 13) + (− 9) = − 22

Du setzt das gemeinsame Vorzeichen und addierst die Beträge.

Addition ganzer Zahlen mit verschiedenen Vorzeichen

(− 13) + (+ 9) = − 4
(+ 13) + (− 9) = + 4

Du setzt das Vorzeichen der Zahl mit dem größeren Betrag und subtrahierst den kleineren vom größeren Betrag.

Übungen

7 Berechne.

a) (+ 3) + (+ 8)   b) (− 10) + (− 6)   c) (− 76) + (− 44)   d) (+ 33) + (− 42)
   (+ 7) + (+ 15)   (− 18) + (− 7)   (− 74) + (− 99)   (− 75) + (− 35)

8 Übertrage die Tabelle in dein Heft und berechne.

a)

+	+ 12	− 8	− 25	+ 5	− 34
+ 17	■	■	■	■	■
− 11	■	■	■	■	■
− 21	■	■	■	■	■
− 50	■	■	■	■	■
+ 27	■	■	■	■	■

b)

+	− 23	+ 42	− 29	+ 17	− 65
+ 22	■	■	■	■	■
− 42	■	■	■	■	■
− 31	■	■	■	■	■
+ 62	■	■	■	■	■
+ 49	■	■	■	■	■

1 In der Spielbank „RISIKO“ Seite 161/1 haben Karin und ihr Bruder Fritz folgende zusätzliche Spielregel festgelegt: Vom Gewinn/Verlust von Karin wird der Gewinn/Verlust von Fritz subtrahiert. Das Spiel wird abgebrochen, wenn der Differenzwert einen Betrag von mindestens 15 hat.
In einer neuen Tabelle sind nur noch die Gewinne und Verluste vermerkt. Karin und Fritz führen die Berechnung des Differenzwertes auf verschiedene Arten durch.

Karin: **Gewinn +/Verlust −**	**+ 5**	**+ 4**	**+ 8**	**+ 3**	**− 1**
Fritz: **Gewinn +/Verlust −**	**− 3**	**− 1**	**− 3**	**+ 3**	**+ 8**
Rechenweg Karin: Differenzwert	$(+5)-(-3)=+8$				$(-1)-(+8)=-9$
Rechenweg Fritz: Differenzwert	$(+5)+(+3)=+8$				$(-1)+(-8)=-9$
Betrag des Differenzwertes	8				9

a) Übertragt die Tabelle in euer Heft und ergänzt sie. Beschreibt den Rechenweg von Fritz.
b) Spielt dieses Spiel ebenfalls. Fertigt dazu eine Tabelle wie oben an.

2 So kannst du die Subtraktion im Zahlenpfeilmodell darstellen:

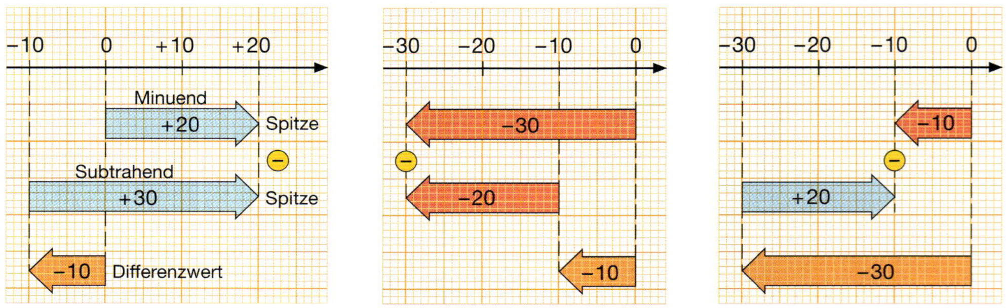

a) Welche Subtraktion ist jeweils dargestellt? Nenne das Ergebnis.
b) Wo beginnt und wo endet ein Zahlenpfeil, der den Differenzwert darstellt?

3 Zeichne die zugehörigen Zahlenpfeilmodelle. Nenne das Ergebnis.
a) $(+5)-(+3)$ b) $(+3)-(+5)$ c) $(-3)-(+5)$ d) $(-5)-(-3)$ e) $(+3)-(-5)$

4 So kannst du mit dem Rechenstreifen ganze Zahlen subtrahieren:

Beispiel: (+ 9) − (+ 7) =

1. Suche auf der **Skala A** die erste Zahl der Differenz (den Minuenden).
   Schiebe die zweite Zahl der Differenz (den Subtrahenden) auf der **Skala B** über den Minuenden.

2. Suche auf der **Skala B** die Null.
   Lies das Ergebnis auf der **Skala A** unter der Null ab.

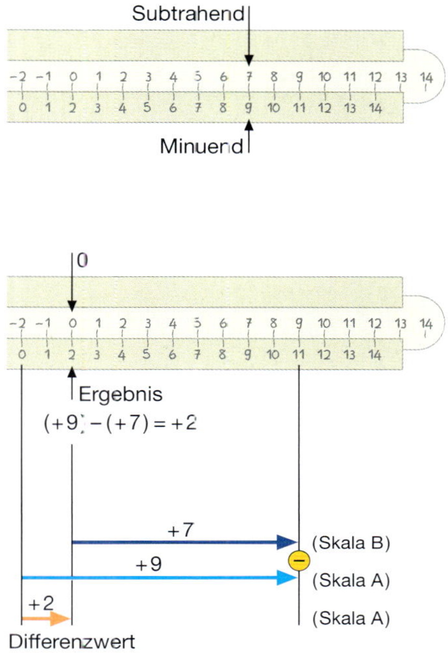

Vergleiche mit dem Zahlenpfeilmodell.

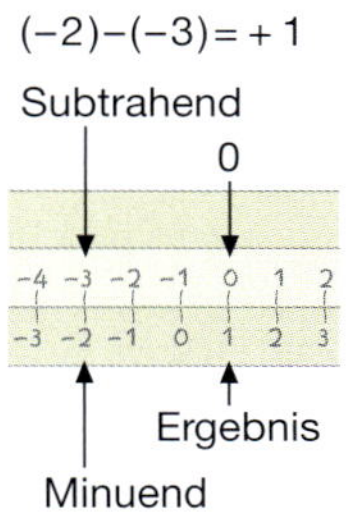

Berechne mit dem Rechenstreifen.

a) (+ 9) − (+ 3) (+ 7) − (+ 6)
b) (− 2) − (+ 6) (− 6) − (+ 5)
c) (+ 7) − (− 5) (+ 2) − (− 8)
d) (− 5) − (− 3) (− 13) − (− 14)
e) (− 3) − (+ 8) (− 8) − (+ 3)

5 Berechne mit dem Rechenstreifen. Vergleiche die Ergebnisse miteinander. Was stellst du fest?

a) (+ 5) + (− 6) (+ 5) − (+ 6)
b) (− 5) + (− 4) (− 5) − (+ 4)
c) (+ 7) + (+ 3) (+ 7) − (− 3)
d) (− 3) + (+ 11) (− 3) − (− 11)
e) (− 7) + (− 5) (− 7) − (+ 5)

Subtraktion

Subtraktion ganzer Zahlen

(+ 17) − (+ 12) = (+ 17) + (− 12) = + 5
(− 7) − (+ 14) = (− 7) + (− 14) = − 21
(+ 25) − (− 8) = (+ 25) + (+ 8) = + 33
(− 15) − (− 13) = (− 15) + (+ 13) = − 2

Du subtrahierst eine ganze Zahl, indem du die Gegenzahl addierst.

Übung

6 Schreibe jeweils die zugehörige Additionsaufgabe und berechne.

(− 12) − (+ 17) = (− 12) + (− 17) = − 29

a) (+ 18) − (+ 17) (+ 11) − (+ 14) (+ 31) − (+ 25) (+ 16) − (+ 42)
b) (− 18) − (+ 17) (− 11) − (+ 14) (− 31) − (+ 25) (− 16) − (+ 42)
c) (+ 18) − (− 17) (+ 11) − (− 14) (+ 31) − (− 25) (+ 16) − (− 42)
d) (− 18) − (− 17) (− 11) − (− 14) (− 31) − (− 25) (− 16) − (− 42)

1 Schreibe als Summe und berechne.

a) $(+67)-(-43)$; $(-72)-(+19)$; $(-37)-(-17)$; $(+86)-(+35)$

b) $(+109)-(-216)$; $(-76)-(+135)$; $(-112)-(-178)$; $(+45)-(+88)$

c) $(-44)-(-51)$; $(+26)-(+22)$; $(-75)-(-225)$; $(+25)-(+86)$

d) $(+45)-(+37)$; $(-157)-(-257)$; $(+79)-(+185)$; $(-2375)-(+735)$

2 Notiere jeweils die Aufgabe. $(-3)-(+5)=(-3)+(-5)=-8$

a)

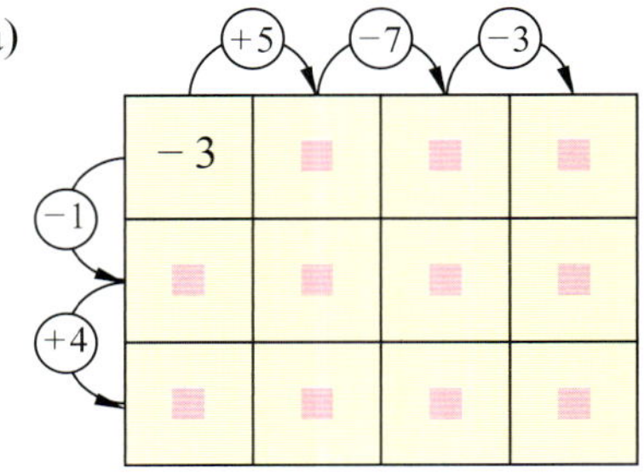

b)

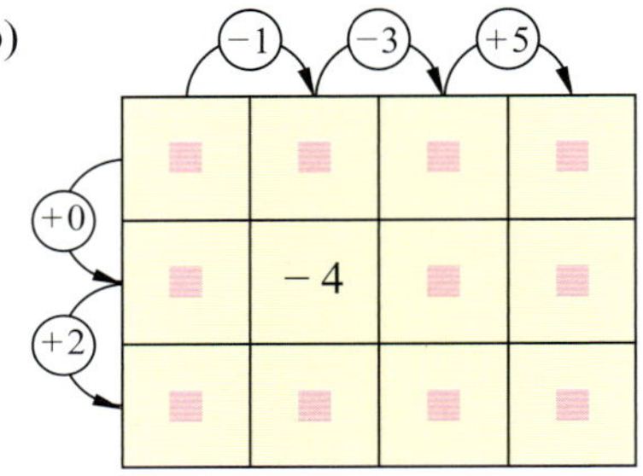

3 Berechne.

a) $(+25)-(+38)-(-22)$; $(-35)-(-25)-(+19)$; $(+47)-(+33)-(-42)$; $|(-55)|-(+43)-(+61)$

b) $(+35)-(-18)+(-33)$; $(+86)+(-114)-(-45)$; $(+129)+(-251)-(-75)$; $(-78)-|(+81)|+(+145)$

c) $(+35)+(-26)-(+71)-(-62)$; $(+75)-(-32)-(+27)-(+23)$; $(-61)+(+28)+(-54)-(-77)$; $(-7)+(-202)-(+35)-|(-244)|$

4 Hat Anne hier richtig gerechnet?

a) $(+18)-(+15)=+3$; $(-23)-(-35)=+12$; $(-55)-(-30)=-85$

b) $(+122)-(+123)=+1$; $(-85)-(-75)=+10$; $(-121)-(-121)=0$

c) $(-417)+(-371)=-788$; $(-7114)-(+7114)=-14228$; $(-121)-(-121)=0$

−278,50 EUR = −27850 Cent

5 Herrn Breidenbachs Konto zeigt einen Betrag von −278,50 EUR. Auf seinem neuen Kontoauszug findet er folgende Buchungen: Kfz-Steuer 197,80 EUR, Gehalt 2235,70 EUR, Miete 365,30 EUR. Bestimme den aktuellen Kontostand.

Der Mathematiker L. Euler (1707–1783) erblindete im Jahre 1766 nach einer schweren Krankheit. Sein erstes großes Werk nach diesem Schicksalsschlag wurde die „Algebra“. Aus diesem Buch ist hier ein kleiner Absatz aus dem 2. Kapitel wiedergegeben:

18. Da nun die negativen Zahlen als Schulden betrachtet werden können, insofern die positiven Zahlen den wirklichen Besitz angeben, so kann man sagen, dass die negativen Zahlen weniger sind als Nichts; also wenn Jemand Nichts im Vermögen hat, und noch dazu 50 Thl. schuldig ist, so hat er wirklich 50 Thl. weniger als Nichts; denn, wenn man ihm 50 Thl. schenken würde, um seine Schulden zu bezahlen, so würde er alsdann erst Nichts haben, während er doch jetzt mehr hat als vorher. (Thl. – Taler)

1 Ordne jeder Aussage eine Aufgabe zu und löse sie.

A	$(+5)-(+2)=\square$	B	$(-2)+(-5)=\square$
C	$(+5)+(+2)=\square$	D	$(-5)-(-2)=\square$

2 Finde selbst eine Aussage, die zu der Aufgabe passt. Löse die Aufgabe.

a) $(-20)-(-10)=\square$
b) $(+15)+(-28)=\square$
c) $(-15)+(+20)=\square$
d) $(+29)-(+13)=\square$

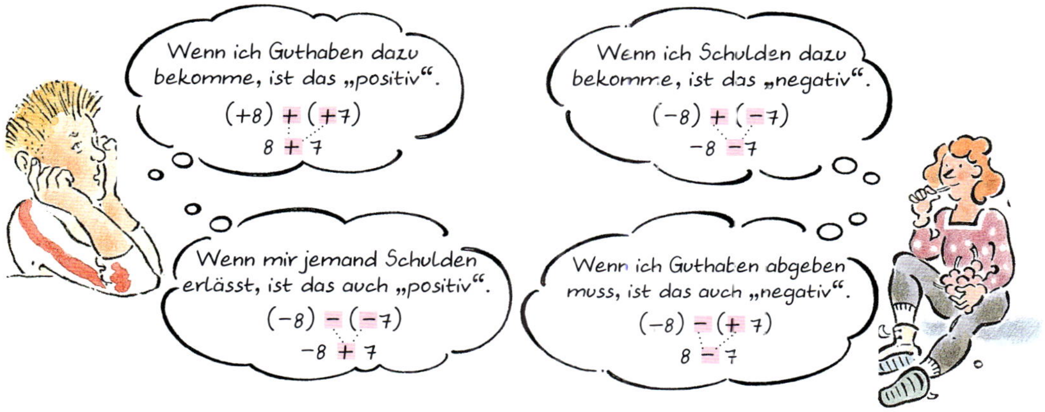

Auflösen von Klammern

$+(+) \rightarrow +$
$+(-) \rightarrow -$
$-(+) \rightarrow -$
$-(-) \rightarrow +$

Summen und Differenzen kannst du auch ohne Klammern schreiben.

„+" vor der Klammer

$(-8)+(+13)=-8+13$
$(-8)+(-13)=-8-13$

Das Zeichen der Zahl in der Klammer bleibt.

„–" vor der Klammer

$(-8)-(-13)=-8+13$
$(-8)-(+13)=-8-13$

Das Zeichen der Zahl in der Klammer wird umgedreht.

$(-8)+(+9)=+1$
$-8+9=1$

$(+7)+(-5)=+2$
$7-5=2$

$(-9)+(-16)=-25$
$-9-16=-25$

Ganze Zahlen addieren und subtrahieren

Gleiche Zeichen

+3 +8 = +11
−3 −8 = −11

Addiere die Beträge und setze das gemeinsame Zeichen.

Verschiedene Zeichen

+3 −8 = −5
−3 +8 = +5

Subtrahiere den kleineren vom größeren Betrag und setze das Zeichen der Zahl mit dem größeren Betrag.

Übungen

(−12) − (−7) = −12 + 7 = −5
(−23) + (−14) = −23 − 14 = −37

3 Schreibe die Aufgabe ohne Klammern und berechne.

a)	b)	c)	d)
(− 9) + (+ 5)	(− 2) − (− 4)	(− 9) + (− 3)	(− 18) − (+ 5)
(− 4) + (+ 7)	(+ 5) − (− 7)	(− 4) + (− 8)	(− 4) − (+ 11)
(+ 3) + (+ 8)	(+ 9) − (− 6)	(+7) + (− 3)	(+ 15) − (+ 6)
(− 5) + (+ 6)	(− 1) − (− 3)	(− 4) + (− 7)	(+ 3) − (+ 9)

4 Bestimme jeweils das fehlende Vorzeichen.

a)	b)	c)	d)
8 − 9 = □ 1	− 14 − 7 = □ 21	− 23 + 18 = □ 5	31 − 28 = □ 3
− 7 + 13 = □ 6	19 + 6 = □ 25	14 − 41 = □ 27	− 17 − 32 = □ 49

5 Berechne.

a)	b)	c)	d)	e)
24 + 35	− 15 + 56	17 − 12	54 − 32	23 − 45
− 35 + 49	45 + 25	− 75 + 47	− 39 + 27	− 34 + 56
41 − 28	− 56 − 12	− 46 + 46	− 46 + 62	12 − 56

6 Übertrage die Tabelle in dein Heft und ergänze. Was fällt dir auf?

a	b	c	(a + b) + c	a + (b + c)	a + c + b
5	− 4	7	□	□	□
− 3	− 5	− 9	□	□	□
15	37	− 25	□	□	□

Kommutativgesetz
Assoziativgesetz

Kommutativgesetz der Addition

(− 3) + (+ 7) = + 7 + (− 3)
a + b = b + a
a; b ∈ $\mathbb{Z}$

Assoziativgesetz der Addition

7 + [(− 3) + 4] = [7 + (− 3)] + 4 = 7 + (− 3) + 4
a + (b + c) = (a + b) + c = a + b + c
a; b; c ∈ $\mathbb{Z}$

7 Rechne vorteilhaft. Schreibe die Aufgaben auch in Kurzform.

Beispiel: (− 147) + (+ 74) + (− 53) = (− 147) + (− 53) + (+ 74) = (− 200) + (+ 74) = (− 126)
Kurzform: − 147 + 74 − 53 = − 147 − 53 + 74 = − 200 + 74 = − 126

a) 44 + (− 78) + 66
b) (− 68) + (− 99) + (− 32)
c) (− 428) + (− 248) + 428
d) 349 + (− 7) + 51
e) (− 195) + (− 94) + (− 56)
f) (− 843) + (733) + (− 731)

8 Irina hat bei einem Spiel Gutscheine und Schuldscheine angesammelt. Sortiere und berechne ihren „Kontostand".

9

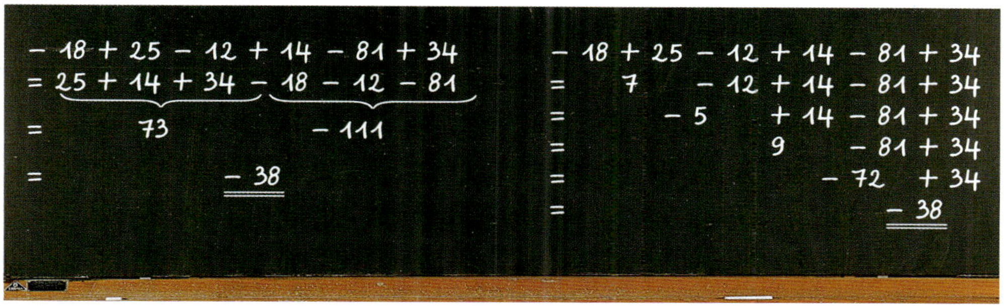

Marie und Sonja haben unterschiedliche Lösungswege gefunden.
Für welchen Lösungsweg würdest du dich entscheiden? Begründe deine Antwort.

10 Berechne. Ordne zuerst und fasse dann zusammen.

a) $-14 + 12 - 13 + 34 - 45 + 10 + 21 - 11$
b) $-4 + 112 - 53 + 134 - 5 + 15 + 25 - 11$
c) $34 - 23 + 67 - 65 + 21 - 8 + 34$
d) $84 - 523 + 167 - 65 + 51 - 18 + 94$
e) $-45 - 90 - 34 + 12 - 97 + 3 - 12 + 11$
f) $41 - 190 - 4 + 102 - 39 + 13 - 2 + 51$
g) $-123 + 74 - 234 - 12 + 98 - 39$
h) $-123 - 234 - 74 - 22 + 198 - 79 + 48$

11 Bestimme für jedes gelbe Feld die Summe der vier Zahlen in den angrenzenden blauen Feldern.

	5	
– 7	– 4	– 8
	6	

$-7 + 6 - 8 + 5 = -4$

		A	B	C	D	E	F	G	H	
		– 3		0		– 12		0		
1	– 2		5		– 7		45		– 37	
2		4		– 9		– 3		– 8		– 44
3	– 8		11		22		– 30		– 19	
4		– 6		– 7		– 28		– 19		– 7
5	12		– 10		8		– 15		45	
6		– 15		– 23		34		– 37		– 12
7	22		20		– 19		16		– 31	
		– 13		14		– 21		– 40		

12 Erstelle einen passenden Term und berechne anschließend den Termwert.

a) Subtrahiere die Differenz der Zahlen – 34 und –78 von 105.
b) Addiere zur Summe der Zahlen –176 und –24 die Gegenzahlvon –100.
c) Addiere zum Betrag der Summe aus – 27 und 23 die Gegenzahl von 14.
d) Addierst du zu einer Zahl die Zahl – 75, so erhältst du 35.
e) Subtrahiere von der Gegenzahl der Differenz der Zahlen – 25 und – 11 die Summe aus – 99 und – 63.

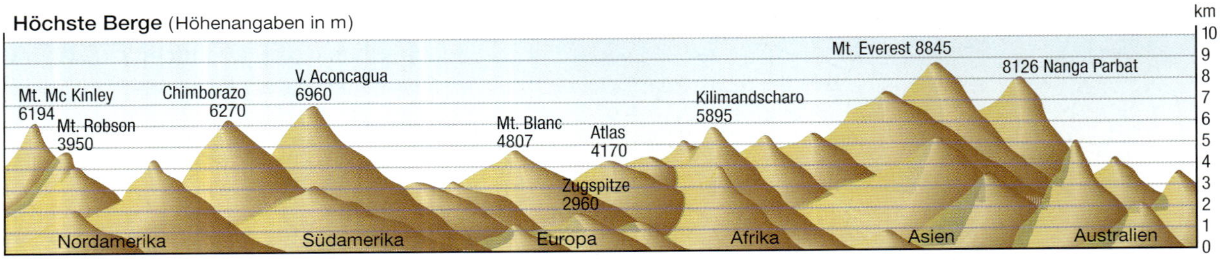

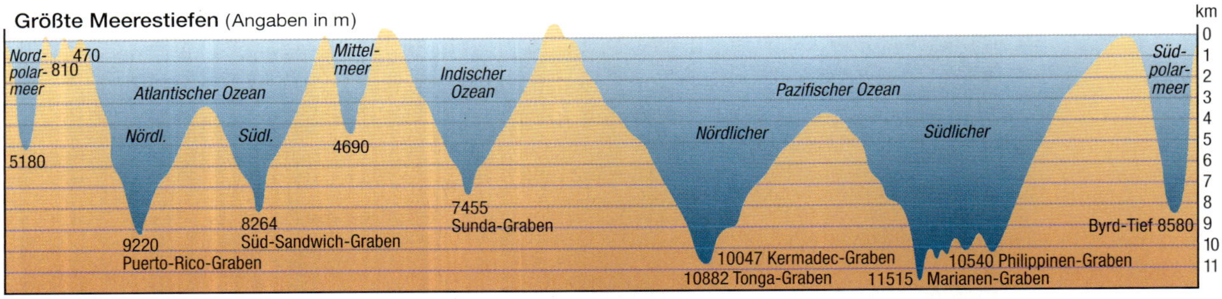

1 a) Ein Ballon steigt in der Nähe der Zugspitze aus 700 m Höhe auf eine Höhe von 1600 m. Anschließend sinkt er 70 m und noch einmal 40 m ab. Wie weit müsste er nun aufsteigen, um die Höhe der Zugspitze zu erreichen?

b) Ein U-Boot befindet sich im Mittelmeer 4650 m über der tiefsten Stelle. Es taucht zunächst 20 m und anschließend 70 m tiefer. Nun steigt es 60 m. Wie weit hätte es jetzt noch bis zur Wasseroberfläche?

c) In 32 500 ft (1 ft = 30,48 cm) Höhe fliegt ein Flugzeug. Überlege dir mindestens fünf verschiedene Aufgaben.

Normalnull (NN) ist die für die Höhenmessung auf der Erde verwendete Bezugsfläche. Sie bezeichnet die durchschnittliche Höhe des Meeresspiegels.

2 Sebastians älterer Bruder plant eine Radtour durch Israel.
Er stellt dabei fest, dass die Oberfläche des Toten Meeres 397 m unter dem Meeresspiegel (Normalnull) liegt.

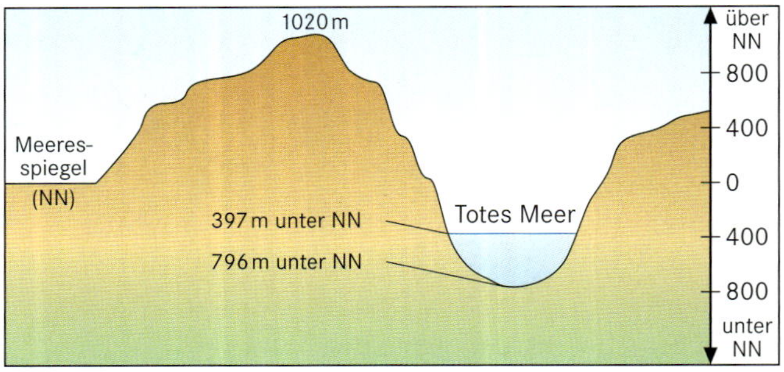

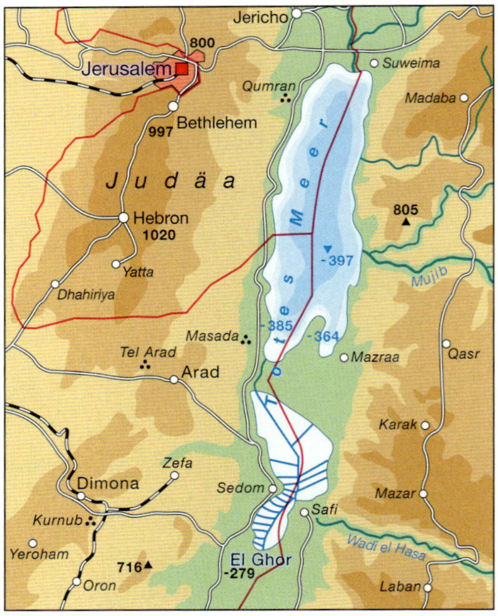

a) Suche auf dem Kartenausschnitt die eingezeichneten Höhenangaben heraus und notiere sie zusammen mit dem entsprechenden Ort.

b) Welche Höhenunterschiede wird Sebastians Bruder auf einer Fahrt von Jerusalem über Bethlehem und Hebron zum Toten Meer überwinden müssen?

c) Wie tief ist das Tote Meer?

1 a) $-187 - 63 + [64 - (87 + 11)] - 1000$
b) $576 - [-89 - (165 - 54)] + 16^2$
c) $|-83| - 123 - |+500| + 68 \cdot 1{,}5$
d) $273 - |75 - 169| - 188 + 12 : 0{,}04$
e) $-219 - [-49 + (91 - 1001)] + 3^3$
f) $215 - [-65 + |-58 - (76 - 83)|] + 3{,}3 : 0{,}1$

2 a) $x - 159 - 283 = -759 - 68 + |-117|$
b) $x + [-149 - (67 + 83)] = 17^2 - 19$
c) $x - (187 - 276) = 15 \cdot (14^2 - 196)$
d) $x + (-155 + 65) = |-69 + 14| + 13^2$
e) $-517 - 83 + x = 3 - (89 - 111) + 197$
f) $x - (-49 + 7^2 + 3^4) = 2^5 - 31 + |-64|$

L zu **1** und **2**: 822; 146; 314; 569; –89; –268; –1284; –438; 1032; 291; 248; 767

3 Besorge dir ein Schafkopfspiel, setze eine Spielmarke auf Start und spiele mit deinem Partner nach folgenden Regeln: Jeder Spieler wählt einen Bereich (positiv oder negativ) und erhält zehn Karten.

Die Kartenwertungen sind:

Sau:	11 Punkte
Zehn:	10 Punkte
König:	4 Punkte
Ober:	3 Punkte
Unter:	2 Punkte

Neun, Acht, Sieben: 0 Punkte

Gespielt wird in 5 Runden.

In einer Runde werden insgesamt vier Karten offen ausgelegt (abwechselnd von jedem Spieler eine Karte). Zur Ermittlung der Wertung gilt zusätzlich: Schelln und Eichel stehen für das Vorzeichen +, Herz und Gras für das Vorzeichen –. Den Gesamtwert pro Runde errechnet man nach der Vorschrift:

$$\mathbf{a + a - b + c - d - d}$$

Dabei steht a für die Wertung der ersten Karte, b für die Wertung der zweiten Karte usw. Nach jeder Runde wird die Spielmarke um den errechneten Wert je nach Vorzeichen nach rechts oder links gezogen. Anschließend beginnt der andere Spieler die Runde. Sieger ist derjenige Spieler, in dessen Bereich sich nach fünf Runden die Spielmarke befindet.

Resi entscheidet sich für den linken, Achmed für den rechten positiven Bereich.

Resi legt den Eichel Ober	$a = +3$
Achmed legt die Schelln Sau	$b = +11$
Resi legt den Gras König	$c = -4$
Achmed legt den Herz Unter	$d = -2$

Somit kann man rechnen:

$3 + 3 - 11 + (-4) - (-2) - (-2) =$
$6 - 11 - 4 + 2 + 2 = -5$

Die Spielmarke wird auf das Feld der Zahl –5 gezogen.

a) In der zweiten Runde beginnt Achmed. Es werden der Reihe nach folgende Karten gelegt: Herz Acht; Schelln Zehn; Eichel König und Schelln Unter. Auf welches Feld kommt nun die Spielmarke?
b) Finde eine Kartenkombination, bei der die Spielmarke nach der ersten Runde auf das Feld der Zahl +14 gesetzt wird.

Station 1

a) Zeichne die Figur in dein Heft und vervollständige sie zu einem magischen Quadrat.
Bei einem magischen Quadrat ist die Summe der Terme jeder einzelnen Zeile, Spalte und Diagonale gleich.
b) Überprüfe das ergänzte magische Quadrat für $a = -6$.

a − 2		a + 1
	a	
		a + 2

Station 2

Der Sultan Mudulla besitzt einen fliegenden Teppich, dessen Muster aus 16 Rechtecken besteht. Vier Rechtecke zusammen ergeben ein großes Rechteck. Die Summe der Zahlen im großen Rechteck hat immer den gleichen Wert. Welche Zahlen werden vom Sultan verdeckt?

Station 3

In einem Buch für Zaubertricks werden Knoten gezeigt, die sich von selbst lösen. In der Beschreibung für einen Knoten heißt es „Lege zunächst die symmetrischen Knoten wie in den Abbildungen I und II dargestellt.“

a) Sind die beiden Knoten wirklich symmetrisch?
b) Versuche mit einer Schnur den Doppelknoten zu legen und anschließend durch Ziehen an den beiden Enden zu lösen.

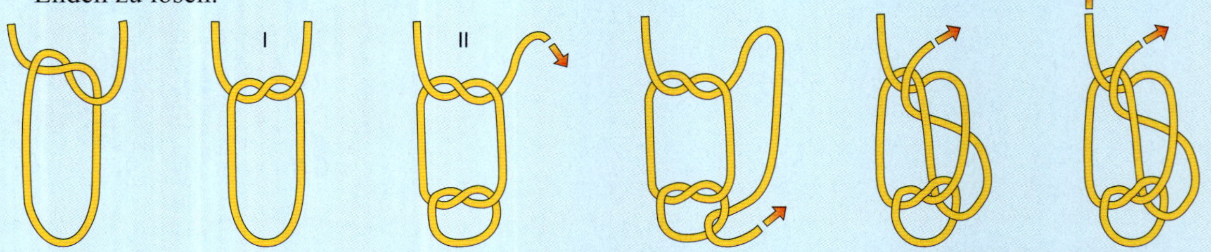

Station 5

a) Der Text ist in Spiegelschrift dargestellt. Kannst du ihn lesen?
b) In manchen Ländern steht auf dem Krankenwagen das Wort **Ambulance** in Spiegelschrift. Was ist wohl der Grund dafür?
c) Schreibe das Wort **Ambulance** in Spiegelschrift und überprüfe anschließend im Spiegel.

Station 4

Der 18-Loch-Golfplatz von Maxlwang hat den „Platzstandard" 72. Benötigt zum Beispiel der Profi Sepp Murx insgesamt 74 Schläge für die 18 Löcher, so ist er 2 Schläge über dem Platzstandard geblieben. In der Tabelle schreiben wir + 2. Bei John Tiger mit 64 Schlägen notieren wir − 8, da er 8 Schläge unter dem Platzstandard den Platz verlassen hat. Ebenso gibt es für jedes der 18 Löcher eine Standardvorgabe. Diese ist z. B. 4 bei Loch 10, d. h. der Ball soll mit 4 Schlägen ins Loch 10 befördert werden.
Folgendes Ergebnis ergab sich beim Profiturnier:

	Murx	Tiger	Lang	Higg	Stüve	Reagan
über/unter Platzstandard	+ 2	− 8	+ 4	− 12	− 1	+ 1

a) Erstelle eine Rangliste für die in der Tabelle aufgeführten Spieler.
b) Der Profi Ballaro braucht 6 Schläge bei Loch 10. Zusätzlich weicht er bei den in der folgenden Tabelle angegebenen Löchern von der Standardvorgabe ab:

Loch	5	9	14	16	17	18
über/unter Standardvorgabe	− 2	+ 1	− 2	− 2	− 1	− 1

Kommt Ballaro noch unter die ersten drei?

11 Teste dein Grundwissen

Brüche

1 Welcher Bruchteil der Gesamtfläche ist farbig dargestellt?

a)
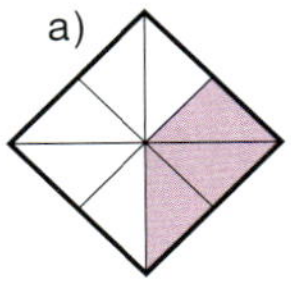
b)
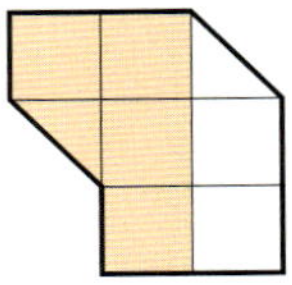
c)
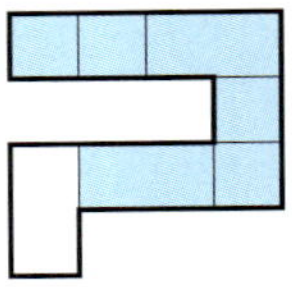
d)
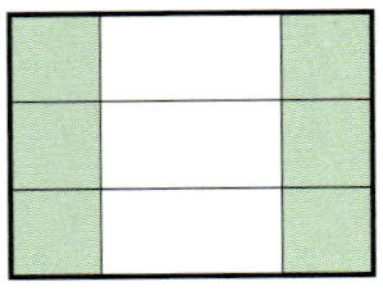

2 Schreibe als gemischte Zahl oder als natürliche Zahl oder als Bruch.
a) $\frac{11}{2}$ b) $\frac{35}{8}$ c) $\frac{90}{30}$ d) $\frac{68}{11}$ e) $\frac{50}{9}$ f) $2\frac{1}{4}$ g) $3\frac{8}{15}$ h) $6\frac{3}{8}$

3 Kürze so weit wie möglich. a) $\frac{72}{108}$ b) $\frac{96}{120}$ c) $\frac{140}{196}$ d) $\frac{420}{580}$

4 Ersetze die Variable. a) $\frac{x}{5} = 15$ b) $\frac{x}{42} = \frac{14}{6}$ c) $\frac{12}{x} = \frac{144}{12}$ d) $\frac{3}{x} = \frac{9}{3}$

5 Ordne folgende Brüche der Größe nach, beginne mit dem größten Bruch.
a) $\frac{1}{2}, \frac{2}{3}, \frac{5}{6}, \frac{3}{4}, \frac{11}{15}$ b) $\frac{11}{20}, \frac{3}{4}, \frac{2}{3}, \frac{4}{5}, \frac{7}{12}$

6 a) $\frac{3}{9}$ von 33 kg sind ■ b) $\frac{3}{8}$ von ■ sind 24 c) $\frac{3}{4}$ von ■ Ct sind 24 Ct

7 a) $\frac{4}{13} + \frac{7}{13}$ b) $\frac{3}{17} + 8$ c) $5\frac{3}{10} + \frac{6}{10}$ d) $6\frac{1}{3} - \frac{2}{3}$ e) $45 - 2\frac{2}{5}$

8 a) $\frac{1}{2} + \frac{1}{3}$ b) $\frac{5}{6} - \frac{1}{4}$ c) $2\frac{3}{5} + \frac{3}{10}$ d) $4\frac{3}{8} + 2\frac{1}{3}$ e) $7\frac{4}{5} - 2\frac{5}{12}$

9 Löse die Gleichungen. $\mathbb{G} = \mathbb{Q}_0^+$ a) $\frac{4}{9} + x = 1$ b) $y + \frac{4}{5} = \frac{9}{10}$ c) $z - \frac{1}{6} = \frac{9}{12}$

10 a) $\frac{11}{12} \cdot \frac{5}{7}$ b) $\frac{8}{9} \cdot 1\frac{5}{6}$ c) $\frac{2}{5} : \frac{3}{4}$ d) $\frac{7}{19} : 5$ e) $4 : \frac{1}{4}$

11 Bestimme den Wert von x. $\mathbb{G} = \mathbb{Q}^+$
a) $\frac{5}{6} \cdot x = \frac{15}{36}$ b) $x \cdot \frac{2}{3} = \frac{10}{27}$ c) $\frac{15}{4} : x = \frac{3}{4}$ d) $x : 3\frac{1}{2} = \frac{5}{6}$

12 a) $\frac{3}{4} \cdot \frac{7}{8} \cdot \frac{4}{5} \cdot \frac{5}{9}$ b) $\frac{56}{84} \cdot \frac{65}{91} \cdot \frac{24}{25}$ c) $3\frac{1}{5} \cdot 6\frac{3}{4} \cdot 1\frac{1}{9}$

13 a) $31\frac{1}{4} : 3\frac{1}{8}$ b) $\left(\frac{4}{3} : 2\frac{5}{6}\right) : 16$ c) $\left(169 \cdot \frac{5}{13}\right) \cdot \left(\frac{182}{26} : \frac{40}{48}\right)$

14 Bauer Moser hat Äcker, Wiesen und Wald. Davon sind $\frac{7}{12}$ Äcker und $\frac{2}{9}$ sind Wiesen.
a) Welcher Bruchteil seines Landes entfällt auf den Wald?
b) Veranschauliche die Bruchteile in einem Rechteck, das 9 cm lang und 4 cm breit ist.

15 Frau Hanke verbraucht $1\frac{3}{4}$ *l* Milch täglich. Wie viel Liter sind das in einer Woche?

16 Wie viele Gläser zu je $\frac{3}{10}$ *l* kann man mit 60 *l* Apfelsaft füllen?

17 Ein Wagen der Deutschen Bahn in Leichtbauweise wiegt 36 t, ein Schnellzugwagen alter Bauweise ist $1\frac{2}{3}$-mal so schwer. Wie schwer ist der Schnellzugwagen?

Dezimalbrüche

1 Wandle in Dezimalbrüche um.

a) $\frac{7}{100}$, $\frac{3}{10}$, $\frac{18}{1000}$ b) $3\frac{9}{10}$, $22\frac{17}{1000}$, $1\frac{3}{100}$ c) $\frac{7}{4}$, $\frac{3}{5}$, $\frac{1}{8}$

2 Schreibe als Bruch und kürze, wenn möglich. a) 0,8 b) 0,002 c) 1,05

3 Ordne jeweils der Größe nach. Beginne mit der kleinsten Zahl.
a) 4,3051 4,3501 4,0351 4,351 4,30501 4,03051
b) 19,004 19,408 19,804 19,480 19,040 19,84

4 Runde die Dezimalbrüche 7,1459; 0,5548 und 0,05388
a) auf Zehntel b) auf Hundertstel c) auf Tausendstel.

5 a) $421{,}8 + 39 + 0{,}051$ b) $47{,}98 - 18 - 0{,}031$ c) $20 - 1{,}435 - 0{,}8 + 12$

6 a) $7{,}82 \cdot 10$ b) $5{,}5 \cdot 100$ c) $0{,}3 \cdot 0{,}2$ d) $6{,}9 \cdot 17{,}8$ e) $0{,}007 \cdot 29{,}7$
f) $36{,}45 : 10$ g) $8{,}9 : 100$ h) $0{,}4 : 0{,}2$ i) $12{,}3 : 0{,}5$ j) $1{,}56 : 1{,}2$

8 Bestimme den Platzhalter.
a) $4{,}563 + \square + 204{,}6 + 8{,}77 = 400{,}5$ b) $0{,}6 \cdot \square = 0{,}18$
c) $50{,}11 - 4{,}811 - \square = 23{,}33$ d) $0{,}084 : \square = 0{,}7$

9 Berechne. Überschlage zuerst.
a) $0{,}6 \cdot 3{,}4 - 2{,}4 \cdot 0{,}5$ b) $8 - 3{,}5 \cdot 2{,}25 + 0{,}65$ c) $40{,}5 - 27 : 0{,}9 + 6{,}5$
$0{,}8 \cdot 2{,}9 - 1{,}8 \cdot 0{,}7$ $26{,}7 - 6{,}2 \cdot 3{,}5 + 2{,}025$ $30{,}05 - 48 : 1{,}6 + 0{,}6$

Winkel und Kreis

1 a) Zeichne die Gerade AB mit A (3|4), B (19|12) und P (3|14), Q (18|4) in ein Gitternetz ein. Benutze als Längeneinheit 0,5 cm.
b) Konstruiere die Lote von P und Q auf die Gerade AB. Miss die Abstände und gib die x- und y-Werte der Lotfußpunkte an.
c) Bestimme die Maße der Winkel PAB und QBA.

2 a) Bestimme durch Messen die Maße der drei Winkel und bilde ihre Summe.
b) Im Buchstaben Y gibt es drei Winkel. Wie groß ist ihre Summe?
Welches Maß haben β und γ, wenn α = 60°?

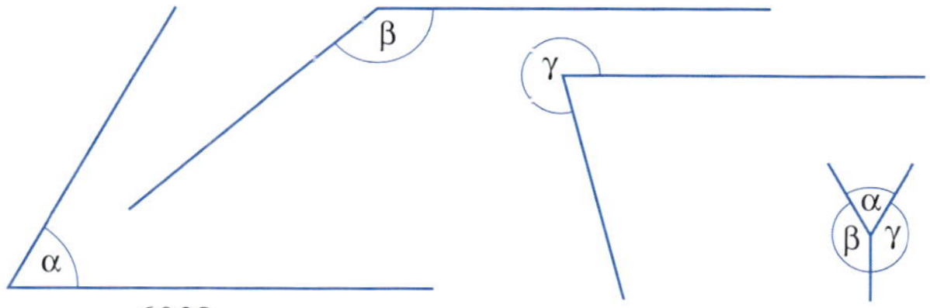

3 Der Nebenwinkel zu α ist um 40° größer als der Winkel α. Berechne α.

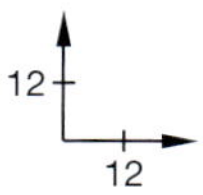

4 a) Zeichne um die Punkte A(1|2) und B (6|7) die Kreise k_1 und k_2 mit r = 5 LE.
b) Bestimme die Schnittpunkte der Kreise.
c) Wie musst du den Radius der Kreise wählen, damit du genau einen (keinen) Schnittpunkt erhältst?

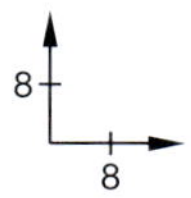

5 Trage die Punkte A(4|4) und B (8|4) in ein Gitternetz ein. Zeichne oberhalb von [AB] durch die beiden Punkte einen Halbkreis und um A einen Viertelkreis (unterhalb [AB]) durch den Punkt B. Ergänze dann zu einer symmetrischen Figur.

Terme Gleichungen Ungleichungen

1 Ergänze die fehlenden Werte in der Wertetabelle.

x	$4x + 3 - 3x$	$(6 - x) + 2$	$2 + 3 \cdot x$	$7 - (x \cdot 2 + 1)$
0				
1				
2				
3				

2 Überprüfe die Äquivalenz der Terme in $\mathbb{G} = \{0; 1; 5\}$

a) $3x + 6x$ und $3 \cdot (x + 2x)$

b) $5x - 2 + 8x$ und $(5 + 8) \cdot x - 2$

3 Löse die Gleichungen in der vorgegebenen Grundmenge.

a) $\frac{1}{2}x + 1 = 9 \quad \mathbb{G} = \mathbb{N}$

b) $8 - \frac{2}{3}x = 2 \quad \mathbb{G} = \{0; 1; 2; \ldots; 10\}$

c) $2x + 4^2 = 23 \quad \mathbb{G} = \mathbb{N}_0$

d) $0{,}7 + x + \frac{3}{10} = 9{,}3 \quad \mathbb{G} = \mathbb{Q}_0^+$

e) $\frac{2^3}{5} : \frac{8}{10} + x = 7 \quad \mathbb{G} = \mathbb{Z}$

f) $\frac{1}{6} + x = \frac{9}{16} : \frac{3^3}{4^2} \quad \mathbb{G} = \mathbb{Q}_0^+$

4 Löse die folgenden Ungleichungen durch Probieren in der vorgegebenen Grundmenge.

a) $\frac{1}{5}x + 2 < 3 \quad \mathbb{G} = \{0; 1; 2; \ldots; 10\}$

b) $x + \frac{2}{3} \cdot 2\frac{1}{4} > (3^3 - 2^4) : 2 \quad \mathbb{G} = \{1; 3; 5; 7\}$

Zuordnung Direkte Proportionalität

1 Die Zuordnung: Arbeitszeit ⟶ Verdienst ist proportional.

a) Vervollständige die Tabelle.

Arbeitszeit in h		2		5	7	
Verdienst in EUR	13		39	65		117

b) Zeichne den Graphen der Zuordnung (x-Achse: 1 cm ≙ 1 h; y-Achse: 1 cm ≙ 10 EUR).

c) Ermittle anhand des Graphen: Wie viel EUR werden nach 6 Arbeitsstunden verdient? Wie lange muss gearbeitet werden, um 104 EUR zu verdienen?

2 In einem Atlas beträgt die Entfernung Luftlinie von München nach Augsburg 3,5 cm. Wie groß ist die Entfernung in Wirklichkeit, wenn der Maßstab mit 1 : 1 500 000 angegeben ist?

3 Monika kauft im Angebot 7 CDs und zahlt dafür 18,20 EUR.

a) Rolf findet in dem Angebot nur 3 CDs interessant. Wie viel EUR muss er für die CDs bezahlen?

b) Arieta kauft aus dem Angebot für 10,40 EUR CDs. Wie viele bekommt sie?

4 Ein senkrecht aufgestellter Stab von 2,70 m Länge wirft bei Sonnenschein einen 3,20 m langen Schatten. Wie hoch ist ein Kirchturm, der zur gleichen Zeit einen Schatten von 30,40 m Länge wirft?

5 Ein 0,059 ha großer Bauplatz kostet 147 500 EUR. Wie viel kosten 450 m^2?

6 0,5 *l* einer Flüssigkeit wiegen 560 g.
Wie viel wiegen $\frac{3}{4}$ *l* derselben Flüssigkeit?

Prozentrechnung

1 Gib den Bruchteil als Prozent an.
$\frac{1}{2}$ $\frac{3}{10}$ $\frac{9}{10}$ $\frac{31}{100}$ $\frac{1}{5}$ $\frac{1}{4}$ $\frac{3}{5}$ $\frac{3}{4}$ $\frac{7}{20}$ $\frac{13}{20}$ $\frac{1}{25}$ $\frac{17}{25}$ $\frac{1}{50}$ $\frac{21}{50}$ $\frac{1}{40}$ $\frac{3}{40}$

2 Schreibe als Bruch.
10 % 5 % 2 % 1 % 20 % 25 % 50 % 75 % $33\frac{1}{3}$ % $66\frac{2}{3}$ % 100 % 200 %

3 Berechne den Prozentwert.
a) 50 % von 640 m^2 b) 25 % von 220 kg c) 1 % von 3000 ha d) 10 % von 2500 m

4 Berechne den Prozentsatz.
a) 56 kg von 80 kg b) 24 DM von 60 EUR c) 18 m^2 von 90 m^2 d) 23 m von 92 m

5 Berechne den Grundwert.
a) 8 % ≙ 34 EUR b) 28 % ≙ 651 m^2 c) 67 % ≙ 22,78 kg d) 92 % ≙ 15,64 EUR

6 Ein Angestellter hat ein Gehalt von 1800 EUR. Sein Gehalt wird um 45 EUR erhöht. Wie viel Prozent beträgt die Erhöhung?

7 Nach einem Arbeitsplatzwechsel erhält eine teilzeitbeschäftigte Angestellte 3 % mehr Lohn, das sind 45 EUR. Wie hoch war ihr ursprünglicher Lohn?

8 In den vergangenen Sommerferien hat ein Schüler 850 EUR verdient. In diesen Sommerferien findet er einen Ferienjob, bei dem er um 5 % mehr verdient. Wie viel verdient er jetzt mehr? Wie viel verdient er insgesamt?

Achsenspiegelung

1 Im Bild wurde gegen Gesetzmäßigkeiten der Achsenspiegelung verstoßen. Nenne 5 Fehler.

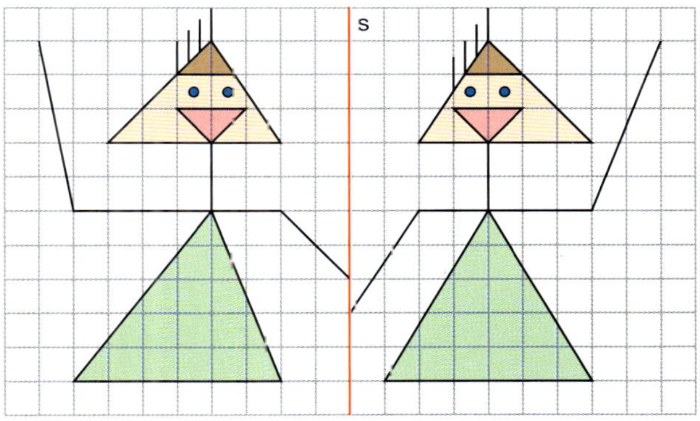

2 Übertrage die Figur in dein Heft und spiegele sie an der Spiegelachse s.

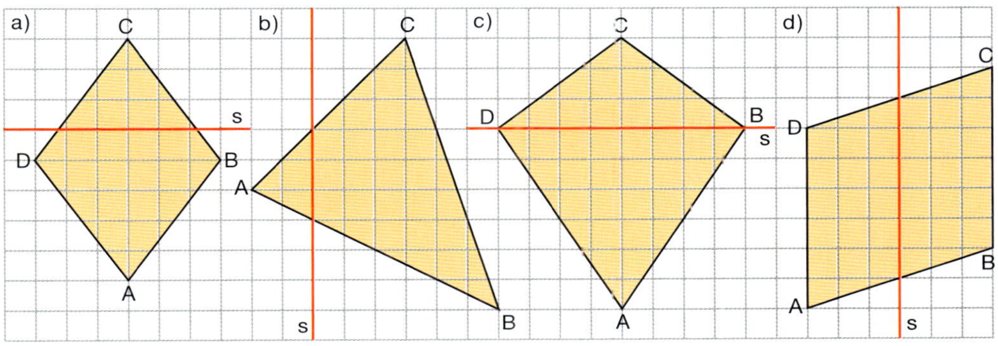

Achsenspiegelung und symmetrische Figuren

1 Das Dreieck ABC wird durch Spiegelung an s auf das Dreieck A′B′C′ abgebildet. Bekannt sind nur noch A (1|6), B (6|2), B′ (10|6) und C′ (2|2). Vervollständige.

2 In den Bildern I bis III ist stets die Gerade s Spiegelachse. Welche der Geraden sind Fixgeraden der Abbildung?

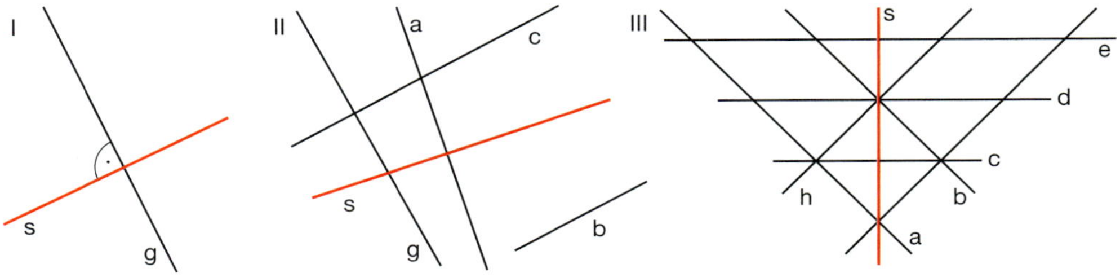

3 Zeichne eine Strecke mit $\overline{AB} = 6{,}5$ cm. Konstruiere dann mit Zirkel und Lineal die Mittelsenkrechte der Strecke [AB].

4 Welche Vierecke haben a) vier gleich lange Seiten
b) zwei gleich lange Diagonalen c) gleich lange Seiten und gleich große Winkel?

Ganze Zahlen

1 Vergleiche die Zahlen. Setze in deinem Heft <, > oder = ein.

a) 3 □ -4
-7 □ -5
14 □ -16

b) -21 □ -21
-95 □ -12
-183 □ -187

c) $-3+8$ □ -7
$-|-4|$ □ -5
$|-7|-1$ □ -2

2 Ordne die Zahlen der Größe nach. Beginne mit der kleinsten.
$-43;\ 34;\ -9;\ -28;\ 79;\ -11;\ -17;\ -71;\ -23$

3 Berechne.
a) $(+50)+(-34)$ b) $123-75$ c) $-74+62-23-78$
d) $(-27)+(-14)$ e) $-109+47$ f) $195-283-354+332-442$

4 Berechne
a) $-34+(-27-84+62)-91$ b) $45-(-39+45)-(38-56+47)$
c) $-345-(-224+456-237)$ d) $-(-25-34+41)+(-75-67+124)$

5 Frau Knoke hat auf ihrem Konto ein Guthaben von 1180,55 EUR. Im Kaufhaus hat sie mit einem Scheck über 285 EUR bezahlt. Weiter wurden eine Rechnung über 588,50 EUR und die Miete von 505,80 EUR abgebucht. Die Telefonrechnung beträgt 48,85 EUR. Eine Gutschrift ihrer Autoversicherung in Höhe von 265,40 EUR geht zum Monatsende ein. Berechne den Kontostand zum Monatsende.

6 Erfinde eine passende Rechengeschichte und schreibe die zugehörige Rechnung auf.

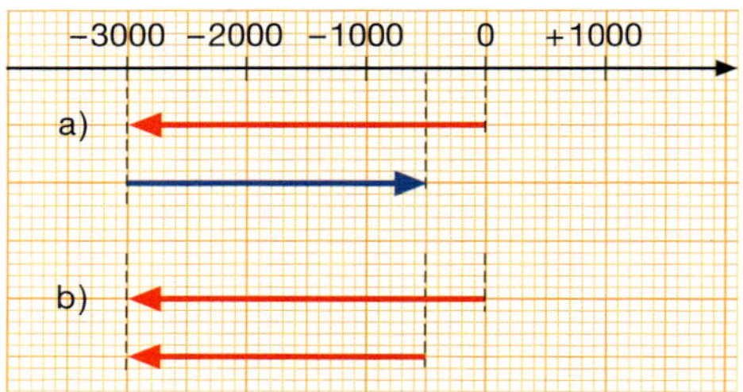

zu Seite 174
Brüche

1 a) $\frac{3}{8}$ b) $\frac{9}{14}$ c) $\frac{8}{10} = \frac{4}{5}$ d) $\frac{6}{12} = \frac{1}{2}$

2 a) $5\frac{1}{2}$ b) $4\frac{3}{8}$ c) 3 d) $6\frac{2}{11}$ e) $5\frac{5}{9}$ f) $\frac{9}{4}$ g) $\frac{53}{15}$ h) $\frac{51}{8}$

3 a) $\frac{2}{3}$ b) $\frac{4}{5}$ c) $\frac{5}{7}$ d) $\frac{21}{29}$

4 a) x = 75 b) x = 98 c) x = 1 d) x = 1

5 a) $\frac{5}{6} > \frac{3}{4} > \frac{11}{15} > \frac{2}{3} > \frac{1}{2}$ b) $\frac{4}{5} > \frac{3}{4} > \frac{2}{3} > \frac{7}{12} > \frac{11}{20}$

6 a) 11 kg b) 64 c) $\frac{3}{4}$ von 32 Ct sind 24 Ct

7 a) $\frac{11}{13}$ b) $8\frac{3}{17}$ c) $5\frac{9}{10}$ d) $5\frac{2}{3}$ e) $42\frac{3}{5}$

8 a) $\frac{5}{6}$ b) $\frac{7}{12}$ c) $2\frac{9}{10}$ d) $6\frac{17}{24}$ e) $5\frac{23}{60}$

9 a) $x = \frac{5}{9}$ b) $y = \frac{1}{10}$ c) $z = \frac{11}{12}$

10 a) $\frac{55}{84}$ b) $1\frac{17}{27}$ c) $\frac{8}{15}$ d) $\frac{7}{95}$ e) 16

11 a) $x = \frac{1}{2}$ b) $x = \frac{5}{9}$ c) x = 5 d) $x = 2\frac{11}{12}$

12 a) $\frac{7}{24}$ b) $\frac{16}{35}$ c) 24

13 a) 10 b) $\frac{1}{34}$ c) 546

14 a) $\frac{7}{36}$ Wald b)

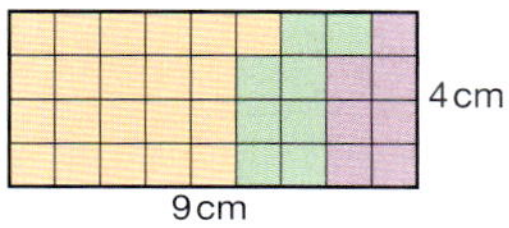

15 $12\frac{1}{4}$ *l*

16 200 Gläser

17 60 t

---

zu Seite 175
Dezimalbrüche

1 a) 0,07 0,3 0,018 b) 3,9 22,017 1,03 c) 1,75 0,6 0,125

2 a) $\frac{4}{5}$ b) $\frac{1}{500}$ c) $1\frac{1}{20}$

3 a) 4,0305; 4,0351; 4,30501; 4,3051; 4,3501; 4,351
b) 19,004; 19,040; 19,408; 19,480; 19,804; 19,84

4 a) 7,1 b) 7,15 c) 7,146
0,6 0,55 0,555
0,1 0,05 0,054

5 a) 460,851 b) 29,949 c) 18,885

6 a) 78,2 b) 550 c) 0,06 d) 129,72 e) 0,2079

7 a) 3,645 b) 0,089 c) 2 d) 24,6 e) 1,3

8 a) 182,567 b) 0,3 c) 21,969 d) 0,12

9 a) 0,84 1,06 b) 0,775 7,025 c) 17 0,65

Winkel und Kreis

1 b) Lot [PF] mit F (7|6) und $\overline{PF}$ = 4,4 cm Lot [QE] mit E (5|10) und $\overline{QE}$ = 3,3 cm
c) Winkel PAB = 297°, Winkel QBA = 57°

2 a) Summe 485° b) $\beta = \gamma = 150°$

3 $\alpha = 70°$

4 b) S_1 (6|2), S_2 (1|7) c) Ein Schnittpunkt wenn r = 0,5 $\overline{AB}$, kein Schnittpunkt wenn r < 0,5 $\overline{AB}$

5 z. B.

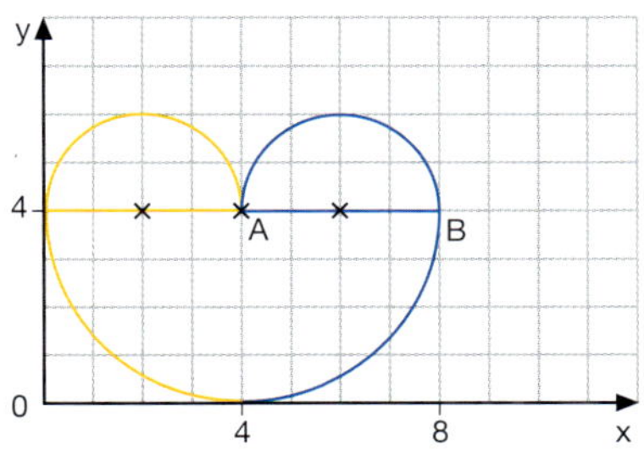

zu Seite 176
Terme
Gleichungen
Ungleichungen

1

x	4x + 3 − 3x	(6 − x) +2	2 + 3 · x	7 − (x · 2 + 1)
0	3	8	2	6
1	4	7	5	4
2	5	6	8	2
3	6	5	11	0

2 a) $x = 0 \Rightarrow 0 = 0$ (w)
$x = 1 \Rightarrow 9 = 9$ (w)
usw.
$\Rightarrow$ Terme sind äquivalent

b) $x = 0 \Rightarrow -2 = -2$
$x = 1 \Rightarrow 11 = 11$
usw.
$\Rightarrow$ Terme sind äquivalent

3 a) $x = 16$ $\mathbb{L} = \{16\}$ b) $8 \cdot \frac{2}{3} \cdot 9 = 2$ (w) $\mathbb{L} = \{9\}$ c) $x = 3{,}5$ $\mathbb{L} = \emptyset$

d) $x = 8{,}3$ $\mathbb{L} = \{8{,}3\}$ e) $x = 5$ $\mathbb{L} = \{5\}$ f) $x = \frac{1}{6}$ $\mathbb{L} = \{\frac{1}{6}\}$

4 a) $0 + 2 < 3$ (w)

$\frac{1}{5} + 2 < 3$ (w)

$\frac{2}{5} + 2 < 3$ (w)

……

$\frac{5}{5} + 2 < 3$ (f)

$\mathbb{L} = \{0; 1; 2; 3; 4\}$

b) $x + \frac{3}{2} > \frac{11}{2}$

$1 + \frac{3}{2} > \frac{11}{2}$ (f)

$3 + \frac{3}{2} > \frac{11}{2}$ (f)

$5 + \frac{3}{2} > \frac{11}{2}$ (w)

$7 + \frac{3}{2} > \frac{11}{2}$ (w)

$\mathbb{L} = \{5; 7\}$

Zuordnung
Direkte
Proportionalität

1 a)

Arbeitszeit in h	1	2	3	7	9
Verdienst in EUR	13	26	39	91	117

b)

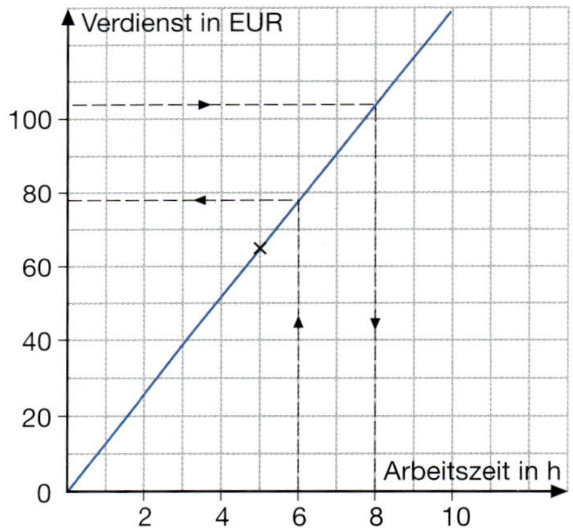

c) Nach 6 Stunden werden 78 EUR verdient.
Um 104 EUR zu verdienen, muss 8 h gearbeitet werden.

2 b) $\frac{x}{3{,}5\text{ cm}} = \frac{1\,500\,000}{1}$ $x = 52{,}5$ km

oder 1 cm ≙ 1 500 000 cm
3,5 cm ≙ 5 250 000 cm = 52,5 km

3 a) $\frac{18{,}20\text{ EUR}}{7} = \frac{x}{3}$ $x = 7{,}80$ EUR

b) $\frac{x}{10{,}4\text{ EUR}} = \frac{7}{18{,}20\text{ EUR}}$ $x = 4$ (Stück)

4 $\frac{x}{30{,}4\text{ m}} = \frac{2{,}70\text{ m}}{3{,}20\text{ m}}$ $x = 25{,}65$ m

5 $\frac{x}{450\text{ m}^2} = \frac{147\,500\text{ EUR}}{590\text{ m}^2}$ $x = 112\,500$ EUR

6 $\frac{x}{0{,}75\,l} = \frac{560\text{ g}}{0{,}5\,l}$ $x = 840$ g

---

zu Seite 177
Prozentrechnung

1 50 %, 30 %, 90 %, 31 %, 20 %, 25 %, 60 %, 75 %, 35 %, 65 %, 4 %, 68 %, 2 %, 42 %, 2,5 %, 7,5 %

2 $\frac{1}{10}$ $\frac{1}{20}$ $\frac{1}{50}$ $\frac{1}{100}$ $\frac{1}{5}$ $\frac{1}{4}$ $\frac{1}{2}$ $\frac{3}{4}$ $\frac{1}{3}$ $\frac{2}{3}$ $\frac{1}{1}$ $\frac{2}{1}$

3 a) 320 m^2 b) 55 kg c) 30 ha d) 250 m

4 a) 70 % b) 40 % c) 20 % d) 25 %

5 a) 425 EUR b) 2325 m^2 c) 34 kg d) 17 EUR

6 $\frac{x}{45} = \frac{100}{1800}$ $x = 2{,}5$ Antwort: Erhöhung um 2,5 %

7 $\frac{x}{100} = \frac{45}{3}$ $x = 1500$ Antwort: Ursprünglicher Lohn war 1500 EUR

8 $\frac{x}{5} = \frac{850}{100}$ $x = 42{,}5$ Antwort: Er verdient 42,50 EUR mehr; insgesamt 892,50 EUR

Achsenspiegelung

1

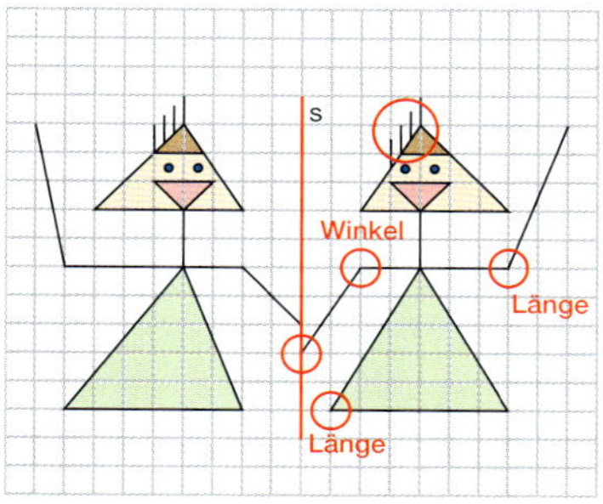

2

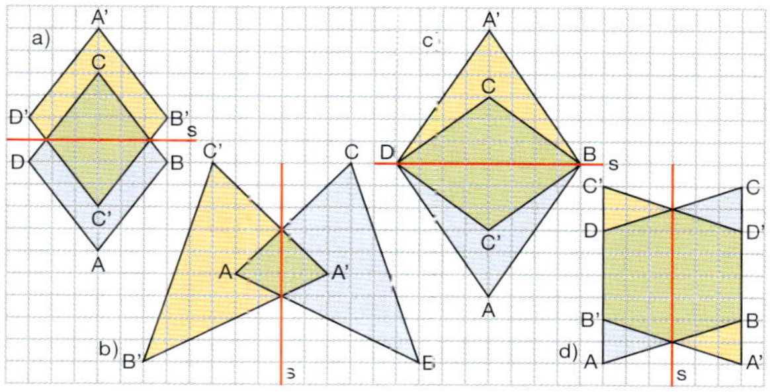

zu Seite 178 Achsenspiegelung und symmetrische Figuren

1 C (10|10), A'(6|11), s verläuft durch (0|12) und (12|0)

2 I g II a III c d e

3 Skizze

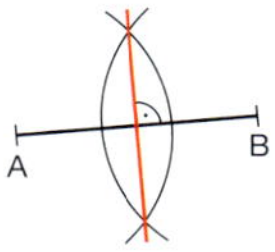

4 a) Quadrat, Raute b) Quadrat, Rechteck, gleichschenkliges Trapez c) Quadrat

---

Ganze Zahlen

1

a)	b)	c)
>	=	>
<	<	>
>	>	>

2 –71 < –43 < –28 < –23 < –17 < –11 < –9 < 34 < 79

3 a) 16 b) 48 c) –113 d) –41 e) –62 f) –552

4 a) –174 b) 10 c) 10 d) 0

5 17,80 EUR

6 a) Frau Lutz hatte bei der Realbank 3000 EUR Schulden. 2500 EUR hat sie wieder einbezahlt.
–3000 + 2500 = –500
b) Frau Lutz hatte 3000 EUR Schulden. 2500 EUR Schulden wurden ihr erlassen. –3000 –(–2500) = –500

Lösungen zum Kopfrechentraining

Innendeckel vorn:

linke Seite: $1\frac{1}{4}$, $1\frac{1}{4}$, $2\frac{3}{8}$, 2, 7, 2, $4\frac{1}{2}$, $\frac{1}{2}$, 9, $7\frac{1}{3}$, $1\frac{1}{2}$, $\frac{1}{6}$, $\frac{1}{12}$

rechte Seite: 4, 2, $1\frac{1}{2}$, $\frac{1}{6}$, $\frac{1}{4}$, $\frac{1}{6}$, 7, $\frac{2}{5}$, $1\frac{3}{5}$, 10, 3, 40, $\frac{1}{2}$

Innendeckel hinten:

linke Seite: –31; 45; –51; 75; –11; –53; 17; 11; –2; 5,2; 2; –50; 30

rechte Seite: 5; 30; 25; 16; 4; 8; 3,1; 0,35; 0,6; 3; 2,5; 9;

Bildquellennachweis

Toni Angermayer, Holzkirchen: 97.3; 110.3; 110.4; 110.8
Archiv f. Kunst u. Geschichte, Berlin: S. 76; S. 154
Bavaria Bildagentur, Gauting: S. 57
Bildarchiv Preuß. Kulturbesitz, Berlin: S. 166
Bongarts Sportfotografie, Hamburg: S. 69
Comstock Fotoagentur, Berlin: S. 58
Deutsche Bahn, Berlin: 101.1; 101.2
DJA, Landesverband Hannover: 126.1
Fotostudio Druwe & Polastri, Weddel: 8.3; 21.1; 29.1; S. 36; S. 39; 48.1; 48.2-4; 53.3; 53.3; S. 59; S. 60; S. 58; S. 92; 101.3; S. 112; 116.1; 120.1; 129.1; 129.2; S. 134; 138.1; 160.1
Ifa-Bilderteam, München: 13.1; 90.1; S. 110; S. 37
Kandula Bilderservice, Witten: S. 155
Mauritius, Mittenwald: S. 54; S. 67; 97.2; 136.3; 156.4; S. 157
Uwe Miethe, München: 98.1; 102.1; 102.2
Walter Modschiedler, Obertraubling: 156.2; 156.3
Öhringer Schulmöbelfabrik Eheim, Öhringen: 88.2
Okapia, Frankfurt: 110.9 (F: Francois Gohier); S. 173 (F: T. McHugh)
Pictor Bildagentur, Hamburg: 136.1
Dieter Rixe, Braunschweig: S. 81; 88.1; 97.1; S. 130
Siemens, Erlangen: S. 117
ZEFA, Düsseldorf: 156.5
Illustrationen: Irmgard Arnold, Negenborn
Technische Zeichnungen: Technisch-Graphische Abteilung, Westermann, Braunschweig

Kopfrechentraining

32

$3{,}2 + 6{,}6 = 9{,}8$
$9{,}8 : 2 = 4{,}9$
$4{,}9 + 3{,}1 = 8$
$8 \cdot 0{,}2 = 1{,}6$
$1{,}6 \cdot 2 = 3{,}2$
$3{,}2 \cdot 10 = 32$
$32 - 30{,}8 = 1{,}2$
$1{,}2 \cdot 4 = 4{,}8$

1

0,7
+ 0,5
+ 0,8
+ 0,22
+ 0,18
+ 0,7
+ 0,6
+ 0,8
+ 0,5

2

2,8
+ 1,2
+ 4,7
+ 2,8
+ 2,9
+ 3,6
+ 7,4
+ 2,7
+ 1,9

3

1,7
+ 1,5
+ 0,9
+ 2,1
+ 6,2
+ 7,6
+ 0,12
+ 1,68
+ 3,2

4

3,2
+ 3,6
+ 0,4
+ 0,7
+ 1,2
+ 2,4
+ 3,5
+ 0,82
+ 0,18

5

12
− 0,9
− 0,3
− 0,4
− 1,4
− 1,6
− 0,8
− 0,3
− 2,3

6

10
− 0,2
− 0,8
− 1,2
− 0,3
− 0,4
− 3,1
+ 2,6
+ 1,4

7

18
− 0,3
− 2,7
− 0,6
− 3,4
− 0,7
− 4,3
− 1,8
− 1,1

8

2
· 1,1
· 2
· 2
− 5,8
· 0,2
+ 0,4
· 0,7
· 0,5

9

5
· 1,1
− 0,5
− 4,8
· 3
+ 1,4
· 0,3
− 0,5
· 6

10

7
· 0,2
· 2
+ 3,2
· 0,5
− 1,8
· 4
+ 3,4
− 5,2

11

0,2
· 2
· 2
· 2
· 2
+ 3,2
+ 3,6
: 2
: 2

12

2
· 0,4
+ 1,2
· 0,3
· 0,4
+ 0,26
· 10
· 1,1
+ 3,5

13

2,4
: 2
: 2
: 2
+ 3,7
· 1,1
+ 5,6
− 8,3
− 0,7